ArcGIS Engine 高级开发与工程应用

刘宏建　孙宝辉　王小东 等　编著

科 学 出 版 社

北　京

内 容 简 介

本书以 ESRI ArcGIS Engine 10.4、Visual C#.NET 2015 为基本开发环境，重点阐述了地理信息二次开发的基本原理、方法和工程应用技巧。全书主要内容包括 AE 应用开发基础、AE 二次开发的基本概念与核心对象、地图可视化表达、空间查询、GP 处理与调用、插件框架开发、数字地形分析、北斗/GPS 实时定位导航指挥系统等。在介绍方法和原理的同时，本书配有大量具有工程价值的应用案例，并给出实现思路和代码解析，供读者对照练习。

本书强调面向应用、面向工程实践，注重 GIS 基本开发技能和工程应用需求相结合，既可作为高等学校地理信息科学、测绘工程、城市规划、土地利用、地质、环境等专业本科生、研究生的教材，也可供相关领域和部门的研究人员参考。

图书在版编目（CIP）数据

ArcGIS Engine 高级开发与工程应用 / 刘宏建等编著. —北京：科学出版社，2021.4

ISBN 978-7-03-068310-6

Ⅰ. ①A… Ⅱ. ①刘… Ⅲ. ①地理信息系统-应用软件-软件开发 Ⅳ. ①P208

中国版本图书馆 CIP 数据核字（2021）第 043534 号

责任编辑：杨 红 程雷星 / 责任校对：何艳萍
责任印制：赵 博 / 封面设计：迷底书装

科学出版社 出版
北京东黄城根北街 16 号
邮政编码：100717
http://www.sciencep.com
北京富资园科技发展有限公司印刷
科学出版社发行 各地新华书店经销
*
2021 年 4 月第 一 版 开本：787 × 1092 1/16
2024 年 7 月第三次印刷 印张：20 3/4
字数：510 000

定价：79.00 元

（如有印装质量问题，我社负责调换）

编写委员会

刘宏建　孙宝辉　王小东　赖传龙

吴超辉　王明孝　蔡中祥　刘子义

张琳祥　郭　勇　王　岩　高　雅

前　言

自美国环境系统研究所(Environment Systems Research Institute，ESRI)在 1981 年发布了其第一套商业 GIS 软件——Arc/Info 以来，GIS 在全球的应用逐渐普及并深入各个行业领域，ESRI 也成为全球地理信息产业的龙头和旗帜。ESRI ArcGIS Engine 在地理信息应用开发中占有非常重要的地位，是目前国内最为普及的 GIS 二次开发产品，同时也是在各高校地理信息科学专业 GIS 开发教学中应用最多的平台。因此，本书以 ArcGIS Engine 开发为主线，由浅入深、层层递进，力求夯实基础，突出工程实践特色。

近年来，作者通过进行军内外 20 余个项目的科学研究与教学实践，获得了不少 ArcGIS Engine 应用开发的经验，积累了大量实用性强的工程代码，总结了一套利用 ArcGIS Engine 进行不同领域应用开发的技术方法，逐渐形成了地理应用保障的工程实践框架，并在战略支援部队信息工程大学地理空间信息学院的本科及研究生教学中得到成功应用。

本书以 ArcGIS Engine 应用开发技术为核心，在系统介绍其基本应用方法、技巧的基础上，配以大量典型的、工程化的实例与代码分析①，使读者能够将理论方法与工程实践相结合，进而进行更深层次的总结、分析和探索。

本书共 9 章，主要内容为：

第 1 章 ArcGIS Engine 开发基础，着重介绍面向对象的封装、继承和多态程序设计思想以及 ArcGIS Engine 与组件对象模型、ArcGIS Engine 控件的使用。

第 2、3 章主要介绍 ArcGIS Engine 开发的基本概念与核心对象，包括地图、图层、布局、几何对象、空间参考、地理实体等内容。

第 4、5 章主要介绍 GIS 应用开发中最基础的两类功能：地图符号化与空间查询，其内容包括颜色模型、符号体系、矢量数据与栅格数据的符号化方法、基于属性的查询、基于空间关系的查询、交互式空间查询等。

第 6 ~ 9 章为 ArcGIS Engine 应用开发中较为高级的内容，包括地理处理、插件技术、数字地形分析以及北斗/GPS 实时定位导航指挥系统的工程实践。

由于本书涉及的知识范围广，技术更新快，研究内容复杂，在编写过程中，大量参考、引入了相关领域的研究成果，在此表示感谢。

由于作者水平有限，加之编写工作比较仓促，肯定存在不足之处，敬请读者批评指正。

刘宏建

2020 年 10 月于郑州

① 本书所有代码获取路径：登录 http://www.ecsponline.com 网站，通过书号、书名或作者名检索找到本书，在图书详情页“资源下载”栏目中下载。如有问题可发邮件到 dx@mail.sciencep.com 咨询。

目　　录

第 1 章　ArcGIS Engine 开发基础

1.1　ArcGIS Engine 概览

1.1.1　ArcObjects 与 ArcGIS Engine

地理信息系统(geographic information system，GIS)是在计算机软件和硬件支持下，运用系统工程和信息科学的理论，科学管理和综合分析具有空间内涵的地理数据，以提供对规划、管理、决策和研究所需信息的空间信息系统。随着 GIS 的广泛应用，GIS 软件开发方法及模式经历了 GIS 函数库、类库、组件库、分布式 GIS 服务的过程。目前，组件式 GIS 开发以其扩展性强、低成本、易普及、无缝集成等特点，成为 GIS 应用软件开发的主流技术。组件式 GIS 的基本思想是把 GIS 的主要功能模块划分为若干控件，每个控件完成不同的功能，各个 GIS 控件之间，可以方便地通过可视化软件开发工具集成起来，形成最终的 GIS 应用。控件如同一堆各式各样的积木，它们分别实现不同的功能，根据需要把实现各种功能的 “积木” 搭建起来，就构成应用系统。

ArcObjects(简称 AO)是 ESRI 公司推出的一套完整的 GIS 二次开发组件包，有 3000 多个对象可供开发人员调用，涵盖了构建 GIS 平台及应用系统的方方面面。ArcObjects 是 ESRI ArcGIS 产品线的基石，ArcGIS Desktop、ArcGIS Server 和 ArcGIS Engine 都是在 AO 基础上构建的(图 1.1)。ArcObjects 必须在安装了 ArcGIS Desktop 后才能开发使用，这样就使其成本大大增加。基于产品策略上的考虑，同时为了降低开发难度，提高 GIS 应用程序的开发效率，ESRI 将 ArcObjects 中的一些核心对象和重要组件进行二次封装，形成独立于 ArcGIS Desktop 的全新组件开发平台(开发包)，这就是 ArcGIS Engine(简称 ArcEngine、AE)。ArcGIS Engine

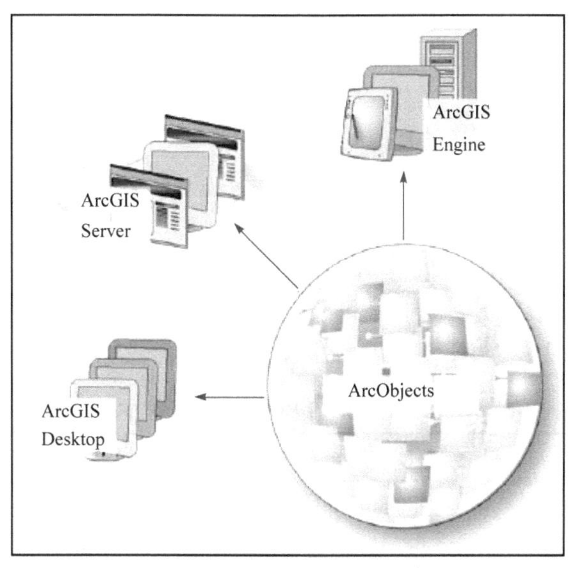

图 1.1　ArcObjects 是 ESRI ArcGIS 的基石

由两部分构成:①ArcGIS Engine 软件开发工具包,它包括用户进行 GIS 二次开发所需要的类、对象、可视化组件和工具集。②ArcGIS Engine Runtime，它为用户提供 GIS 二次开发应用的运行环境，使得用户开发的应用系统可以脱离 ArcGIS Desktop 独立运行。

ArcObjects 和 ArcGIS Engine 之间的关系总结如下：

(1) ArcGIS Engine 包括核心 ArcObjects 的功能，是对 ArcObjects 中的大部分接口、类等进行二次封装所构成的。ArcGIS Engine 中的组件接口、方法、属性和事件与 ArcObjects 相同。

(2) ArcGIS Engine 是 ArcObjects 的一个子集，使用 ArcGIS Engine 开发的软件，在 ArcObjects 环境中使用没有问题，但是 ArcObjects 开发的程序，如果使用的组件库不在 ArcGIS Engine 中(ArcGIS Engine 不具备 ArcObjects 的少部分功能)，就无法使用。

(3) ArcObjects 必须依赖 ArcGIS Desktop 桌面平台，即购买安装了 ArcGIS Desktop 的同时，安装 ArcObjects，才能利用 ArcObjects 进行开发；ArcGIS Engine 是独立的组件开发平台，它开发的应用系统不依赖于 ArcGIS Desktop，只需有 ArcGIS Engine Runtime 就可独立运行。

1.1.2　ArcGIS Engine 的组成

ArcGIS Engine 开发包由三部分组成：控件、工具及对象库，如图 1.2 所示。

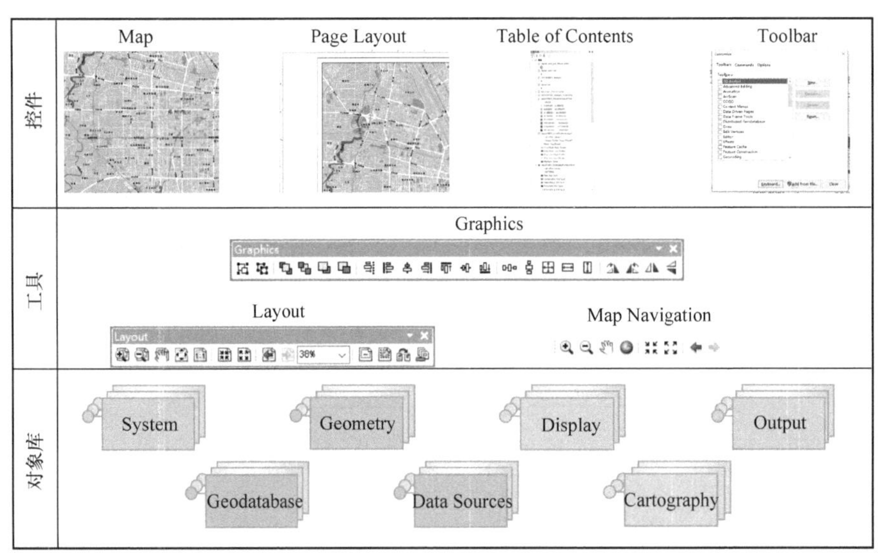

图 1.2　ArcGIS Engine 构成

1. 控件

控件是 ArcGIS Engine 用户界面的组成部分,它可以接收用户输入,反馈用户输出。ArcGIS Engine 的主要控件如表 1.1 所示。

表 1.1　ArcGIS Engine 的主要控件

控件	功能
MapControl	用于地图显示，同时负责空间查询、地理分析结果的展现
ToolbarControl	工具条控件，用于加载、管理 ArcGIS Engine 提供的自带命令、工具、菜单以及用户自定义的命令、工具盒菜单

续表

控件	功能
PageLayoutControl	用于进行地图整饰、出图打印
TOCControl	用于进行图层管理
SceneControl	用于管理及显示局部精细三维场景
GlobeControl	用于大场景、海量数据的三维显示及管理
LicenseControl	许可控件，管理 ArcGIS Engine 的许可授权
SymbologyControl	符号化控件，用于管理 ArcGIS Engine 的各种制图符号

2. 工具

工具是 ArcGIS Engine 提供的基于插件机制的功能执行逻辑，最常用的是 Command(命令)和 Tool(工具)。工具包括两种类型：一类是 ArcGIS Engine 内置的工具，可以加载到 ToolbarControl 中使用；另一类是用户自定义工具，可在插件框架下实现用户的业务逻辑与地理信息的无缝集成。ArcGIS Engine 常见的内置工具集如图 1.3 所示。

图 1.3　ArcGIS Engine 常见的内置工具集

3. 对象库

对象库是可编程组件对象的集合，包括几何实体、空间基准、地图渲染、Geodatabase 数据管理、图层管理、查询编辑、三维分析、布局及出图打印、网络分析、地理处理框架(GeoProcessing Framework, GP 框架)等，在 Windows 系统下，其物理实现为动态链接库。对象库是 ArcGIS Engine 编程开发的基础与核心，掌握 ArcGIS Engine 的对象库框架，熟练运用对象库中常用的类与对象，是进行 GIS 二次开发的前提。

1.2　面向对象的程序设计思想

早期的软件开发，多采用结构化程序设计方法(面向过程的程序设计方法)，这种方式开发的软件，算法(函数或过程)和数据是相互独立的，两者分开设计，以算法设计为主，采用自顶向下、逐步求精的设计思想，两者的关系如图 1.4 所示。这种设计方法最大的缺点是：如果数据结构发生变化，有可能要修改大量代码，使得程序的可重用性差。

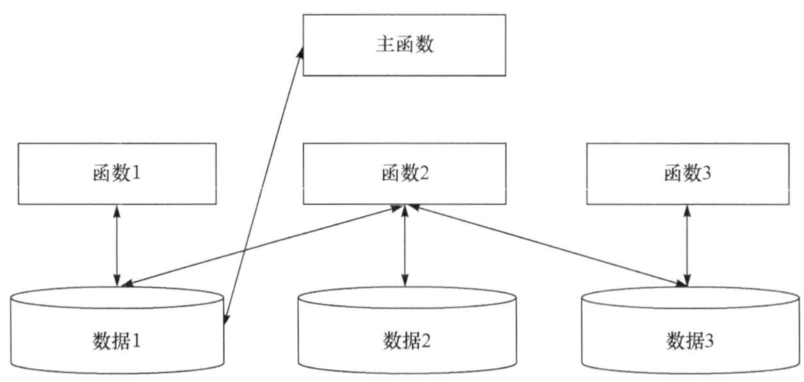

图 1.4　面向过程的程序设计方法

面向对象的程序(object oriented programming，OOP)设计改变了结构化程序设计中以模块功能和处理过程设计为核心的原则，将人对客观世界认识的思维过程和软件开发的过程相结合，更符合人的思维习惯。面向对象的程序设计是 ArcGIS Engine 二次开发的基础，也是当前软件开发所采用的主流方法，它能够提高软件系统的重用性、灵活性和扩展性，其最核心的思想是封装(encapsulation)、继承(inheritance)和多态(polymorphic)。

1.2.1　封装

客观世界中任何一个事物都可以抽象地看成一个对象(object)，或者说客观世界是由千千万万个对象组成的。面向对象程序设计方法中，先将对象进行概括，抽出一类对象的公共性质并加以描述。这个公共性质包含两方面：数据抽象和行为抽象，其中数据抽象描述对象的属性或状态，行为抽象描述对象的共同行为或功能特征，然后将抽象得到的数据和行为封装成一个有机的整体，形成类。类是对象的抽象，而对象则是类的特例，或者说是类的具体表现形式。例如，“河流”是一个类，那么，具体的某条河流——洛河就是“河流”这个类的对象，而“空间位置、河流名称、河流级别、流速、流量、流域面积、通航月份”等信息就是对象的属性。类和对象是面向对象编程技术中最基本的概念。

类和对象的概念体现了面向对象程序设计的封装性。因为类和对象中既有描述客观实体的属性特征数据，又包含展现客观实体行为特征的方法(函数)，它将数据及对数据的操作通过类和对象封装起来，并通过访问控制机制限制外界对它的访问，实现了信息隐藏，提供了一个有效的途径来保护数据不被意外破坏。C#中通过访问控制修饰符控制外界对类的访问，如表 1.2 所示。

表 1.2　C#的访问控制修饰符

访问控制修饰符	权限
private	只有类本身能存取
protected	类和派生类可以存取
internal	只有同一个项目中的类可以存取
protected internal	是 protected 和 internal 的结合
public	完全存取

因此，当在应用程序中由类创建一个对象时，我们只要使用对象的属性和方法进行相应的操作即可，完全不必关心其内部是如何实现的。一个对象就像一个黑匣子，表示它内部属性的数据和行为的代码都封装在这个黑匣子中。

1.2.2　继承

继承就是子类继承父类，使子类具有父类的各种数据和方法。继承是一种描述类演化过程的层次模型，即通过继承机制可以实现类的不断进化。类的继承层次结构的上层(父类)是最具有通用性的，而下层部分，即后代(子类)则具有自身的特性。类可以从它的祖先那里继承数据成员和方法成员，并且可以修改或增加新的数据和方法成员，使之更符合应用需求。继承机制使得程序开发过程中能够重用一个已有的类，并且在对别的类不引起副作用的情况下，对类进行裁剪，以适应自己的需求。总之，继承是一个代码共享机制，它允许在新类的定义中重用父类的数据和行为。

C#中的继承符合下列规则：

(1) 继承是可传递的。如果 C 从 B 中派生，B 又从 A 中派生，那么 C 不仅继承了 B 中声明的成员，同样也继承了 A 中的成员。Object 类作为所有类的基类。

(2) 派生类是对基类的扩展。派生类可以添加新的成员，但不能除去已经继承的成员的定义。

(3) 构造函数和析构函数不能被继承，除此之外的其他成员，不论对它们定义了怎样的访问方式，都能被继承。基类中成员的访问方式只能决定派生类能否访问它们。

(4) 派生类如果定义了与继承而来的成员同名的新成员，就可以覆盖已继承的成员。但这并不意味着派生类删除了这些成员，只是不能再访问这些成员。

1.2.3　多态

在面向对象的系统中，多态性是一个非常重要的概念，其字面意思是“多种形态”，即“同一个动作，产生不同的结果”。多态有两种形式：一种形式是编译时的多态性，即静态联编(滞后联编)，它是通过函数重载实现的，如【代码 1.1】所示，通过定义三个参数类型和返回值不同的同名函数 abs，实现求整型数绝对值、长整型数绝对值和双精度数绝对值这三种不同的操作，即一个动作(调用 abs 函数)产生多种状态(可以求整型数绝对值、长整型数绝对值或者双精度数绝对值)。因为在程序中调用的具体哪个求绝对值的函数是由编译器根据参数类型的不同确定的，在程序运行之前就已经确定了，所以这种形式的多态称为静态联编或先期联编。

【代码 1.1】　静态联编

(参见本书配套代码 App.Base.StaticPolymorphic 工程中的 Program.cs 代码文件)

```
public class UseAbs
{
    public int abs(int n)//整型数求绝对值
    {
        return (n < 0 ? -n : n);
    }
```

```
    public long abs(long l)//长整型数求绝对值
    {
        return (l < 0 ? -l : l);
    }

    public double abs(double db)//浮点数求绝对值
    {
        return (db < 0 ? -db : db);
    }
}

class Program
{
    static void Main(string[] args)
    {
        int n = -10;
        long l = -123;
        double db = -23.98d;

        UseAbs pUseAbs = new UseAbs();
        n = pUseAbs.abs(n);
        l = pUseAbs.abs(l);
        db = pUseAbs.abs(db);

        Console.WriteLine("编译时的多态(静态联编)，函数重载：");
        Console.WriteLine("整型数的绝对值：n={0}", n);
        Console.WriteLine("长整型数的绝对值：l={0}",l);
        Console.WriteLine("双精度数的绝对值：db={0}",db);

        Console.ReadLine();
    }
}
```

多态的另一种形式是运行时的多态性，即滞后联编(或称为动态联编)。它是在系统运行时，不同对象调用一个名字相同、参数的类型及个数完全一样的方法，会完成不同的操作。运行时多态是通过虚函数实现的，其实质是程序在运行期间判断所引用对象的实际类型，根据其实际类型调用相应的方法。

多态存在的三个必要条件为：①要有继承；②要有重写；③父类引用指向子类对象。运用多态，可以消除类型之间的耦合关系，其优点如下：

(1) 可替换性(substitutability)。多态对已存在代码具有可替换性。

(2) 可扩充性(extensibility)。多态对代码具有可扩充性。增加新的子类不影响已存在类的多态性、继承性，以及其他特性的运行和操作。

(3) 接口性(interface-ability)。多态是超类通过方法签名，向子类提供一个共同接口，由子类来完善或者覆盖它而实现的。

(4) 灵活性(flexibility)。它在应用中体现了灵活多样的操作，提高了使用效率。

(5) 简化性(simplicity)。多态可以简化对应用软件的代码编写和修改过程，在处理大量对象的运算和操作时，这个特点尤为突出和重要。

C#中运行时多态的实现方式主要有接口实现、继承父类进行虚方法重写这两种，这里不再专门对运行时的多态进行赘述。

1.3 ArcGIS Engine 与组件对象模型

1.3.1 组件对象模型

从结构化程序设计语言到面向对象程序设计语言，人们一直在寻求解决软件复用和可维护性更好的软件编写模式。结构化程序设计通过编写能重复调用的子程序减少了代码的编写量，经过测试的子程序，也降低了维护难度，但这种程序设计方法可复用的模块小，数量大，耦合关系复杂，当程序代码量达到一定程度后，维护变得很困难。面向对象的程序设计语言，以更符合客观世界的实体对象的概念，提供了封装性、继承性和多态性，使软件的可复用性和维护性向前迈了一大步，但这两种方法都不能充分满足可复用软件的需求，因为两者都受到特定的语言环境、进程地址空间、通信协议和编译平台等的限制。

组件对象模型(component object model，COM)是一种基于二进制标准与编程语言无关的软件规范，是解决软件在二进制级别复用的有效技术，在整个软件工业界中得到了迅速应用。COM 包括两大部分：第一部分是 COM 规范，即 COM 提供了组件之间进行交互的规范，这些规范不依赖于任何特定的语言和操作系统，只要按照该规范，任何语言都可以使用；第二部分是 COM 的实现，即 COM 提供了实现组件交互的环境。在 Microsoft Windows 操作系统环境下，这些库以.dll 文件的形式存在，主要包括：①提供 API 函数实现客户和服务端 COM 应用的创建过程；②通过注册表查找本地服务器(即 EXE 程序)以及程序名与 CLSID 的转换等；③提供了一种标准的内存控制方法，使 COM 应用程序能控制进程中内存的分配。

在 Windows 平台上，一个 COM 组件是一个.dll 文件，或者是一个.exe 文件。我们可以将组件理解为 COM 对象的容器，一个组件可以包括一个或多个 COM 对象，每个 COM 对象可以实现一个或多个接口，接口是一组功能的集合，即一组函数。当组件客户程序调用组件功能时，COM 对象本身对于客户来说是不可见的，客户请求服务时，只能通过接口进行。每一个 COM 接口都有一个 128 位的全局唯一标识符(globally unique identifier，GUID)，客户通过 GUID 获得接口指针，通过接口指针就可以调用接口函数。因此在 COM 模型中，对象通过接口及接口中的函数为客户程序提供服务，对于客户来说，它只与接口打交道。

1.3.2 COM Interop

在.Net 平台下，Microsoft 引入了通用语言运行时(common language runtime，CLR)用于执行托管代码。托管代码和托管对象有许多优点，如自动内存管理、基于属性的编程、公共类型系统等。ArcGIS Engine 是 ArcObjects 的子集，ArcObjects 则是一套基于 COM 的组件库，而 COM 对象是非托管对象，为了解决在.Net 中的托管代码能够调用 COM 组件的问题，实现.Net 和 COM 的互操作性，微软推出了 COM Interop 技术，用于.Net 托管对象和 COM 非托管对象之间的协同工作(图 1.5)。

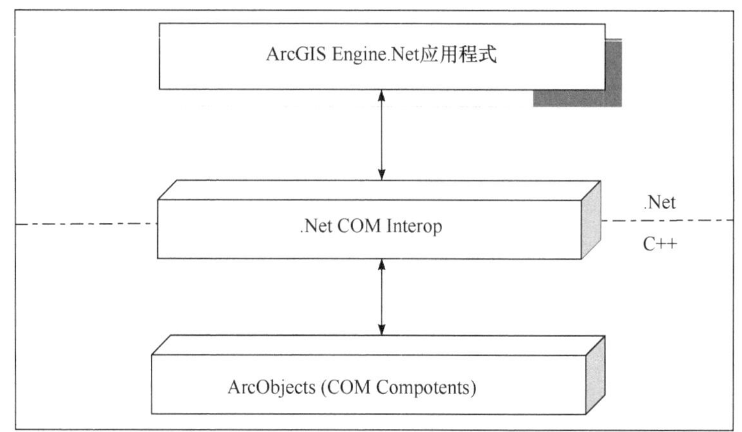

图 1.5　.Net 环境通过 COM Interop 访问 ArcObjects

COM 和.Net 之间存在着非常大的差异，为了使两者可以有机结合在一起进行协同工作，COM Interop 包含两种互操作方式(图 1.6)：一种是运行时可调用包装(runtime callable wrapper，RCW)，用于在.Net 托管代码中使用 COM 对象；另一种是 COM 可调用包装(COM callable wrapper，CCW)，用于在 COM 程序中调用.Net 对象。因为利用 C#来进行 ArcGIS Engine 的应用开发是在.Net 代码中使用 COM 对象，所以在此重点讨论 RCW。

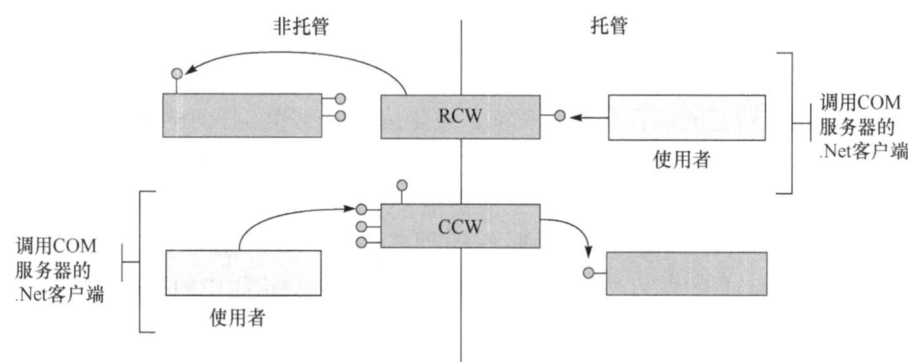

图 1.6　.Net 通过 RCW 和 CCW 实现与 COM 的互操作

先总结梳理一下在.Net 中使用 COM 组件的过程：

(1) 找到要使用的 COM 组件并注册它(使用 regsvr32.exe 注册组件的 DLL 文件)。

(2) 在 VS 项目中添加对 COM 组件或类型库的引用。

添加引用时，Visual Studio 会用到 Tlbimp.exe(类型库导入程序)，Tlbimp.exe 程序将会为组件生成一个.Net 程序集，该程序集称为 COM 组件的互操作程序集。COM 互操作程序集可以由类型库导入程序生成，也可以由开发 COM 组件的厂商提供。互操作程序集中包含了 COM 组件中定义的类型的元数据，托管代码通过调用互操作程序集中公开的接口或对象来间接地调用 COM 对象和接口，COM 组件的互操作程序集就是 RCW，可以看出 RCW 实质是由类型库导入程序(Tlbimp.exe)生成的.Net 类。

主互操作程序集(primary interop assemblies，PIA)是一个由厂商提供的唯一的程序集(图 1.7 为 ESRI 提供的 ArcObjects 互操作程序集)。为了生成主互操作程序集，可以在使用 Tlbimp.exe 命令时打开/primary 选项。那么，PIA 与普通互操作程序集到底有什么区别呢？区别就是 PIA 除了包含 COM 组件定义的数据类型外，还包含了一些特殊的信息，如公钥、COM 类型库的提供者等信息。主互操作程序集可以帮助我们解决部署程序时，引用互操作程序集版本不一致的问题。

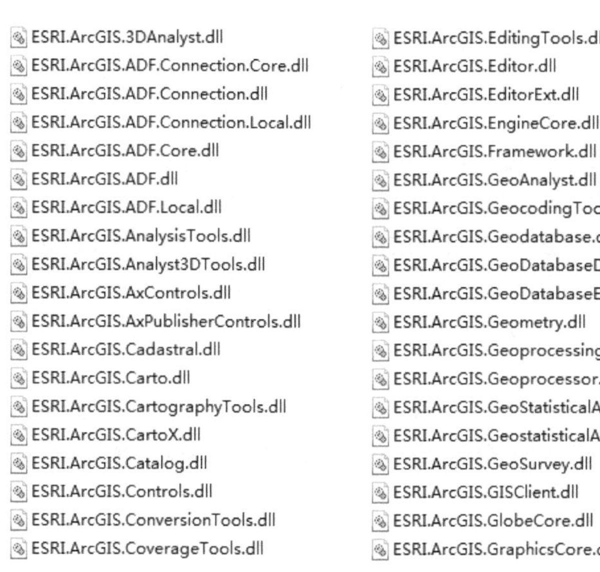

图 1.7　ESRI 提供的 ArcObjects 互操作程序集

(3) 创建 RCW 中类的实例，可以像使用托管对象一样来使用 COM 对象。

可见，虽然托管代码中不能直接使用 COM 对象和接口，但可以通过 CLR 的 COM 互操作程序集，将 RCW 作为代理实现对 COM 对象和接口的访问，因此对 COM 对象的调用，都是通过 RCW 来完成的。CLR 会为每一个 COM 对象创建一个 RCW 对象(每个 COM 对象有且只有一个 RCW 对象)，RCW 对象中包含了 COM 对象的接口指针，控制 COM 对象的引用计数，实现 COM 对象的生存期管理。RCW 对象是.Net 托管对象，其自身的释放通过 CLR 的垃圾回收机制处理。RCW 做的工作主要有激活 COM 对象及在托管代码和非托管代码之间进行数据封送处理。

图 1.8 给出了.Net 中使用 COM 对象的流程。

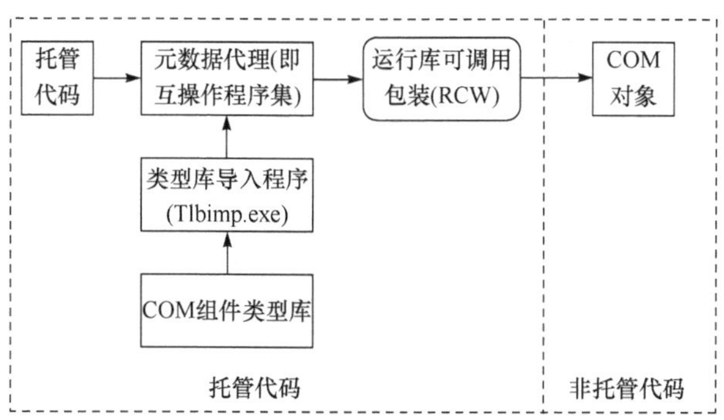

图 1.8　.Net 中使用 COM 对象的流程

1.3.3 AE 内存释放

在.Net 中，内存中的资源(即所有二进制信息的集合)分为“托管资源”和“非托管资源”。托管资源必须接受.Net Framework CLR(通用语言运行时)的管理，而非托管资源则不必接受.Net Framework 的 CLR 管理，需要手动清理垃圾(显式释放)。托管资源在.Net 中分别存放在两种地方：“堆栈”和“托管堆”(以下简称“堆”)中，其规则如下：所有的值类型和引用类型的引用都存放在“堆栈”中，而所有引用所代表的对象实例都保存在堆中。在.Net 中，释放托管资源是通过“垃圾回收器”(garbage collection，GC)完成的，.Net 的垃圾回收机制包括三个方面：①用来管理托管资源和非托管资源所占用的内存分配和释放。②寻找不再使用的.Net 对象，释放其所占用的内存，并释放非托管资源所占用的内存。③垃圾回收机制释放内存之后，出现了内存碎片，垃圾回收器通过移动.Net 对象在内存中的位置，得到整块的内存，同时所有的对象引用都将被调整为指向对象新的存储位置。

为了深入讨论 ArcGIS Engine 对象释放的机理，首先比较一下 COM 对象和.Net 对象的区别：

(1) COM 对象的客户程序必须自己管理 COM 对象的生命周期；.Net 对象则由 CLR 通过垃圾回收机制来管理。

(2) COM 对象的客户程序通过调用 QueryInterface 查询 COM 对象是否支持某接口并得到接口指针；.Net 对象的客户使用反射(Reflection)得到对象的描述(Description)、属性(Property)和方法(Method)。

(3) COM 对象是通过指针引用，并且对象在内存中的位置是不变的；.Net 对象则可以在 GC 进行收集时通过 Compact Heap 来改变对象的位置。

前文已经论述过，为了实现 COM 与.Net 的交互，.Net 使用 Wrapper 技术提供了 RCW 和 CCW，.Net 对象调用 COM 对象的方法时 CLR 就会创建一个 RCW 对象；COM 对象调用.Net 对象的方法时就会创建一个 CCW 对象。RCW 对象是我们访问 COM 对象的接口和功能的代理，其本质是一个.Net 对象，在.Net 中，通过 RCW 我们就可以像使用.Net 对象一样来使用 COM 组件，RCW 隐藏了 IUnknown 接口和 IDispatch 接口，并处理 COM 对象的引用计数和对象释放问题。RCW 功能如下：

(1) RCW 是 Runtime 生成的一个.Net 类，它包装了 COM 组件的方法，并在内部实现了对 COM 组件的调用。

(2) 转换封送.Net 对象和 COM 对象之间的参数和返回值等，如 C#的 string 和 COM 的 BSTR 之间的转换。

(3) CLR 为每个 COM 对象创建一个 RCW，这与对象上的引用数无关，就是说每个 COM 对象有且只有一个 RCW 对象。

(4) RCW 包含 COM 对象的接口指针，管理 COM 对象的引用计数。RCW 自身的释放由 GC 管理。

接下来讨论 COM 对象。COM 对象不在托管堆里创建，也不能被 GC 搜索并收集。COM 对象使用引用计数机制释放内存。RCW 作为 COM 对象的包装器，包含了 COM 对象的接口指针，并且为这个接口指针进行引用计数。RCW 本身作为.Net 对象是由 GC 管理并收集的。当 RCW 被收集后，它的 Finalizer 就会释放接口指针并销毁 COM 对象。

先分析一段代码，再继续讨论 ArcGIS Engine 内存释放的问题。

【代码 1.2】　AE 对象的内存释放问题-1
(参见本书配套代码 App.Base.ComObjectRelease 工程中的 Form_Main.cs 代码文件)

```
void ReleaseComObject_Func1()
{
    IWorkspace pWorkSpace = null;
    try
    {
        string szMdbPath=Application.StartupPath+"\\Data\\mole_data.mdb";
        string szFCName = "country";
        IWorkspaceFactory pWSF = new AccessWorkspaceFactoryClass();
        pWorkSpace = pWSF.OpenFromFile(szMdbPath, 0);
        IFeatureWorkspace pFeatureWorkspace = pWorkSpace as IFeatureWorkspace;
        IFeatureClass pFeatureClass = pFeatureWorkspace.OpenFeatureClass(szFCName);
    }
    catch (Exception ex)
    {
        Shared.Base.CLog.LOG(ex.Message);
    }
    finally
    {
        pWorkSpace = null;
    }
    GC.Collect();
}
```

上面的代码中，通过设置 pWorkSpace = null 直接调用 GC.Collect()，好像应该将 RCW 收集进而释放 COM 对象，事实上 COM 对象并没有被释放。我们可以看到执行完 ReleaseComObject_Func1()后，在 Data 文件夹下面生成了一个 mole_data.ldb 加锁文件，这就说明资源并没有释放(图 1.9)。

图 1.9　COM 对象并没有得到释放

再看代码 ReleaseComObject_Func2()及其调用。

【代码 1.3】 AE 对象的内存释放问题-2

(参见本书配套代码 App.Base.ComObjectRelease 工程中的 Form_Main.cs 代码文件)

```
void ReleaseComObject_Func2()
{
    IWorkspace pWorkSpace = null;
    try
    {
        string szMdbPath = Application.StartupPath + "\\Data\\mole_data.mdb";
        string szFCName = "country";
        IWorkspaceFactory pWSF = new AccessWorkspaceFactoryClass();
        pWorkSpace = pWSF.OpenFromFile(szMdbPath, 0);
        IFeatureWorkspace pFeatureWorkspace = pWorkSpace as IFeatureWorkspace;
        IFeatureClass pFeatureClass = pFeatureWorkspace.OpenFeatureClass(szFCName);
    }
    catch (Exception ex)
    {
        Shared.Base.CLog.LOG(ex.Message);
    }
    finally
    {
        pWorkSpace = null;
    }
}

private void button_Func2_Click(object sender, EventArgs e)
{
    ReleaseComObject_Func2();
    GC.Collect();
}
```

单击按钮，执行 ReleaseComObject_Func2()，发现 Data 目录下的 mole_data.ldb 不见了，这就说明 COM 对象所占的内存得到了释放。事实上，ReleaseComObject_Func1()和 ReleaseComObject_Func2()的代码几乎一样，唯一的区别在于对 GC.Collect()函数的调用方式上，ReleaseComObject_Func1()在函数内部调用了 GC.Collect()进行垃圾回收，而 ReleaseComObject_Func2()内部并没有调用 GC.Collect()函数，其调用是在 button_Func2_Click 中完成的。

这个现象很奇怪，其原因何在呢？

实际上，pWorkSpace = null 这个代码会使引用 RCW 的.Net 对象数量减 1，但是除了 pWorkSpace 外，还有 pFeatureWorkspace、pWSF 等对象，虽然使用的是同一个 COM 对象，并且该 COM 对象只有一个 RCW 对象，但是，pFeatureWorkspace 和 pWSF 以及其他任何指向这个 COM 对象的变量都会产生对 RCW 的引用，虽然通过设置 pWorkSpace = null 使引用 RCW 的.Net 对象数量减 1，但 RCW 的引用并没有减到 0，RCW 仍然存在，在函数内部调用 GC.Collect()自然无法回收内存。

而在函数外部调用 GC.Collect()时，pFeatureWorkspace、pWSF 等对象的生命周期结束，它们对 RCW 的引用也不存在，这时候 GC 就可以收集 RCW 了，COM 对象也就被释放了。

因此，要把代码中所有引用到 COM 对象(pFeatureWorkspace、pWSF 等)的变量设置为 null，来消除对 RCW 的引用，在方法内部也同样可以用 GC.Collect()来释放 COM 对象，也就是下面的函数 ReleaseComObject_Func3()。

【代码 1.4】　AE 对象的内存释放问题-3

(参见本书配套代码 App.Base.ComObjectRelease 工程中的 Form_Main.cs 代码文件)

```
void ReleaseComObject_Func3()
{
    IWorkspaceFactory pWSF = null;
    IWorkspace pWorkSpace = null;
    IFeatureWorkspace pFeatureWorkspace = null;
    IFeatureClass pFeatureClass = null;
    try
    {
        string szMdbPath = Application.StartupPath + "\\Data\\mole_data.mdb";
        string szFCName = "country";
        pWSF = new AccessWorkspaceFactoryClass();
        pWorkSpace = pWSF.OpenFromFile(szMdbPath, 0);
        pFeatureWorkspace = pWorkSpace as IFeatureWorkspace;
        pFeatureClass = pFeatureWorkspace.OpenFeatureClass(szFCName);
    }
    catch (Exception ex)
    {
        Shared.Base.CLog.LOG(ex.Message);
    }
    finally
    {
        pFeatureClass = null;
        pFeatureWorkspace = null;
        pWorkSpace = null;
        pWSF = null;
    }

    GC.Collect();
}
```

GC.Collect()并不是很好的释放 COM 对象的方式(**微软强烈不建议频繁使用 GC.Collect**)，

这是由于 GC 收集时间的不确定性(因为 COM 对象是在 RCW 的 Finalizer 被执行后释放，所以即使 RCW 被收集了，执行 Finalizer 还要在另外一个线程上排队进行)，将导致 COM 对象在 RCW 被收集前滞留在内存。如果这个 COM 对象占用内存较大或者资源数有限(如 FeatureCursor 是最常见的)，就有可能引发内存泄漏或者程序异常。为了解决这个问题，.Net 平台提供了一个函数：

int System.Runtime.InteropServices.Marshal.ReleaseComObject(object o);

这个函数可以让我们在 GC 收集 RCW 之前释放掉对应的 COM 对象，这个方法的参数必须是引用 COM 对象的 RCW 的类型，如本例中的 pFeatureClass、pFeatureWorkspace、pWorkSpace、pWSF，等等。调用这个方法后，RCW 就会释放接口指针，它就是一个空的 Wrapper，它与 COM 对象的联系就断了，再对其进行调用就会产生“COM 对象与其基础 RCW 分开后就不能再使用”的运行时错误。这时候，COM 对象也就被释放了。

下面的代码，就是根据上面的思想，避免直接调用 GC.Collect()函数，也是本书所提倡的释放 ArcGIS Engine COM 对象的方法。

【代码 1.5】　AE 对象的内存释放问题-4

(参见本书配套代码 App.Base.ComObjectRelease 工程中的 Form_Main.cs 代码文件)

```
void ReleaseComObject_Func4()
{
    IWorkspaceFactory pWSF = null;
    IWorkspace pWorkSpace = null;
    IFeatureWorkspace pFeatureWorkspace = null;
    IFeatureClass pFeatureClass = null;
    try
    {
        string szMdbPath = Application.StartupPath + "\\Data\\mole_data.mdb";
        string szFCName = "country";
        pWSF = new AccessWorkspaceFactoryClass();
        pWorkSpace = pWSF.OpenFromFile(szMdbPath, 0);
        pFeatureWorkspace = pWorkSpace as IFeatureWorkspace;
        pFeatureClass = pFeatureWorkspace.OpenFeatureClass(szFCName);
    }
    catch (Exception ex)
    {
        Shared.Base.CLog.LOG(ex.Message);
    }
    finally
    {
        System.Runtime.InteropServices.Marshal.ReleaseComObject (pFeatureClass);
        pFeatureClass = null;
        System.Runtime.InteropServices.Marshal.ReleaseComObject (pFeatureWorkspace);
        pFeatureWorkspace = null;
```

```
            System.Runtime.InteropServices.Marshal.ReleaseComObject (pWorkSpace);
            pWorkSpace = null;
            System.Runtime.InteropServices.Marshal.ReleaseComObject (pWSF);
            pWSF = null;
        }
    }
```

1.3.4 ArcGIS Engine 组件库

ArcGIS Engine 是基于 COM 技术的 GIS 开发组件库，可以使用 C++、.Net、VB、Delphi、Java 等语言和平台来构建面向领域和行业的 GIS 应用软件，下面将简述 ArcGIS Engine 中的各个组件库。图 1.10 为 ArcGIS Engine 组件库体系结构图。理解组件库结构、库之间的依赖关系和基本功能是利用 ArcGIS Engine 进行应用开发的基础。

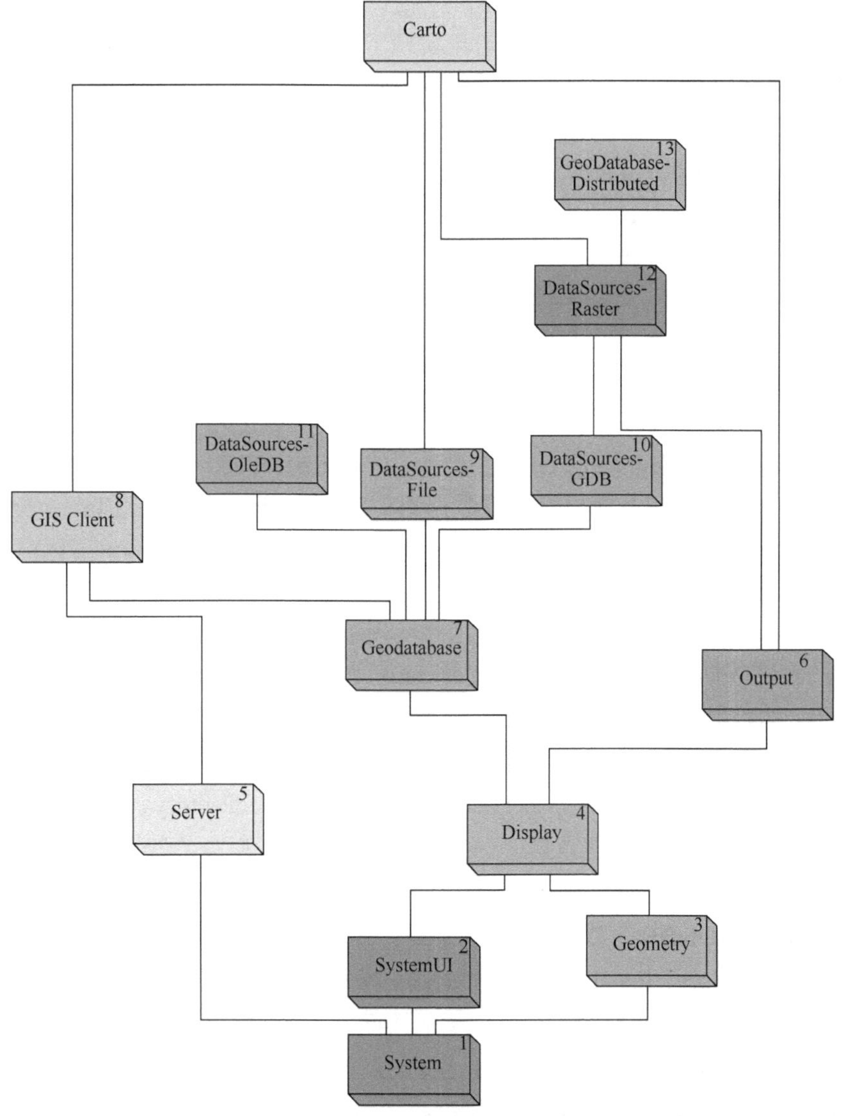

图 1.10　ArcGIS Engine 组件库体系结构图

(1) **System**。System 组件是 ArcGIS 体系结构中最底层的组件。System 组件包含 ArcGIS Engine 中提供最基础服务的一些 COM 对象，如 AoInitializer 对象，它实现了 IAoInitializer 接口，实现了对 ArcGIS Engine 的初始化。另外，还包括 Time、ExtensionManager、AppLockMgr、ObjectCopy 等 COM 对象。

(2) **SystemUI**。SystemUI 组件包含用户界面控件的接口定义，如 ICommand、ITool 和 IToolControl 等接口，开发过程中可以用这些接口来扩展 UI 组件。这个类库中包含的对象是一些实用工具对象，可以通过使用这些对象简化用户界面的开发。

(3) **Geometry**。Geometry 组件给出了基本几何图形对象的定义，包括 Point、MultiPoint、Polyline、Polygon 等。另外，还包括几何图形子要素的定义，如 Segment、Path 和 Ring 等。同时，Geometry 库还给出了 ArcGIS Engine 空间参考系统的定义，包括椭球体、大地基准、地理坐标系、投影坐标、中央经线、角度单位等。

(4) **Display**。Display 组件提供了一系列 COM 对象用于进行地理空间数据的显示。例如，Display、ScreenDisplay 对象都实现了 IDisplay 接口，可以在设备上下文中进行点、线、面等空间实体的绘制；DisplayTransformation 对象实现了 IDisplayTransformation 接口，可以实现地图坐标和屏幕坐标之间的转换。另外，Display 库还提供了在空间数据的绘制、编辑过程中，和用户交互的一系列对象，包括从 DisplayFeedback 派生的 NewEnvelopeFeedback、NewLineFeedback、NewPolygonFeedback 等，以及从 RubberBand 派生出的 RubberPoint、RubberCircle、RubberEnvelope 等 COM 类。

(5) **Output**。Output 组件用于进行制图输出，它提供了 Printer(PsPrinter、EmfPrinter)、Paper、PrintAndExportPageOptions、Export(ExportEMF、ExportJPEG、ExportBMP)等 COM 类，来实现打印机、纸张布局的设置、输出格式控制(EMF、JPG、BMP 等)。

(6) **Geodatabase**。Geodatabase 组件提供了访问地理数据库的编程接口。Geodatabase 是 ArcGIS 所有数据源的统一数据模型，在此基础上构建了 ArcGIS 的数据组织方式。Geodatabase 库中提供了工作空间(Workspace)、工作空间工厂(WorkspaceFactory，用于创建各种类型的工作空间)、Dataset(数据集，包括栅格和矢量数据集)、FeatureClass(要素类)、Table(表)、Row(行)、Fields(字段)、SpatialFilter(空间查询条件)、QueryFilter(查询条件)、Cursor(游标)等 COM 类，用于实现空间数据管理。

(7) **DataSourcesFile**。DataSourcesFile 组件实现了基于文件的地理数据源的编程接口，这些基于文件的地理数据源包括 Shapefile、Coverage、TIN、CAD、SDC、StreetMap 和 VPF 等，DataSourcesFile 组件利用 Geodatabase 编程模型对其进行统一管理。

(8) **DataSourcesGDB**。DataSourcesGDB 组件包含了 AccessWorkspaceFactory、InMemory WorkspaceFactory、FileGDBWorkspaceFactory、SqlWorkspaceFactory、SdeWorkspaceFactory 等 COM 类，用于实现对个人地理数据库、文件地理数据库、大型关系型数据库服务器(如 DB2、Informix、Microsoft SQLServer 和 Oracle)等地理数据源的访问。

(9) **DataSourcesOleDB**。DataSourcesOleDB 组件包含了 TextFileWorkspaceFactory、OLEDBWorkspaceFactory、ExcelWorkspaceFactory 等 COM 类，用于实现对文本文件、OLEDB 数据源、Excel 表格中的空间数据和属性数据的访问。

(10) **DataSourcesRaster**。DataSourceRaster 组件包含 RasterWorkspaceFactory、RasterDataset、Raster、RasterCatalog 等用于进行栅格数据访问的类，实现在 Geodatabase 模型

的基础上，进行栅格数据管理。

(11) **Carto**。Carto 组件提供了一系列 COM 对象用于进行地图和布局的管理，包括 MapDocument(地图文档)、Map(地图)、PageLayout(布局)等，另外还包括指北针、图例、比例尺等地图整饰要素。

1.4　ArcGIS Engine 控件的使用

1.4.1　控件功能介绍

ArcGIS Engine 控件是一套可视化的 COM 组件库，这些控件包括 MapControl、PageLayoutControl、TOCControl、ToolbarControl、GlobeControl 和 SceneControl 等。在.Net 开发平台中，ArcGIS Engine 安装完成后，会在 Visual Studio 工具箱面板中显示出已安装的控件(图 1.11)。下面简单介绍 ArcGIS Engine 提供的控件及其功能，详细使用方法将在后续章节中陆续介绍。

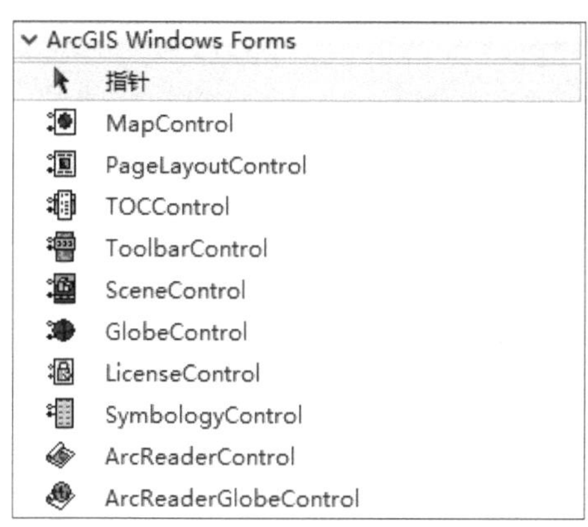

图 1.11　ArcGIS Engine 提供的控件(.Net 开发环境的工具箱面板)

1. MapControl 控件

MapControl 控件对应于 ArcMap 中的数据视图(Data View)，主要功能是显示、操作和分析地理数据。它封装了 Map 对象，可以加载已有的地图文档(.mxd 文件)或者直接添加矢量、栅格等类型的数据。通过 MapControl 控件的属性，用户还可以获取更多关于地图显示窗口及地图数据的属性，这也是 ArcGIS Engine 开发所需要用到的最基本的控件。

MapControl 控件可以实现多种基本 GIS 功能，如图层管理(增加、删除图层)、地图显示(放大、缩小、漫游、全图、自由缩放、固定比例缩放)、生成图形元素(点、线、多边形)、显示标注、识别地图上被选择的要素、进行空间或属性查询、实现专题图的制作及渲染、选择地图要素进行网络分析等。

2. PageLayoutControl 控件

PageLayoutControl 控件对应于 ArcMap 的布局视图(Layout View)，其主要功能是地图的整饰和制图输出。它封装了 PageLayout 对象，可以加载和保存地图文档及添加矢量、栅格数据，同时它还提供了在布局视图中控制制图元素的属性和方法。该控件的 Printer 属性用于设定地图打印时的各种参数，Page 属性用于处理控件的页面设置，Element 属性用于管理控件中的各种地图元素。

3. ToolbarControl 控件

工具条控件(ToolbarControl)不能单独使用，必须与“伙伴(Buddy)控件”，如 MapControl、PageLayoutControl、ReaderControl、SceneControl 或 GlobeControl 等协同工作。用户可以在界面设计时通过工具条控件的属性页设置伙伴控件(图 1.12)，也可以在窗体初始化时通过该控件的 SetBuddyControl 方法编写代码进行绑定，具体代码如下：

```
axToolbarControl_Main.SetBuddyControl(axMapControl_Main.Object);
```

图 1.12　ToolbarControl 控件基本属性页

ToolbarControl 控件为伙伴控件提供了一系列可以直接使用的命令按钮、功能菜单等，如图 1.13 所示。

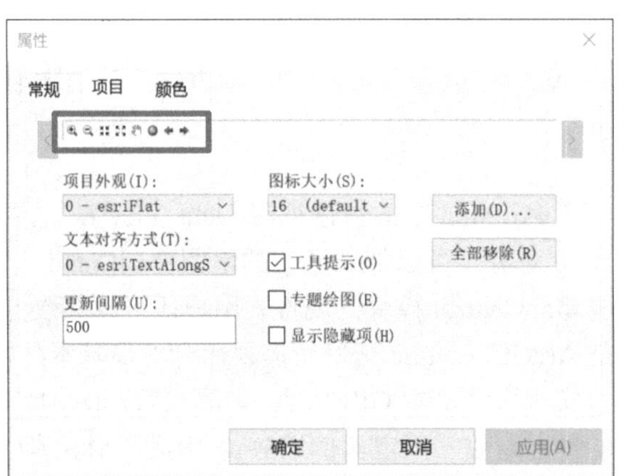

图 1.13　ToolbarControl 控件添加项(方框内功能)

每个 ToolbarControl 控件的伙伴控件都实现了 IToolbarBuddy 接口，该接口可以用来设置伙伴控件的当前工具属性，如在 ToolbarControl 控件中添加了三个工具按钮(放大、缩小、平移)。想在界面一初始化时就设置伙伴控件的默认工具为平移工具，则可以用 IToolbarBuddy 接口来实现，具体实现代码如下：

```
IToolbarControl pToolbarCtrl=axToolbarControl_Main.Object as IToolbarControl;
```

```
IToolbarItem pToolBarItem=pToolbarCtrl.GetItem(2);
ICommand pCurrentCommand=pToolBarItem.Command;
IToolbarBuddy pToolbarBuddy=axMapControl_Main.Object as IToolbarBuddy;
pToolbarBuddy.CurrentTool=pCurrentCommand as ITool;
```

4. TOCControl 控件

TOCControl(目录树)控件不能单独使用,也必须与伙伴控件(如 MapControl、PageLayout Control、ReaderControl、SceneControl 或 GlobeControl 等)协同使用。用户可以在界面设计时通过控件的属性页设置伙伴控件,也可以在窗体初始化时通过 SetBuddyControl 方法编写代码进行绑定,具体代码如下:

```
axTOCControl_Main.SetBuddyControl(axMapControl_Main.Object);
```

目录树控件通过交互视图来显示伙伴控件的地图、图层和符号体系等内容，并保持其内容与伙伴控件自动同步与联动。如伙伴控件是 MapControl，当在 TOCControl 中删除了一个图层时，该图层也会从 MapControl 中同步删除；同样地，若在 TOCControl 中取消选中某个图层显示的复选框，则该图层在 MapControl 中也不可见。

5. LicenseControl 控件

开发人员在进行 ArcGIS Engine 开发时，所有应用程序都必须在启动时执行 License 初始化操作，这个过程可以使用 LicenseControl 控件或 AoInitialize 对象来实现。如果没有该操作，程序将无法运行。

6. ReaderControl 控件

ReaderControl 控件提供类似于 ArcReader 桌面应用程序的功能，包括 ArcReader 的窗口和工具等。ReaderControl 控件有一个简单的对象模型，该模型可以提供 ArcReader 的所有功能而不需要访问 ArcObjects，这样就为没有 ArcObjects 开发经验的开发人员提供了方便。

7. SceneControl 控件和 GlobeControl 控件

使用 SceneControl 控件和 GlobeControl 控件必须具有 ArcGIS Engine 的 3DAnalyst 选项授权，它们分别对应于 ArcScene 和 ArcGlobe 桌面应用程序。SceneControl 封装了 SceneViewer 对象，而 GlobeControl 封装了 GlobeViewer 对象。用 ArcScene 和 ArcGlobe 应用程序生成的 Scene 和 Globe 文档可以分别装载到 SceneControl 和 GlobeControl 中，以节省开发人员编程创作这两种地图的时间。

SceneControl 和 GlobeControl 都具有内置导航功能，允许用户移动三维视图，而不需要开发人员编写代码。要使用内置导航工具，可以在界面设计时通过 SceneControl 和 GlobeControl 控件的属性页添加 Navigate 工具，或者在程序中编程实现，具体代码如下：

```
ICommand pNavigateTool=new ControlsSceneNavigateToolClass();
pCommand.OnCreate(axGlobeControl_Main.Object);
pCommand.OnClick();
axGlobeControl_Main.CurrentTool=pNavigateTool as ITool;
```

1.4.2 第一个 AE 程序

本节简单介绍一个示例程序，讲解如何使用 ArcGIS Engine 组件开发 GIS 桌面应用程序，主要包括使用 MapControl、ToolbarControl、TOCControl 控件，向工具栏添加 ArcGIS Engine 内置工具和命令，浏览 mxd 地图文档。

(1) 启动 Visual Studio，单击菜单“文件”→“新建”→“项目”，打开如图 1.14 所示的对话框。

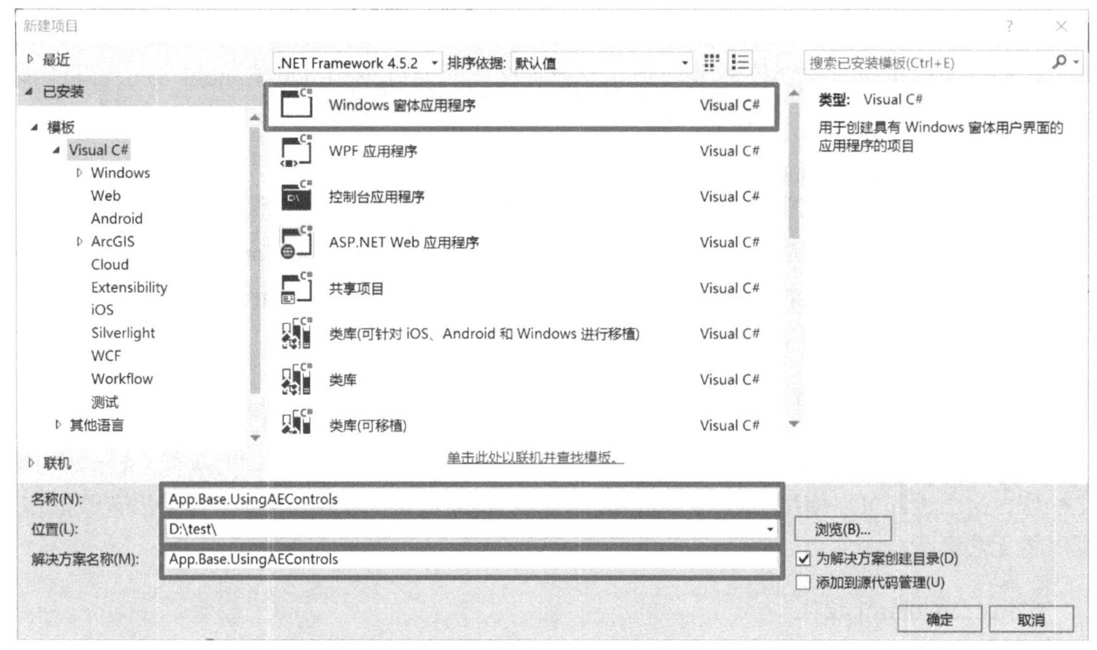

图 1.14　新建一个工程

(2) 在弹出的新建项目对话框中，选择编写语言为 Visual C#，在模板中选择 Windows 窗体应用程序，设置工程名称“App.Base.UsingAEControls”(自定义名称)，然后单击“浏览(B)...”指定一个具体存放路径，单击“确定”，如图 1.14 所示。

(3) 创建工程 App.Base.UsingAEControls 后，程序会自动生成一个 Form1 窗体，右击“属性”设置属性列表中“Name”属性，输入“Form_Main”,设置“Text”属性，输入“AE 控件使用的例子”，窗体标题变为“AE 控件使用的例子”，如图 1.15 所示。

(4) 调整窗体大小，单击左侧“工具箱”，在弹出菜单中找到 ArcGISWindowsForms 选项卡，依次拖放 ToolbarControl、MapControl、TOCControl 控件到窗体，如图 1.16 所示。

(5) 分别设置三个 ArcGIS 控件的 Dock 属性：ToolbarControl 控件为 Top 分布；TOCControl 和 MapControl 分别为 Left 和 Fill，如图 1.17 所示。

(6) 右击 ToolbarControl 控件，单击“属性”菜单，在弹出的对话框中设置 Buddy 属性为“axMapControl_Main”，目的是给 ToolbarControl 控件绑定地图显示控件。当对 ToolbarControl 进行操作时，地图文档会在 MapControl 中实现相应的操作，如图 1.18 所示。

(7) 在“项目”选项卡中，单击“添加”，在左边的分类中选中“通用”,双击右侧的“打开”工具，这样打开地图的工具就加入到工具栏中。用同样的方法，在左侧依次选中“地图查询”和“地图导航”，把“识别”“放大”“缩小”等工具添加到工具栏中。添加完成后，单击“确定”，如图 1.19 所示。

(8) 同样，TOCControl 控件需要绑定 MapControl 控件，鼠标左键选中 TOCControl 后，右击鼠标获得“属性”菜单。设置 Buddy 为“axMapControl_Main”，如图 1.20 所示。

(9) 控件布局好后，需要对程序添加 License 许可。在 Visual Studio 的菜单栏上单击“项目”，单击“Add ArcGIS License Checking”，选择“ArcGIS Engine”，单击“OK”确认完成，如图 1.21 所示。

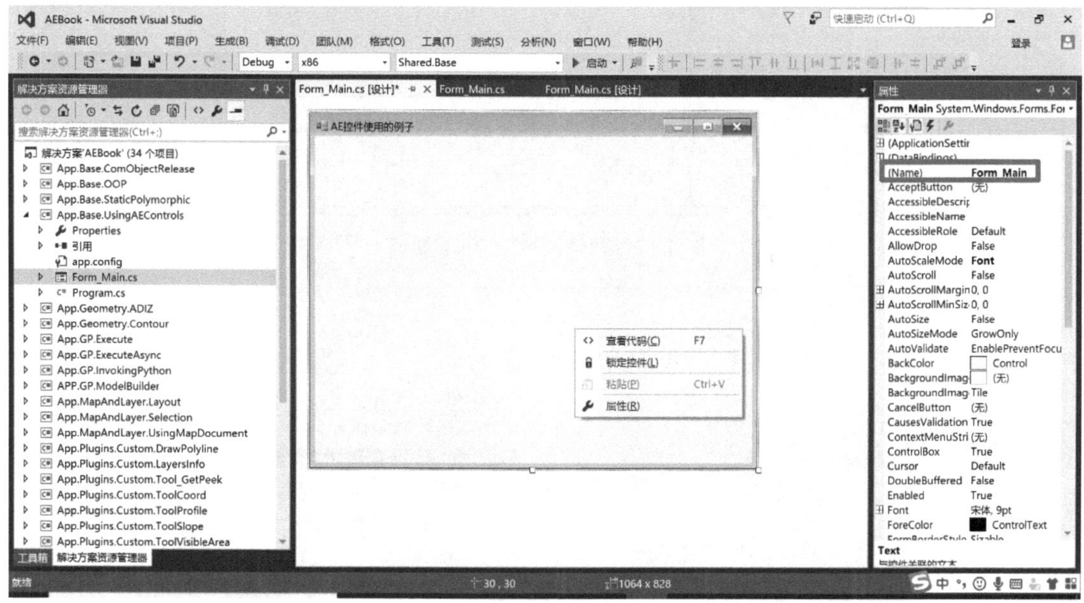

图 1.15　修改窗体名称

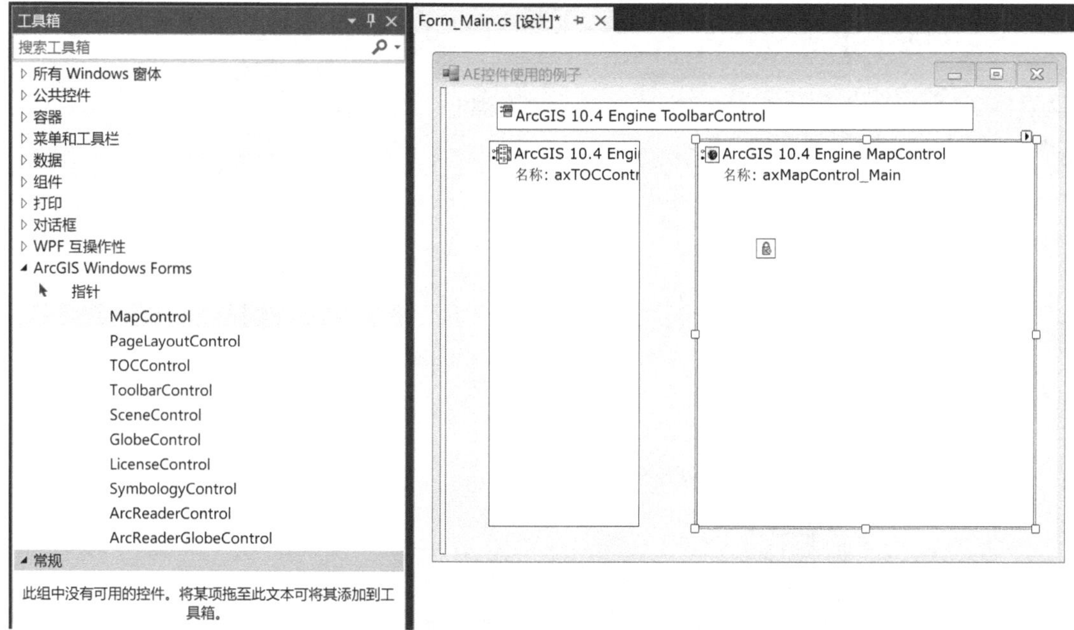

图 1.16　拖放控件到窗体

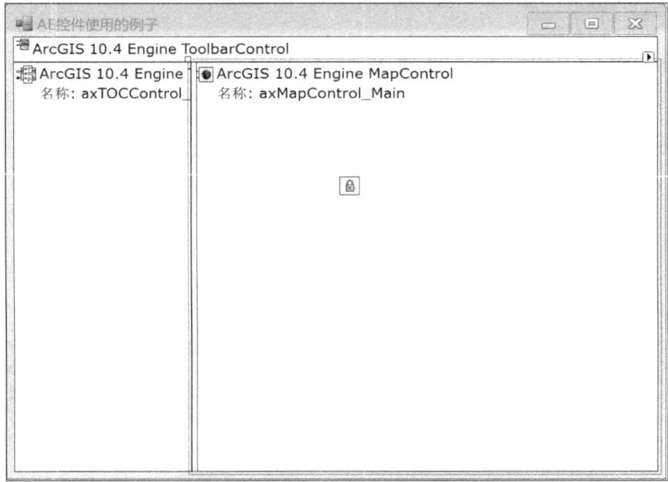

图 1.17　调整控件的 Dock 属性

属性

常规　项目　颜色

边框样式(S):　0 - esriNoBorder

外观(P):　0 - esriFlat

鼠标指针(M):　0 - esriPointerDefault

方向(O):　0 - esriToolbarOrientationHor

绑定控件(B):　axMapControl_Main　<无>　axMapControl_Main

启用(E)

在设计模式下预览(D)

菜单追踪(N)

确定　取消　应用(A)

图 1.18　ToolbarControl 控件绑定地图显示控件

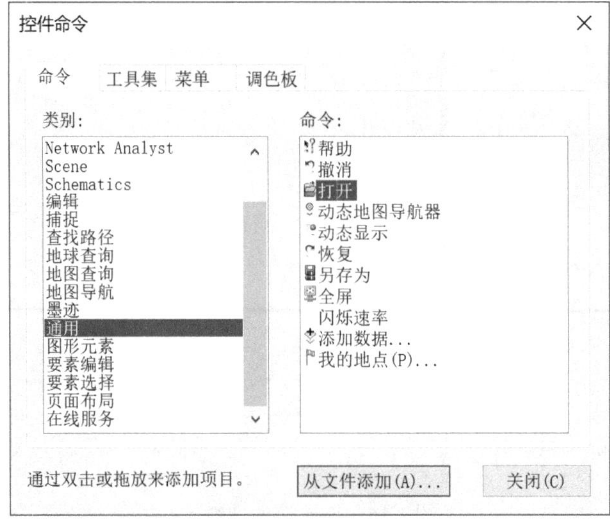

图 1.19　ToolbarControl 添加工具

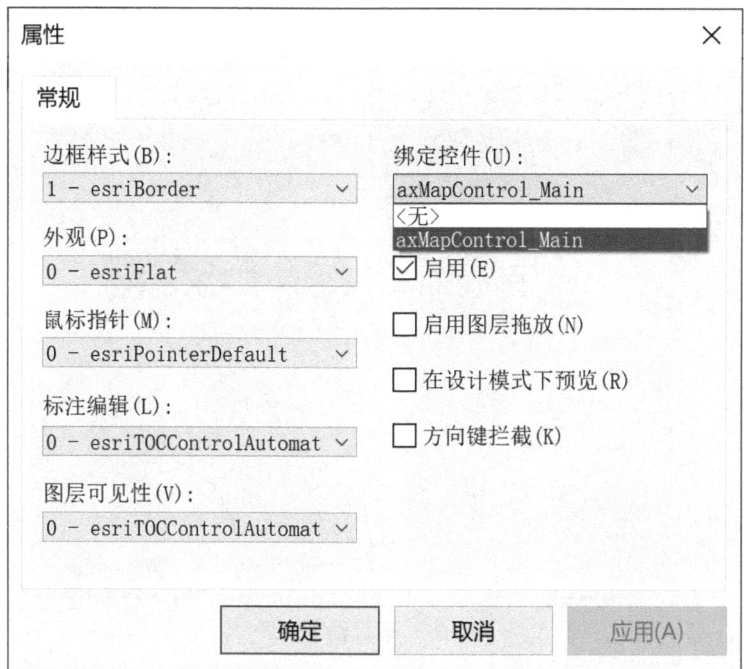

图 1.20　TOCControl 控件绑定地图显示控件

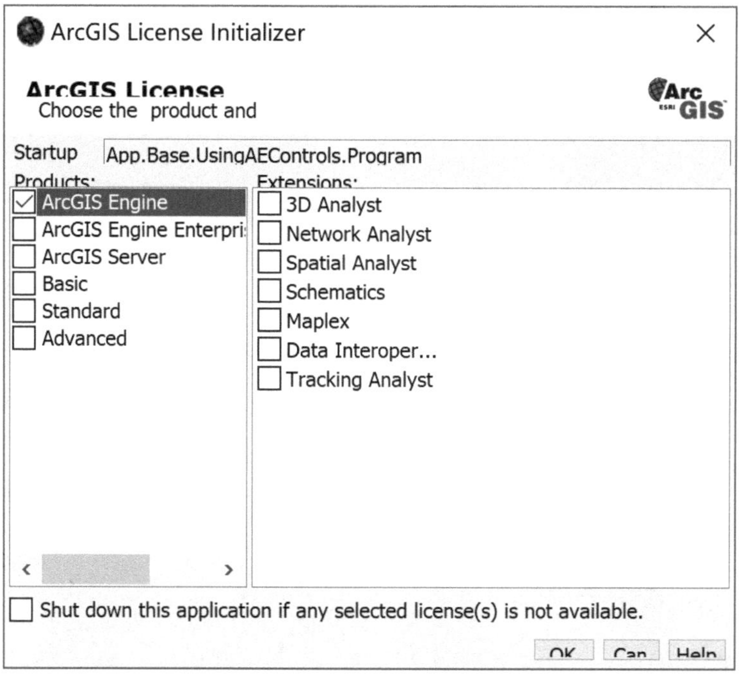

图 1.21　对程序添加 License 许可

(10) 点击 Form_Main 窗体，单击“事件”，双击“Load”，在事件函数内写入代码：

```
axMapControl_Main.LoadMxFile(Application.StartupPath + "\\Maps\\MyMap.mxd");
```

(11) 在调试菜单中启动调试(或按 F5 键运行)，运行程序，如图 1.22 所示。

AE控件使用的例子
Layers
FABRIC
Control
Others
Active
LinePoints
Points
Lines
Type
Abutters
Boundary
Cartography
Centerline
Encumbrance
Frontage
Historic Lot Line
Mean High Tide
Connection
Subdivision
Parcels

图 1.22　运行程序效果

第 2 章　地图、图层与布局

2.1　地　　图

地图是依据一定的数学法则，使用制图语言，通过制图综合在一定的载体上表达地球(或其他天体)上各种事物的空间分布、联系及其随时间的发展变化而绘制的图形。传统地图的载体多为纸张，随着 GIS 的发展及大众化，电子地图应用越来越广泛，地图不再局限于用符号和图形表达在纸(或类似的介质)上，它可以数字的形式存储于磁介质上，或经过可视化加工表达在屏幕上。

2.1.1　地图文档：MapDocument 对象

在 ArcGIS Engine 中，地图(Map)对象是一个最基础的概念，它由地图文档(MapDocument)对象管理。MapDocument 对象结构如图 2.1 所示。对于 MapDocument 对象，要重点掌握下述内容：

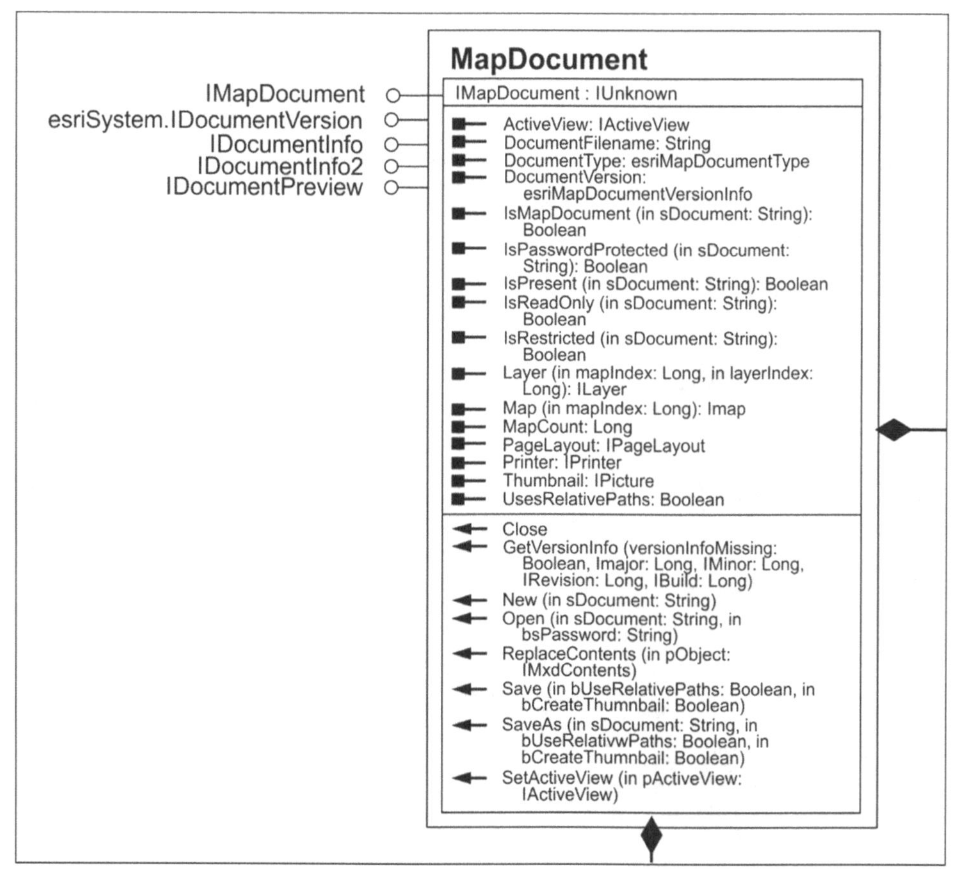

图 2.1　MapDocument 对象结构图

(1) 地图文档可以是“*.mxd”文件，也可以是“*.pmf”文档。每个地图文档包含一个或多个 Map，但同一时间只能有一个地图对象处于焦点状态，即 FocusMap。

(2) 每个地图文档**有且只有一个**布局对象(PageLayout)，用于进行制图排版及打印出图。

(3) 地图文档有两种视图状态：数据视图和布局视图，但同一时间只能有一种视图处于活动状态。Map 和 PageLayout 对象都实现了 IActiveView 接口，因此代表了数据和布局两种视图状态。其中，Map 对应数据视图，PageLayout 对应的是布局视图，地图文档对象通过 IMapDocument 接口的 SetActiveView(IActiveView pActiveView)方法实现在两种视图状态之间的切换，如图 2.2 所示。

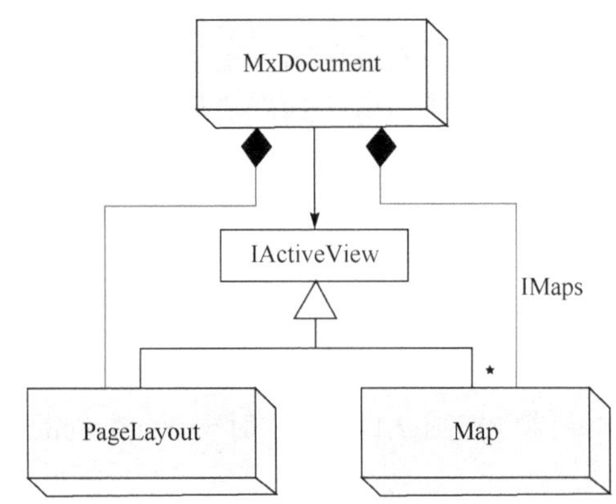

图 2.2　MapDocument 的数据视图和布局视图及关系

(4) 地图文档对象主要实现了 IMapDocument、IDocumentVersion、IDocumentInfo、IDocumentInfo2、IDocumentPreview 等接口。利用 IMapDocument 接口可以获得 Map 对象和 Layout 对象的引用，设置或获得当前的活动视图状态，新建、打开、保存一个地图文档。利用 IDocumentInfo 接口，可以获得文档的路径及标题、作者、文档注释等信息。

下面代码给出了 MapDocument 对象的使用方法，其功能是打开地图并遍历图层、保存地图以及另存地图，程序运行如图 2.3 所示。

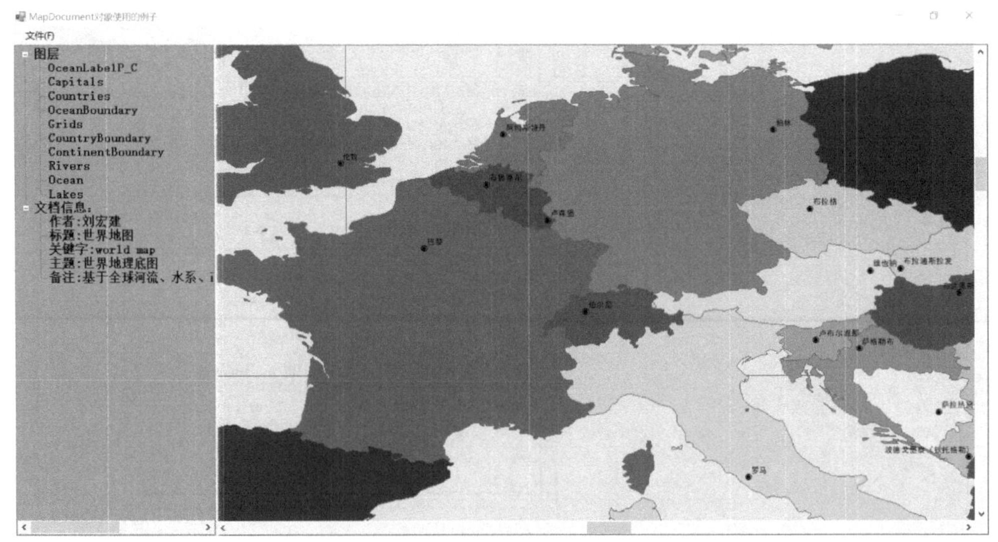

图 2.3　地图文档的使用

【代码 2.1】　MapDocument 的使用

(参见本书配套代码 App.MapAndLayer.UsingMapDocument 工程中的 Form_Main.cs)

```
// 打开地图并访问图层
public void OpenMapDoc(TreeView pTreeView)
{
    OpenFileDialog pDialog = new OpenFileDialog();
    pDialog.InitialDirectory = Application.StartupPath + "\\Maps";
    pDialog.Filter = "*.mxd|*.mxd";
    if (pDialog.ShowDialog() == System.Windows.Forms.DialogResult.OK)
    {
        string szPath = pDialog.FileName;

        //定义 MapDocumentClass 对象
        IMapDocument pMapDocument = new MapDocumentClass();
        if (pMapDocument.get_IsMapDocument(szPath))
        {
            //打开地图文档
            pMapDocument.Open(szPath, null);
            IMap pMap;

            pTreeView.Nodes.Clear();

            //遍历地图图层
            for (int i = 0; i <= pMapDocument.MapCount - 1; i++)
            {
                pMap = pMapDocument.get_Map(i);
                TreeNode pRootNode = pTreeView.Nodes.Add(pMap.Name);

                IEnumLayer pEnumLayer = pMap.get_Layers(null, true);
                pEnumLayer.Reset();
                ILayer pLayer = pEnumLayer.Next();
                while (pLayer != null)
                {
                    pRootNode.Nodes.Add(pLayer.Name);
                    pLayer = pEnumLayer.Next();
                }
            }

            //增加地图文档信息
            IDocumentInfo pDocInfo = pMapDocument as IDocumentInfo;
```

```
                TreeNode pNode = pTreeView.Nodes.Add("文档信息：");
                pNode.Nodes.Add("作者:" + pDocInfo.Author);
                pNode.Nodes.Add("标题:" + pDocInfo.DocumentTitle);
                pNode.Nodes.Add("关键字:" + pDocInfo.Keywords);
                pNode.Nodes.Add("主题:" + pDocInfo.Subject);
                pNode.Nodes.Add("备注:" + pDocInfo.Comments);

                pTreeView.ExpandAll();

                //在 Map 控件中显示地图
                axMapControl_Main.Map = pMapDocument.get_Map(0);
                axMapControl_Main.DocumentFilename = szPath;
            }

            //关闭地图文档
            pMapDocument.Close();
        }
}

//保存地图
public void SaveMapDoc()
{
    if (axMapControl_Main.DocumentFilename != null)
    {
        if (axMapControl_Main.CheckMxFile(axMapControl_Main.DocumentFilename))
        {
            //实例化地图文档
            IMapDocument pMapDoc = new MapDocumentClass();
            //将 AxMapControl 的实例的 DocumentFileName 传递给 pMapDoc
            pMapDoc.Open(axMapControl_Main.DocumentFilename, "");
            if (pMapDoc.get_IsReadOnly(pMapDoc.DocumentFilename))    //判断是否只读
            {
                MessageBox.Show("地图文档是只读的！");
                pMapDoc.Close();
                return;
            }
            //替换地图内容
            pMapDoc.ReplaceContents((IMxdContents)axMapControl_Main.Map);
            //保存地图
            pMapDoc.Save(pMapDoc.UsesRelativePaths, true);
```

```
                //关闭地图文档
                pMapDoc.Close();
                MessageBox.Show("地图保存成功！ ");
            }
        }
}

//地图另存为
public void SaveMapDocAs()
{
    //实例化地图文档对象
    IMapDocument pMapDoc = new MapDocumentClass();
    try
    {
        SaveFileDialog pSaveFileDialog = new SaveFileDialog();
        pSaveFileDialog.Filter = "地图文档(*.mxd)|*.mxd";
        pSaveFileDialog.Title = "地图另存为";
        if (pSaveFileDialog.ShowDialog() == DialogResult.OK)
        {
            string szFileName = pSaveFileDialog.FileName;
            if (szFileName == "")
                return;
            //如果保存路径是原来的地图文档路径，直接保存地图即可
            if (szFileName == axMapControl_Main.DocumentFilename)
                SaveMapDoc(); //保存地图
            else
            {
                //打开地图文档
                pMapDoc.Open(axMapControl_Main.DocumentFilename, "");
                //用当前地图控件的内容替换地图文档的内容
                pMapDoc.ReplaceContents((IMxdContents)axMapControl_Main.Map);
                //另存地图文档
                pMapDoc.SaveAs(szFileName, true, false);
                MessageBox.Show("地图保存成功！ ");
            }
        }
    }
    catch (Exception ex)
    {
        MessageBox.Show(ex.ToString());
```

```
    }
}
```

2.1.2 地图：Map 对象

地图对象(MapClass)是 ArcGIS Engine 中最核心的对象，每个地图文档包含至少一个 Map 对象，但每次只有一个 Map 能够获得焦点，这个 Map 称作 Focus Map(焦点地图)。使用 IMxDocument 可以访问文档中的所有地图对象，IMxDocument::FocusMap 返回当前具有焦点的地图对象，IMxDocument::Maps 返回所有地图对象的集合(IMaps)。一个地图文档可以包含任意数目的地图对象，但数据视图中只显示焦点地图。

地图对象是图层的容器，用于进行数据组织与数据显示，它管理一系列图层对象，每个图层有一个空间参考，地图对象的坐标系统自动设置为第一个图层的坐标系统。地图对象主要实现了 IMap、IActiveView、IGraphicsContainer、IBasicMap、IMapBookmarks、ITableCollection、IDynamicMap 等 30 多个接口。其主要接口如表 2.1 所示。

表 2.1　Map 对象的主要接口

接口	主要功能
IMap	通过 IMap 接口，可以显示不同来源的空间数据，可以管理地图图层、坐标系统、地图单位，选择地理要素
IActiveView	该接口主要用于视图控制及管理，使用该接口可以改变视图的范围，刷新视图
IGraphicsContainer	该接口主要用于管理地图的元素(Element)对象，可以实现对 Element 的增加、删除、查找、排序、移动及更新等操作
IDynamicMap	控制动态图层的显示。该接口用 Enabled 属性来控制动态显示是否可用，当要使用动态图层的时候，必须用该接口开启动态显示功能，也就是 Enable 属性设置为 true
IMapBookmarks	用于进行书签的管理
IMxdContents	用于对地图文档(mxd 文件)进行管理，通过该接口可以方便地访问 Map、Layout 和 ActiveView
IMapLayers	用于对图层进行管理，实现图层的增加、删除、插入、移动等操作
IActiveViewEvents	该接口用于在活动视图(ActiveView)状态发生改变时，触发事件，并对事件进行处理
IDynamicMapEvents	该接口用于在动态地图(DynamicMap)状态改变时，触发相关事件，并对事件进行处理

1. IMap 接口

IMap 接口用于对不同来源的空间数据进行管理，它可以增加、删除、访问来自不同数据源的要素图层(FeatureLayer)、栅格图层(RasterLayer)、DEM 图层、网络图层等，还可以对地图整饰元素(如指北针、比例尺、内外图廓)进行管理。其接口的主要属性和方法如表 2.2 所示。

表 2.2　IMap 接口的主要属性和方法

名称	描述
ActiveGraphicsLayer	活动图形图层。如果不存在图形图层，默认会在内存中创建一个基本的图形图层
AddLayer	向地图中增加图层
AddLayers	向地图中增加多个图层

续表

名称	描述
AddMapSurround	向地图中添加 Map Surround
AnnotationEngine	地图使用的注记(标签)引擎
AreaOfInterest	地图的感兴趣区域
Barriers	Barriers 列表和标签权重
BasicGraphicsLayer	基本图形层
ClearLayers	将所有的 Layer 从 Map 中移除
ClearMapSurrounds	从地图中移除所有 Map Surround
ClearSelection	清除地图选择集
ClipBorder	ClipGeometry 周围一个可选边界
ClipGeometry	地图图层中一个要剪切的形状
ComputeDistance	计算地图上两个点的距离并返回结果
CreateMapSurround	创建并初始化一个 Map Surround
DelayDrawing	暂停绘制
DelayEvents	将操作按批组合来减少通知
DeleteLayer	从 Map 中删除图层
DeleteMapSurround	从地图中删除 Map Surround
Description	地图描述
DistanceUnits	地图的距离单位
Expanded	指出地图是否可以扩张
FeatureSelection	地图中选择的要素
GetPageSize	获得地图的页面大小
IsFramed	指出地图是否在一个框架内而不是在整个窗口中绘制
Layer	只读，返回指定索引 Index 位置的 Layer
LayerCount	地图中图层的数目
Layers	Layers(uid, recursive)(只读，第二个参数为 True 的时候，该属性获取第一个参数 uid 指定的 Layers，赋值给一个 IEnumLayer 的变量)
MapScale	数字形式的地图比例尺
MapSurroundCount	与地图相关的旁注数量
MapUnits	地图单位
MoveLayer	将一个图层移到其他位置
Name	地图名称
RecalcFullExtent	重新计算全幅范围
ReferenceScale	分数形式的地图参考比例尺
SelectByShape	用一个几何形状在地图中选择要素

续表

名称	描述
SelectFeature	选择一个要素
SelectionCount	选择的要素的数目
SetPageSize	设置地图的页面大小
SpatialReference	地图的空间参考
SpatialReferenceLocked	指出是否允许改变空间参考
UseSymbolLevels	指出是否使用 Symbol Levels 绘制地图

1) IMap 接口的常用属性

(1) **Layer**：Layer(Index)是一个只读属性，返回指定索引 Index 位置的 Layer。

(2) **Layers**：Layers (uid, recursive)是一个只可读不可写的属性，当第二个属性为 True 时该属性获取第一个参数 uid 指定的 Layers，赋值给一个 IEnumLayer 的变量，其使用方法如下：

【代码 2.2】 获取所有的要素图层

```
public void GetFeatureLayers(AxMapControl pAxMapControl)
{
  IMap pMap = pAxMapControl.Map;//获取 Map 对象


  UID puid = new UID();
  puid.Value = "{40A9E885-5533-11d0-98BE-00805F7CED21}";//IFeatureLayer 的 UID


  IEnumLayer pEnumLayer = (IEnumLayer) pMap.get_Layers(puid,true);
  pEnumLayer.Reset();
  ILayer pLayer = (ILayer) pEnumLayer.Next();
  do
  {
    MessageBox.Show(pLayer.Name);
    pLayer = (ILayer) pEnumLayer.Next();
  }
  while (pLayer!= null);
}
```

其中，比较常用的 UID 参数值如下：

{6CA416B1-E160-11D2-9F4E-00C04F6BC78E} IDataLayer

{40A9E885-5533-11d0-98BE-00805F7CED21} IFeatureLayer

{E156D7E5-22AF-11D3-9F99-00C04F6BC78E} IGeoFeatureLayer

{34B2EF81-F4AC-11D1-A245-080009B6F22B} IGraphicsLayer

{5CEAE408-4C0A-437F-9DB3-054D83919850} IFDOGraphicsLayer

{0C22A4C7-DAFD-11D2-9F46-00C04F6BC78E} ICoverageAnnotationLayer

{EDAD6644-1810-11D1-86AE-0000F8751720} IGroupLayer

(3) **LayerCount**：LayerCount 是一个只读属性，返回指定 Map 里面 Layer 的个数，代码如下。

【代码 2.3】　获取图层数量

```
public void LayerCount(AxMapControl pAxMapControl, ref int n)
{
  IMap pMap = pAxMapControl.Map;
  n = pMap.LayerCount;
}
```

(4) **SelectionCount** 属性：是个只读属性，返回一个 int 类型的数值，代表地图对象 Map 中被选中要素的个数。代码如下：

```
IMap pMap = pAxMapControl.Map;
int m = pMap.SelectionCount;
```

(5) **MapScale** 属性：可读可写，double 类型，获取或者设置当前 Map 的地图比例尺。代码如下：

```
pMap.MapScale = m;//设置
double m= pMap.MapScale;//获取
```

2) IMap 接口的常用方法

(1) AddLayer 方法。AddLayer(ILayer pLayer)，向该地图添加一个 Layer。该方法不可重载，只有一个 ILayer 接口的实例。地图是按照图层来组织构成的，图层的存储就好像是一个堆栈结构，也就是说最后添加的图层，在地图的最上面，它的图层编号是 0。

实际上，在 IMapControl 接口中也提供了一个 AddLayer 方法，它是可以重载的。与 IMap 方法不同的是它有两个参数：AddLayer (ILayer Layer,int toIndex)可以让我们指定图层号。

(2) AddLayers 方法。public void AddLayers (IEnumLayer Layers,bool autoArrange)，添加一个 EnumLayer 变量的 Layers 到该 Map，第一个参数为 IEnumLayer 类型，第二个参数为 bool 型变量。需要说明的是，如果参数 autoArrange 为 True，加入的图层是可以自动排序的，默认情况下注记层在最上面，然后依次是点层、线层、面层。

(3) MoveLayer 方法。public void MoveLayer(ILayer Layer, int toIndex)，把一个 Layer 从当前的位置移动到指定的索引位置。代码如下：

```
public void MoveLayer(AxMapControl pAxMapControl, ILayer pLayer,int n)
{
  IMap pmap = pAxMapControl.Map;
  pmap.MoveLayer(pLayer, n);
}
```

2. IActiveView 接口

IActiveView 接口是 Map 对象最主要、最常用的接口之一，该接口定义了 Map 对象的数据显示功能。通过该接口，可以在 Map 上绘制图形、改变视图范围、获取 ScreenDisplay 对象的引用、显示或隐藏标尺和滚动条，也可以刷新视图。

ArcGIS Engine 中，PageLayout 和 Map 对象都实现了 IActiveView 接口，分别代表了两种不同的视图：布局视图和数据视图。在任何时刻只能有一个视图处于活动状态。

IActiveView 接口的主要属性和方法如表 2.3 所示。

表 2.3　IActiveView 接口的主要属性和方法

方法及属性	功能
Activate	激活相应的视图窗口，如果 MapControl 调用该方法，则激活数据视图；如果 PageLayoutControl 调用该方法，则激活布局视图
Clear	清空视图内容
ContentsChanged	当视图内容发生变化时，通知客户(一般是 TOC 控件)进行刷新
Deactivate	使当前活动视图处于非激活状态，一般在地图视图和布局视图切换时使用
Draw	将视图绘制到指定的设备上下文
ExportFrame	和当前视图关联的设备输出范围
Extent	返回 Map 对象当前视图的范围，是一个 Envelop 对象
ExtentStack	当前视图范围的堆栈
FocusMap	当前焦点地图
FullExtent	返回视图的全图范围
GraphicsContainer	当前活动图形元素容器
IsActive	返回视图是否处于激活状态
IsMapActivated	返回焦点地图是否处于激活状态
Output	视图输出
PartialRefresh	PartialRefresh 方法是常用的一种局部刷新方法，该方法通过制定 esriViewDrawPhase 参数，可以实现不同方法的局部刷新
Refresh	重绘整个视图
ScreenDisplay	指向一个 ScreenDisplay 对象，每个视图都有一个 ScreenDisplay 对象用于控制视图的图形绘制工作
Selection	当前视图的选择集
ShowRulers	是否显示标尺
ShowScrollBars	是否显示滚动条

现对 IActiveView 接口的重要属性和方法进行介绍。

1) GraphicsContainer

GraphicsContainer 是当前活动图形元素容器，用于对图形元素进行管理，下面代码给出了如何使用 GraphicsContainer 属性，其功能是删除 GraphicsContainer 中的所有图形元素。

【代码 2.4】　删除 GraphicsContainer 中的所有图形元素

```
public void DeleteGraphicsRefreshActiveView(ESRI.ArcGIS.Carto.IActiveView activeView)
{
  ESRI.ArcGIS.Carto.IGraphicsContainer graphicsContainer = activeView.GraphicsContainer;
  graphicsContainer.DeleteAllElements();
```

```
  activeView.Refresh();
}
```

2) Output 方法

Output 方法用于将当前视图中的某个区域打印输出。下面代码实现了将视图当前范围输出为 JPEG 图片。

【代码 2.5】　将视图当前范围输出为 JPEG 图片

```
public bool CreateJPEGFromActiveView(IActiveView activeView, string pathFileName)
{
  //参数检查
  if (activeView == null || !(pathFileName.EndsWith(".jpg")))
     return false;
  //定义 ExportJPEGClass 对象
  ESRI.ArcGIS.Output.IExport export = new ESRI.ArcGIS.Output.ExportJPEGClass();
  export.ExportFileName = pathFileName;//输出文件名
  export.Resolution = 96; // Windows 默认 DPI
  ESRI.ArcGIS.Display.tagRECT exportRECT = activeView.ExportFrame;
  ESRI.ArcGIS.Geometry.IEnvelope envelope = new ESRI.ArcGIS.Geometry.EnvelopeClass();
  envelope.PutCoords(exportRECT.left, exportRECT.top, exportRECT.right, exportRECT.bottom);
  export.PixelBounds = envelope;//设置 ExportJPEGClass 对象的输出范围
  System.Int32 hDC = export.StartExporting();//得到输出设备句柄
  activeView.Output(hDC, (System.Int16)export.Resolution, ref exportRECT, null, null);//输出
  // 完成输出，并清除临时文件
  export.FinishExporting();
  export.Cleanup();
  return true;
}
```

3) PartialRefresh 方法

PartialRefresh 方法用于对视图进行刷新。ArcGIS Engine 的主应用程序窗口由一个 View(IActiveView)控制，有两个 View 对象：Map(Data View)和 PageLayout(Layout View)。每个 View 都有一个 ScreenDisplay 对象执行绘图操作。开发者也可以使用 ScreenDisplay 对象创建任意数量的 Cache，一个 Cache 就是一个离线显示缓存。**在数据调度过程中，可以预先将图形绘制到 Caches 中，再绘制到屏幕上**。这样，就可以通过 Cache 提高地理空间数据显示的速度。

一般来说，Map 创建三种 Cache：Layers Cache、Annotation 或 Graphics Cache、Selection Cache。将 ILayer 的 Cached 属性设置为 True 后，每个图层可以创建其私有 Cache。这种情况下，Map 为这个图层创建一个独立的 Cache。IActiveView::PartialRefresh 方法在重绘时使用尽可能少的缓存(Cache)；而 IActiveView::Refresh 方法在重绘时则刷新所有缓存，这样做的效率很低。PartialRefresh 和 Refresh 都调用 IScreenDisplay::Invalidate。这个函数设置了一个 flag 参数，flag 为 True 时，客户区从数据源中绘制 Cache，flag 为 False 时，从 Cache 绘制。表 2.4 为视图刷新模式参数。

表 2.4　视图刷新模式参数

Phase	Map	Layout
esriViewBackground	Map Grids	Page/Snap Grid
esriViewGeography	Layers	Unused
*esriViewGeoSelection	Feature Selection	Unused
esriViewGraphics	Labels/Graphics	Graphics
esriViewGraphicSelection	Graphic Selection	Element Selection
esriViewForeground	Unused	Snap guides

其中，

IActiveView 的 PartialRefresh(esriViewGeography, pLayer, null)用于刷新指定图层；

IActiveView 的 PartialRefresh(esriViewGeography, null, null) 用于刷新所有图层；

IActiveView 的 PartialRefresh(esriViewGeoSelection, null, null) 用于刷新所选择的对象；

IActiveView 的 PartialRefresh(esriViewGraphics, null, null) 用于刷新所有图形元素；

IActiveView 的 PartialRefresh(esriViewGraphics, pElement, null) 用于刷新指定图形元素。

需要注意的是：①如果要指定多个刷新模式，使用 OR 将单个的 phase 结合起来。这相当于添加了整数的枚举值。例如，将 6 传入，表示 esriViewGeography(2)和 esriViewGeoSelectionSet(4)两个 phase。②使用 data 参数指定数据。例如，载入一个图层，并将其 Cache 设置为 True，这个图层可以单独刷新。③Envelope 参数指定一个 Invalidate 的区域，该区域外的数据不需要刷新。

3. IActiveViewEvents 接口

IActiveViewEvents 接口是地图对象缺省的外向接口，使 Map 对象可以监听某些与活动视图相关的事件并做出相应的反应，如 AfterDraw、SelectionChanged 等。IActiveViewEvents 接口的主要事件及功能如表 2.5 所示。

表 2.5　IActiveViewEvents 接口的主要事件及功能

事件	功能
AfterDraw	地图绘制后触发该事件
AfterItemDraw	单个图层绘制后触发该事件
ContentsChanged	当视图内容更改时触发该事件
ContentsCleared	当视图内容清除时触发该事件
FocusMapChanged	当焦点地图更改时触发该事件
ItemAdded	当一个图层增加到地图上时，触发该事件
ItemDeleted	当一个图层从地图上删除时，触发该事件
SelectionChanged	当地图选择集发生变化时，触发该事件
SpatialReferenceChanged	当地图的空间参考发生变化时，触发该事件
ViewRefreshed	当视图刷新时，触发该事件

下面代码给出了 ItemAdded 事件的使用方法。

【代码 2.6】　ItemAdded 事件的使用

```
private void FormMain_Load(object sender, EventArgs e)
{
  IMap pMap = this.axMapControl_Main.Map;
  IActiveViewEvents_Event pAE;
  pAE = (IActiveViewEvents_Event)pMap;
  //当向地图对象中增加图层数据时，触发该方法
  pAE.ItemAdded+=new IActiveViewEvents_ItemAddedEventHandler(map_ItemAdded);
}
//MapControl 加载数据时触发的方法
void map_ItemAdded(object Item)
{
    LayerAdded();//需要判断 item 是什么类型的 layer，并作出针对处理
}
```

2.2　图　　层

2.2.1　ILayer 接口

地图是由多个图层按照一定的顺序叠加在一起形成的(图 2.4)，在 ArcGIS Engine 中，有多种类型的图层，如要素图层(FeatureLayer)、栅格图层(RasterLayer)、不规则三角网图层(TINLayer)、网络图层(NetworkLayer)等。所有图层都具有一些共同的特征，都实现了 ILayer 接口。ILayer 接口的主要功能如表 2.6 所示。

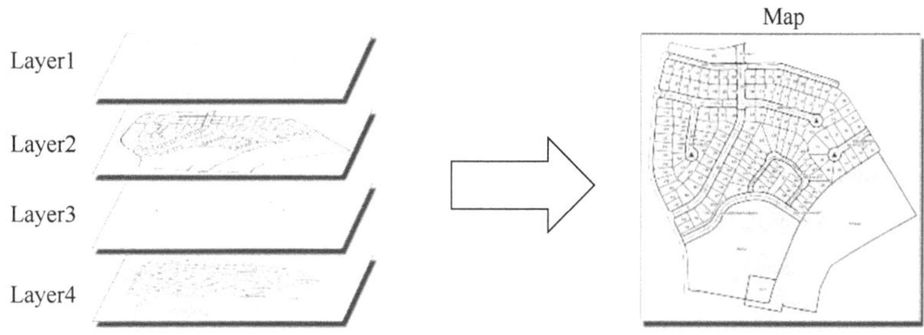

图 2.4　地图由多个图层叠加而成

表 2.6　ILayer 接口的主要功能

方法及属性	功能
AreaOfInterest	图层的外接矩形边界
Cached	指出图层是否需要开启自身的显示缓存
Draw	用给定的显示设备上下文绘制图层
MaximumScale	图层的最大显示比例尺
MinimumScale	图层的最小显示比例尺
Name	图层名称

续表

方法及属性	功能
ShowTips	当鼠标放在某个要素上时，图层是否显示提示信息
SpatialReference	图层的空间参考系统
Valid	指出图层是否有效
Visible	指出图层是否可见

2.2.2 要素图层

要素图层(FeatureLayer)是最常用的图层，用于承载要素数据。要素(Feature)是现实世界中空间实体的抽象，既有属性特征，又有空间特征。相同属性、行为和规则的要素聚合成一个要素类(FeatureClass)，而具有相同地理参考的要素类可以组成一个要素数据集(FeatureDataset)。要素类和要素图层是两个不同的概念，要素类为要素图层提供了数据来源，要素图层则为要素类提供了显示途径。要素图层实现了几个重要接口，介绍如下。

1. IFeatureLayer 接口

IFeatureLayer 接口，用于管理要素图层的数据源，即要素类(FeatureClass)。IFeatureLayer 接口的 DataSourceType 属性描述了要素图层的数据源类型。FeatureLayer 数据源的类型如表 2.7 所示。

表 2.7 FeatureLayer 数据源的类型

图层类型	值
Personal Geodatabase	"Personal Geodatabase Feature Class"
SDE	"SDE Feature Class"
Shapefile	"Shapefile Feature Class"
ArcInfo or PC ArcInfo Coverage (annotation)	"Annotation Feature Class"
ArcInfo or PC ArcInfo Coverage (point)	"Point Feature Class"
ArcInfo or PC ArcInfo Coverage (line)	"Arc Feature Class"
ArcInfo or PC ArcInfo Coverage (polygon)	"Polygon Feature Class"
Edge	"StreetMap Feature Class"
CAD (annotation)	"CAD Annotation Feature Class"
CAD (point)	"CAD Point Feature Class"
CAD (line)	"CAD Polyline Feature Class"
CAD (polygon)	"CAD Polygon Feature Class"

使用过程中，可以利用 IFeatureLayer::FeatureClass 属性返回要素图层的要素类，如

```
IFeatureClass pFeatureClass = pFeatureLayer.FeatureClass;
```

另外，要素图层还提供了查询图层中要素的方法，即 IFeatureLayer::Search()方法，该方法返回一个 IFeatureCursor 对象，是一个指向查询结果要素集中当前要素的游标(或指针)。下面代码给出了 IFeatureLayer::Search()的使用方法，其功能是查询图层中和输入 pPolyline 相交的所有线要素。

【代码 2.7】　查询图层中和输入 pPolyline 相交的所有线要素

```
ISpatialFilter pSpatialFilter = new SpatialFilterClass();//定义空间查询对象
pSpatialFilter.Geometry = (IGeometry)pPolyline;//用于进行空间查询的 polyline
SpatialFilter.SpatialRel = esriSpatialRelEnum.esriSpatialRelIntersects;//查询方式：求交集
IFeatureCursor pFeatureCursor = pFeatureClass.Search(pSpatialFilter, false);//执行空间查询
IFeature pFeature = pFeatureCursor.NextFeature();//得到查询结果集的第一个要素
while (pFeature != null)
{
    IPolyline pQueryPolyline = (IPolyline)pFeature.Shape ; //查询出来的 polyline
    pFeature = pFeatureCursor.NextFeature();
}
//释放 COM 资源
System.Runtime.InteropServices.Marshal.ReleaseComObject(pFeatureCursor);
```

2. IFeatureSelection 接口

要素图层实现了 IFeatureSelection 接口，该接口主要用来存放用户在该图层中选择的要素，该接口最重要的方法是 SelectFeatures()，它使用一个过滤器把符合要求的要素放入图层的选择集中。IFeatureSelection 接口使用下列方法和属性用来进行选择集的管理(表 2.8)。

表 2.8　IFeatureSelection 接口

名称	描述
Add	将要素增加至选择集
BufferDistance	选择集的缓冲区长度，如果 BufferDistance 值超过 0，在选择的要素周围将绘制一个缓冲区
Clear	清除选择集
CombinationMethod	选择集的组合方法
SelectFeatures	根据过滤条件进行选择。如果没有过滤条件，将选中所有要素。也可以指定一个 CombinationMethod，确定选择集的组合方式
SelectionChanged	当选择集发生变化时触发该事件
SelectionColor	选择集的颜色
SelectionSet	返回图层上当前的选择集
SelectionSymbol	返回或设置图层中选中要素的符号
SetSelectionSymbol	指出选择集中的要素是否使用 SelectionSymbol 进行绘制

【代码 2.8】　FeatureSelection 的使用
(参见本书配套代码 App.MapAndLayer.Selection 工程中的 Form_Main.cs 代码文件)

下面的例子代码，使用“防洪地点.mxd”作为地图文档，该地图中有两个图层，分别是“一级防洪地点”和“二级防洪地点”，这两个图层的字段结构一致，都包含有“名称”、“里程”和“水害”三个字段。程序的功能是，当选择了多个图层的要素时，通过遍历 FeatureSelection，将所选要素的信息显示在 ListBox 中(图 2.5)。

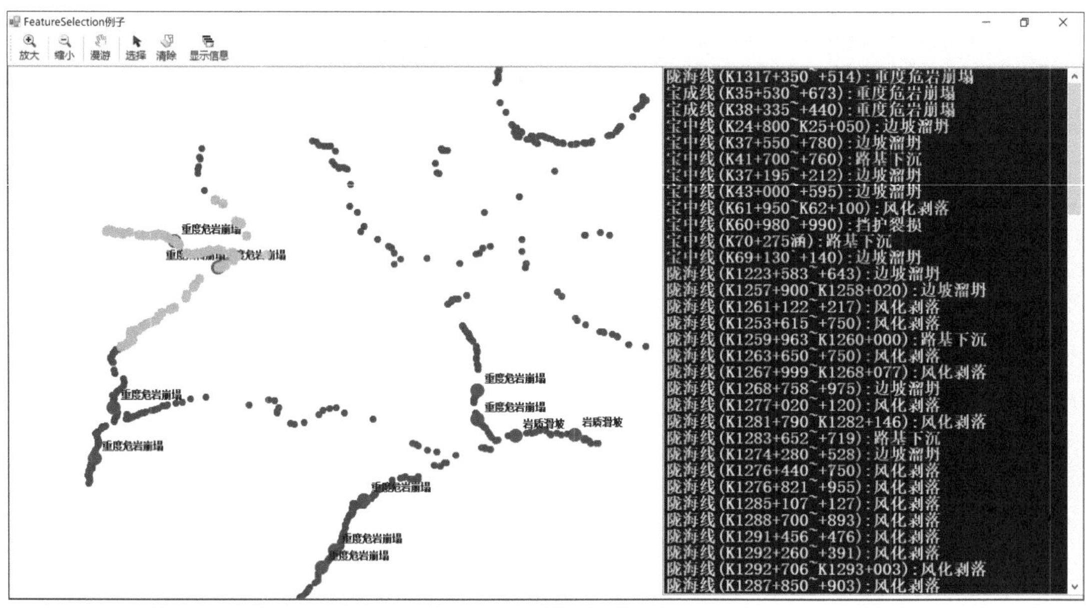

图 2.5　利用 FeatureSelection 获取选择集要素信息

```
//该函数将查询到的一级防洪地点和二级防洪地点信息显示在 ListBox 中
public void QuerySelectedFeatures(IMap pMap,
    string szFldName1,  //名称字段
    string szFldName2,  //里程字段
    string szFldName3,  //水害字段
    ListBox pListBox)
{
    //UID 是接口唯一标识，是 GUID 的一种
    //本例中我们用 FeatureLayer 的接口标识获取所有要素图层集合
    UID pUID = new UID();
    pUID.Value = "{E156D7E5-22AF-11D3-9F99-00C04F6BC78E}";
    IEnumLayer pEnumLayer = pMap.get_Layers(pUID, true);//获取要素图层集合
    pEnumLayer.Reset();
    IFeatureLayer pFeatureLayer = pEnumLayer.Next() as IFeatureLayer;

    pListBox.Items.Clear();

    //循环遍历选择集中的每一个图层
    while (pFeatureLayer != null)
    {
        //接口转换，获取 pFeatureLayer 的 FeatureSelection
        IFeatureSelection pFeatureSelection = pFeatureLayer as IFeatureSelection;
        //获取选择集合
        ISelectionSet pSelectionSet = pFeatureSelection.SelectionSet;
```

```
//获取要素游标
ICursor pCursor = null;
pSelectionSet.Search(null, false, out pCursor);
IFeatureCursor pFeatureCursor = pCursor as IFeatureCursor;
IFeature pFeature = pFeatureCursor.NextFeature();

//遍历要素游标中的每一个 Feature
while (pFeature != null)
{
    //获取名称字段
    int nIdx = pFeature.Fields.FindField(szFldName1);
    string sz1 = pFeature.get_Value(nIdx).ToString();

    //获取里程字段
    nIdx = pFeature.Fields.FindField(szFldName2);
    string sz2 = pFeature.get_Value(nIdx).ToString();

    //获取水害字段
    nIdx = pFeature.Fields.FindField(szFldName3);
    string sz3 = pFeature.get_Value(nIdx).ToString();

    //ListBox 中增加字符串
    pListBox.Items.Add(sz1 + "(" + sz2 + "):" + sz3);

    //释放 COM 对象
    Shared.Base.CCommonUtils.GetInstance().DisposeComObj(pFeature);

    //定位至下一个要素
    pFeature = pFeatureCursor.NextFeature();
}

//释放 COM 对象
Shared.Base.CCommonUtils.GetInstance().DisposeComObj(pFeature);
Shared.Base.CCommonUtils.GetInstance().DisposeComObj(pFeatureCursor);
Shared.Base.CCommonUtils.GetInstance().DisposeComObj(pCursor);
Shared.Base.CCommonUtils.GetInstance().DisposeComObj(pSelectionSet);
Shared.Base.CCommonUtils.GetInstance().DisposeComObj(pFeatureSelection);
Shared.Base.CCommonUtils.GetInstance().DisposeComObj(pFeatureLayer);

//定位至下一个要素图层
```

```
            pFeatureLayer = pEnumLayer.Next() as IFeatureLayer;
        }

        //释放 COM 对象
        Shared.Base.CCommonUtils.GetInstance().DisposeComObj(pFeatureLayer);
        Shared.Base.CCommonUtils.GetInstance().DisposeComObj(pEnumLayer);
        Shared.Base.CCommonUtils.GetInstance().DisposeComObj(pUID);
}
```

2.2.3　代码分析：LayerHelper 类

LayerHelper 类用于对图层进行管理，实现了图层的加载、保存、开启图层缓存等功能，详细代码分析如下。

【代码 2.9】　CLayerHelper 类

(参见本书配套代码 Shared.Base 工程中的 CLayerHelper.cs)

```
public class CLayerHelper
{
    private volatile static CLayerHelper _pInstance = null;
    private static readonly object _pLockHelper = new object();
    private CLayerHelper() { }
    public static CLayerHelper GetInstance()
    {
        if (_pInstance == null)
        {
            lock(_pLockHelper)
            {
                if (_pInstance == null)
                    _pInstance = new CLayerHelper();
            }
        }
        return _pInstance;
    }

    //根据名称得到图层
    public ILayer GetLayer(AxMapControl axMapControl, string szLyrName)
    {
        int count = axMapControl.LayerCount;
        for (int i = 0; i < count; i++)
        {
            ILayer lyr = axMapControl.get_Layer(i);
            if (lyr.Name == szLyrName)
```

```
            {
                return lyr;
            }

            CGlobalShared.GetInstance().DisposeComObj(lyr);
            lyr = null;
        }

        return null;
    }

    //根据名称得到图层
    public ILayer GetLayer(IMap pMap, string szName)
    {
        int count = pMap.LayerCount;
        for (int i = 0; i < count; i++)
        {
            ILayer lyr = pMap.get_Layer(i);
            if (lyr.Name.ToUpper() == szName.ToUpper())
            {
                return lyr;
            }

            CGlobalShared.GetInstance().DisposeComObj(lyr);
            lyr = null;
        }

        return null;
    }

    //开启图层缓存
    public void SetAllLayerCached(AxMapControl axMapControl)
    {
        int count = axMapControl.LayerCount;
        for (int i = 0; i < count; i++)
        {
            ILayer lyr = axMapControl.get_Layer(i);
            lyr.Cached = true;

            CGlobalShared.GetInstance().DisposeComObj(lyr);
```

```
            lyr = null;
        }
    }

    //缩放至图层
    public void ZoomToLayer(ILayer layer, AxMapControl mapCtrl)
    {
        if (layer == null) return;
        mapCtrl.Extent = layer.AreaOfInterest;
    }

    //根据要素图层，得到其工作空间
    public IWorkspace GetWorkSpaceByFeatureLayer(IFeatureLayer pFeatureLayer)
    {
        IDataset pDataset = pFeatureLayer as IDataset;
        IWorkspace pWorkSpace = pDataset.Workspace;

        pDataset = null;
        pFeatureLayer = null;

        return pWorkSpace;
    }

    //获取某种类型的所有图层
    public IEnumLayer GetLayers(IMap pMap, string szEsriLayerGUID)
    {
        UID uid = new UIDClass();
        uid.Value = szEsriLayerGUID;
        if (pMap.LayerCount != 0)
        {
            IEnumLayer layers = pMap.get_Layers(uid, true);
            return layers;
        }
        return null;
    }

    //获取某类图层的名称
    public System.Collections.ArrayList GetLayerNames(IMap pMap, string szEsriLayerGUID)
    {
        System.Collections.ArrayList pRet = new System.Collections.ArrayList();
```

```
    IEnumLayer layers = GetLayers(pMap, szEsriLayerGUID);
    if (layers == null)
        return null;

    ILayer layer = null;
    while ((layer = layers.Next()) != null)
    {
        pRet.Add(layer.Name);
    }

    return pRet;
}

//得到要素图层
public IFeatureLayer GetFeatureLayer(string layerName, IMap pMap)
{
    IEnumLayer layers = GetLayers(pMap, CEsriLayerGUID._IFeatureLayer);
    if (layers == null)
        return null;

    layers.Reset();

    ILayer layer = null;
    while ((layer = layers.Next()) != null)
    {
        if (layer.Name == layerName)
            return layer as IFeatureLayer;
    }
    return null;
}

//得到栅格图层
public IRasterLayer GetRasterLayer(string layerName, IMap pMap)
{
    IEnumLayer layers = GetLayers(pMap, CEsriLayerGUID._IRasterLayer);
    if (layers == null)
        return null;

    layers.Reset();
```

```
        ILayer layer = null;
        while ((layer = layers.Next()) != null)
        {
            if (layer.Name == layerName)
                return layer as IRasterLayer;
        }
        return null;
    }

    //获取图层在地图中的序号
    public int IndexOfLayer(IMap pMap, ILayer pLayer)
    {
        int N = pMap.LayerCount;
        for (int i = 0; i < N; i++)
        {
            if (pMap.get_Layer(i) == pLayer)
            {
                return i;
            }
        }
        return -1;
    }

    //获取图层在地图中的序号
    public int IndexOfLayer(IMap pMap, string szAliasName)
    {
        if (pMap != null)
        {
            if (szAliasName == "")
            {
                return -1;
            }
            for (int i = 0; i < pMap.LayerCount; i++)
            {
                if (pMap.get_Layer(i).Name == szAliasName)
                {
                    return i;
                }
            }
        }
```

```
        return -1;
    }

    //将图层保存至 Xml 流
    public byte[] SaveLayerToStream(ILayer pParamLayer)
    {
        byte[] pBuffer = null;
        if (pParamLayer is IPersistStream)
        {
            IPersistStream pStream = pParamLayer as IPersistStream;
            XMLStreamClass pXmlStream = new XMLStreamClass();
            pStream.Save(pXmlStream, 0);
            pBuffer = pXmlStream.SaveToBytes();
        }
        return pBuffer;
    }

    //从 Xml 字节流中加载图层
    public void LoadLayerFromStream(ILayer pLayer, byte[] pLayerContent)
    {
        if (((pLayer != null) && (pLayerContent != null)) && (pLayerContent.Length != 0))
        {
            IPersistStream pStream = pLayer as IPersistStream;
            XMLStreamClass pXmlStream = new XMLStreamClass();
            pXmlStream.LoadFromBytes(ref pLayerContent);
            pStream.Load(pXmlStream);
        }
    }

}

//不同类型图层的 GUID
public class CEsriLayerGUID
{
    // The different layer GUID's and Interface's are:
    public static string _IACFeatureLayer =
        "{AD88322D-533D-4E36-A5C9-1B109AF7A346}";
    public static string _IACLayer =
        "{74E45211-DFE6-11D3-9FF7-00C04F6BC6A5}";
    public static string _IACImageLayer =
```

```
        "{495C0E2C-D51D-4ED4-9FC1-FA04AB93568D}";
    public static string _IACAcetateLayer =
        "{65BD02AC-1CAD-462A-A524-3F17E9D85432}";
    public static string _IAnnotationLayer =
        "{4AEDC069-B599-424B-A374-49602ABAD308}";
    public static string _IGeoFeatureLayer =
        "{E156D7E5-22AF-11D3-9F99-00C04F6BC78E}";
    public static string _IGraphicsLayer =
        "{34B2EF81-F4AC-11D1-A245-080009B6F22B}";
    public static string _IGroupLayer =
        "{EDAD6644-1810-11D1-86AE-0000F8751720}";
    public static string _ICadLayer =
        "{E299ADBC-A5C3-11D2-9B10-00C04FA33299}";
    public static string _ICompositeLayer =
        "{BA119BC4-939A-11D2-A2F4-080009B6F22B}";
    public static string _ICompositeGraphicsLayer =
        "{9646BB82-9512-11D2-A2F6-080009B6F22B}";
    public static string _IFeatureLayer =
        "{40A9E885-5533-11D0-98BE-00805F7CED21}";
    public static string _ILayer =
        "{34C20002-4D3C-11D0-92D8-00805F7C28B0}";
    public static string _IRasterLayer =
        "{D02371C7-35F7-11D2-B1F2-00C04F8EDEFF}";
    public static string _ITerrainLayer =
        "{5A0F220D-614F-4C72-AFF2-7EA0BE2C8513}";
    public static string _IAnnotationSublayer =
        "{DBCA59AC-6771-4408-8F48-C7D53389440C}";
    public static string _ICadastralFabricLayer =
        "{7F1AB670-5CA9-44D1-B42D-12AA868FC757}";
    public static string _ICoverageAnnotationLayer =
        "{0C22A4C7-DAFD-11D2-9F46-00C04F6BC78E}";
    public static string _IDataLayer =
        "{6CA416B1-E160-11D2-9F4E-00C04F6BC78E}";
    public static string _IDimensionLayer =
        "{0737082E-958E-11D4-80ED-00C04F601565}";
    public static string _IFDOGraphicsLayer =
        "{48E56B3F-EC3A-11D2-9F5C-00C04F6BC6A5}";
    public static string _IGdbRasterCatalogLayer =
        "{605BC37A-15E9-40A0-90FB-DE4CC376838C}";
    public static string _IIMSSubLayer =
```

```
        "{D090AA89-C2F1-11D3-9FEF-00C04F6BC6A5}";
    public static string _IIMAMapLayer =
        "{DC8505FF-D521-11D3-9FF4-00C04F6BC6A5}";
    public static string _IMapServerLayer =
        "{E9B56157-7EB7-4DB3-9958-AFBF3B5E1470}";
    public static string _IMapServerSublayer =
        "{B059B902-5C7A-4287-982E-EF0BC77C6AAB}";
    public static string _INetworkLayer =
        "{82870538-E09E-42C0-9228-CBCB244B91BA}";
    public static string _IRasterCatalogLayer =
        "{AF9930F0-F61E-11D3-8D6C-00C04F5B87B2}";
    public static string _ITemporaryLayer =
        "{FCEFF094-8E6A-4972-9BB4-429C71B07289}";
    public static string _ITinLayer =
        "{FE308F36-BDCA-11D1-A523-0000F8774F0F}";
    public static string _ITopologyLayer =
        "{FB6337E3-610A-4BC2-9142-760D954C22EB}";
    public static string _IWMSLayer =
        "{005F592A-327B-44A4-AEEB-409D2F866F47}";
    public static string _IWMSGroupLayer =
        "{D43D9A73-FF6C-4A19-B36A-D7ECBE61962A}";
    public static string _IWMSMapLayer =
        "{8C19B114-1168-41A3-9E14-FC30CA5A4E9D}";
}
```

2.2.4 要素类

在 ArcGIS 中，数据和数据的显示是相分离的，也就是说，对于要素图层(FeatureLayer)来说，存储的只是数据的符号化信息，具体的数据并没有存储在图层中，真实的数据存储在要素类(FeatureClass)中。FeatureClass 又是什么呢？它是 Geodatabase 数据模型中的一个重要概念，用来存储空间数据，因此我们先了解 Geodatabase 的一些基本概念。

Geodatabase 即地理数据库，它是 ArcGIS 的新一代空间数据模型。利用 Geodatabase 逻辑数据模型，ArcGIS 统一了 Shape Files、Personal GDB、File GDB、ArcSDE 等多种物理存储形式。Geodatabase 以层次结构的数据对象来组织地理数据。这些数据对象存储在要素类(FeatureClass)、对象类(ObjectClass)和要素数据集(FeatureDataset)中(图 2.6)。

FeatureClass 派生于对象类 ObjectClass，它是 ObjectClass 的扩展。ObjectClass 用于存储地理数据库中的关系表格，每一行代表一个对象，每一列存储了该对象的某个属性特征。FeatureClass 和 ObjectClass 一样，每行代表一个地理要素，每一列存储了该地理要素的一个属性特征。在一个 FeatureClass 中所有的地理要素都使用同样的字段结构。但是，与 ObjectClass 不同的是，FeatureClass 给对象增加了空间位置信息，并将空间信息存储在一个特殊的几何字段中(Shape 字段)，这样我们就可以在地图上显示要素的形状和位置。因此，可以说 FeatureClass

用来存储空间数据的对象类，它是具有相同几何类型和属性特征的要素的集合。

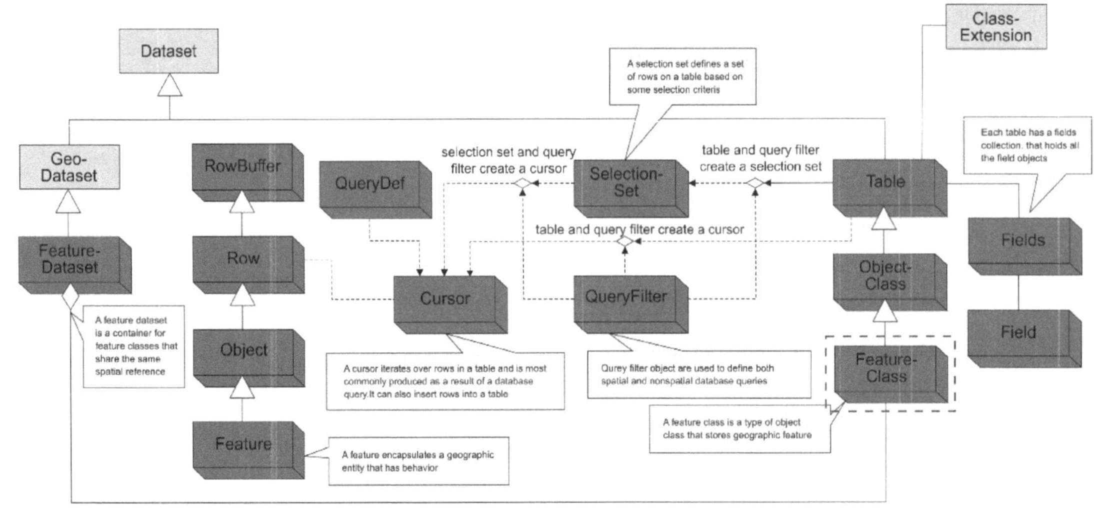

图 2.6 Geodatabase 数据组织及 FeatureClass

在 Geodatabase 模型中，常用的要素类有四种：点、线、面和注记。点要素类用于存储没有空间形态、只有空间位置的零维要素，如测量控制点、制高点；线要素类用于存储只有长度、没有面积的线状一维要素，如等高线、铁路、公路；面状要素类用于存储占据一定面积的二维面状实体；注记要素类用于存储各种空间实体在地图上的名称、性质等文字说明。要素数据集(FeatureDataset)是共用同一空间参考要素类的集合，对于每个要素类来说，既可以隶属于要素数据集，在要素数据集内部组织空间要素，也可以独立于要素数据集而存在，直接属于地理数据库。

FeatureClass 实现了 IFeatureClass 接口。IFeatureClass 接口继承于 IObjectClass 接口，用于访问和控制要素类的行为和属性成员(表 2.9)。

表 2.9 IFeatureClass 接口

名称	描述
AddField	向要素类中添加一个字段
AddIndex	向要素类中添加一个索引
AliasName	要素类的别名
AreaField	几何区域字段
CLSID	要素类的 GUID
CreateFeature	创建一个新要素，系统自动分配一个 ID，没有属性值
DeleteField	从要素类中删除字段
DeleteIndex	从要素类中删除索引
EXTCLSID	与这个要素类的扩展类相关的组件类的 GUID
Extension	要素类的扩展
ExtensionProperties	要素类的扩展属性
FeatureClassID	要素类的唯一标识符

续表

名称	描述
FeatureCount	指定查询获得的要素数目
FeatureDataset	包含要素类的要素数据集
FeatureType	要素类中的要素类型
Fields	要素类的字段集合
FindField	指定名称的字段索引
GetFeature	根据对象 ID 获得要素
GetFeatures	由一系列 ID 获得 Rows 的指针
HasOID	指出要素类是否有一个要素表示字段(OID)
Indexes	要素类的索引集合
Insert	返回一个可以插入新要素的游标
LengthField	图形长度字段
ObjectClassID	对象类的唯一标识符
OIDFieldName	与 OID 相关的字段名称
RelationshipClasses	该类参与的关系类
Search	根据指定的查询返回要素的游标
Select	根据查询返回包含对象 ID 的选择集合
ShapeFieldName	默认 Shape 字段的名称
ShapeType	要素类中默认 Shape 的类型
Update	按照查询返回一个更新要素的游标

【代码 2.10】　FeatureClass 的相关操作与实例代码
(参见本书配套代码 Shared.Base 工程中的 CFeatureClassHelper.cs)

```
//获得工作空间中指定名字的要素类
public IFeatureClass GetIFeatureClass(IWorkspace pWorkspace, string szName)
{
    //接口转换至 IFeatureWorkspace
    IFeatureWorkspace pFeatureWorkspace = pWorkspace as IFeatureWorkspace;
    //打开 FeatureClass
    return pFeatureWorkspace.OpenFeatureClass(szName);
}

//遍历 FeatureDataset 中的 FeatureClass
//获取 FeatureDataset 中所有的要素类
public List<IFeatureLayer> GetFeatureClassesInDatasets(IFeatureDataset pDataset)
{
    //IFeatureDataset 接口转换至 IFeatureClassContainer 接口
```

```
    IFeatureClassContainer pContainer = pDataset as IFeatureClassContainer;
    //获取 FeatureDataset 中的所有要素类
    IEnumFeatureClass pEnumFeatureClass = pContainer.Classes;
    IFeatureClass pFeatureClass = pEnumFeatureClass.Next();
    List<IFeatureLayer> pFeatureLayers = new List<IFeatureLayer>();

    //循环遍历要素类集合
    while (pFeatureClass != null)
    {
        //构造 FeatureLayer 对象
        IFeatureLayer pFeatureLayer = new FeatureLayer();
        //挂接数据源：FeatureClass
        pFeatureLayer.FeatureClass = pFeatureClass;
        pFeatureLayer.Name = pFeatureClass.AliasName;
        //pFeatureLayer 加入集合
        pFeatureLayers.Add(pFeatureLayer);
        //释放 COM 对象
        System.Runtime.InteropServices.Marshal.ReleaseComObject(pFeatureClass);
        pFeatureClass = pEnumFeatureClass.Next();
    }

    return pFeatureLayers;
}

//打开文件地理数据库中指定名称的要素类
public IFeatureClass GetFeatureClass_FileGDB(
    string szPath,//GDB 路径
    string szName//GDB 中要素类名字
    )
{
    FileGDBWorkspaceFactory pFileGDBWorkspaceFactory =
        new FileGDBWorkspaceFactory();
    IWorkspace pWorkspace = pFileGDBWorkspaceFactory.OpenFromFile(szPath, 0);
    IFeatureWorkspace pFeatureWorkspace = pWorkspace as IFeatureWorkspace;
    IFeatureClass pFeatureClass = pFeatureWorkspace.OpenFeatureClass(szName);

    return pFeatureClass;
}

//打开个人地理数据库中指定名称的要素类
```

```
public IFeatureClass GetFeatureClass_AccessGDB(
    string szPath,//MDB 路径
    string szName//MDB 中要素类名字
    )
{
    AccessWorkspaceFactory pAccessWorkspaceFactory =
        new AccessWorkspaceFactoryClass();
    IFeatureWorkspace pFeatureWorkspace =
    (IFeatureWorkspace)pAccessWorkspaceFactory.OpenFromFile(szPath, 0);
    IFeatureClass pFeatureClass = pFeatureWorkspace.OpenFeatureClass(szName);
    return pFeatureClass;
}

//打开 Shape 文件的要素类
public IFeatureClass GetFeatureClass_ShapeFile(
    string szPath,//Shape 文件所在磁盘目录
    string szName//Shape 文件名称
    )
{
    IWorkspaceFactory pWorkspaceFactory = new ShapefileWorkspaceFactoryClass();
    IWorkspace pWorkspace = pWorkspaceFactory.OpenFromFile(szPath, 0);
    IFeatureWorkspace pFeatureWorkspace = pWorkspace as IFeatureWorkspace;
    IFeatureClass pFeatureClass = pFeatureWorkspace.OpenFeatureClass(szName);
    return pFeatureClass;
}
```

2.3　布　　局

页面布局对象(PageLayout，通常简称为布局)是在虚拟页面上组织的地图元素的集合，通过对地图数据进行整饰以便对地图打印输出。PageLayout 和 Map 这两个对象是从不同视角对地图文档的描述，它们都是视图对象，实现了 IActiveView 接口，可以显示地图。同时，它们也都是图形元素(GraphicsElement)的容器，可以容纳图形元素。但是，两者能够保存的元素类型是有差别的。对于布局对象来说，除了保存图形元素外，还可以包含比例尺、指北针、地图标题、经纬网、描述性文本和图例等元素。

一般通过 PageLayoutControl 控件得到 PageLayout 对象：

```
IPageLayout pPageLayout = axPageLayoutCtrl.PageLayout;
```

PageLayout 类主要实现了 IPageLayout 接口，它定义了用于修改页面版式(Layout)的方法和属性。

ZoomToWhole：让 PageLayout 以最大尺寸显示。

ZoomToPercent：按照输入的比例显示。

ZoomToWidth：让视图显示的范围匹配布局控件对象的宽度。

Page：获取页面对象。

RulerSettings 属性：设置标尺对象的属性。

HorizontalSnapGuides 和 VerticalSnapGuides：用以获取捕捉格网对象。

在进行 ArcGIS Engine 开发时，地图视图和布局视图的同步是一个常用的功能。本书提供了 CLayoutSynchronizer 类，实现了利用 MapDocument 对象打开地图并同步地图控件和布局控件的内容，以及地图视图和布局视图当前地理范围联动，代码及详细注释如下。

【代码 2.11】　CLayoutSynchronizer 类
(参见本书配套代码 Shared.Base 工程中的 CLayoutSynchronizer.cs)

```
public class CLayoutSynchronizer
{
    private AxMapControl _axMapCtrl;

    public AxMapControl MapCtrl
    {
        get { return _axMapCtrl; }
        set { _axMapCtrl = value; }
    }

    private AxPageLayoutControl _axPageLayoutCtrl;

    public AxPageLayoutControl PageLayoutCtrl
    {
        get { return _axPageLayoutCtrl; }
        set { _axPageLayoutCtrl = value; }
    }

    public CLayoutSynchronizer(AxMapControl axMapCtrl,
        AxPageLayoutControl axPageLayoutCtrl)
    {
        _axMapCtrl = axMapCtrl;
        _axPageLayoutCtrl = axPageLayoutCtrl;
    }

    // OpenMap 函数-打开地图并同步 Map 控件和 Layout 控件的内容
    public void OpenMap(string szMapFile)
    {
        IMapDocument pMapDoc = new MapDocumentClass();//创建地图文档对象
        if (pMapDoc.get_IsPresent(szMapFile)
```

```
            && !pMapDoc.get_IsPasswordProtected(szMapFile))
        {
            pMapDoc.Open(szMapFile, string.Empty);//打开地图文档
            IMap pMap = pMapDoc.get_Map(0); //获取地图文档中的第一个地图
            pMapDoc.SetActiveView((IActiveView)pMap);//设置当前活动视图
            _axMapCtrl.Map = pMap;//设置地图控件的 Map 对象,即地图内容

            ActiveLayout(true);//激活 PageLayout 控件
            _axPageLayoutCtrl.PageLayout = pMapDoc.PageLayout;

            pMapDoc.Close();//关闭地图文档
            ActiveLayout(false);
        }
    }

    //激活 PageLayout 控件或 Map 控件
    //若 b 为 True 则激活 PageLayout 控件,若 b 为 False 则激活 Map 控件
    public void ActiveLayout(bool b)
    {
        try
        {
            IPageLayoutControl3 pLayoutCtrl   =
                (IPageLayoutControl3)_axPageLayoutCtrl.Object;
            IMapControl4 pMapCtrl = (IMapControl4)_axMapCtrl.Object;
            if (b)//激活布局控件
            {
                IActiveView pViewMap = pMapCtrl.ActiveView;
                //如果地图控件处于激活状态，先 Deactivate
                if (pViewMap.IsActive())
                    pViewMap.Deactivate();
                IActiveView pViewLayout = pLayoutCtrl.ActiveView;
                //激活布局控件
                if (!pViewLayout.IsActive())
                {
                    pViewLayout.Activate(pLayoutCtrl.hWnd);
                    pViewLayout.Refresh();//刷新
                }
            }
            else//激活地图控件
            {
```

```
                IActiveView pViewLayout = pLayoutCtrl.ActiveView;
                //如果布局控件处于激活状态，先 Deactivate
                if (pViewLayout.IsActive())
                    pViewLayout.Deactivate();

                //激活地图控件
                IActiveView pViewMap = pMapCtrl.ActiveView;
                if (!pViewMap.IsActive())
                {
                    pViewMap.Activate(pMapCtrl.hWnd);
                    pViewMap.Refresh();
                }
            }
        }
        catch (Exception ex)
        {
            CLog.LOG(ex.Message);
        }
    }

    //当切换到布局视图时，将 Layout 控件的当前视图地理范围同步至 Map 控件
    public void Synchronize2MapExtent()
    {
        //获取地图控件的当前视图地理范围
        IEnvelope pEnv = _axMapCtrl.ActiveView.Extent;
        //获得焦点地图
        IActiveView pActiveView  =
            _axPageLayoutCtrl.ActiveView.FocusMap as IActiveView;
        //将 Layout 控件的当前视图地理范围同步至 pEnv
        pActiveView.ScreenDisplay.DisplayTransformation.VisibleBounds = pEnv;
        //刷新
        _axPageLayoutCtrl.ActiveView.Refresh();


    }

    //当切换到地图(数据)视图时，将 Map 控件的当前视图地理范围同步至 Layout 控件
    public void Synchronize2LayoutExtent()
    {
        //获得 Layout 控件的焦点地图，转换为 IActive 接口
        IActiveView pActiveView  =
```

```
            _axPageLayoutCtrl.ActiveView.FocusMap as IActiveView;
        //获取 Layout 控件焦点地图当前视图地理范围
        IEnvelope pEnv = pActiveView.Extent;
        //将 Map 控件的当前视图地理范围同步至 pEnv
        _axMapCtrl.ActiveView.Extent = pEnv;
        //刷新
        _axMapCtrl.ActiveView.Refresh();

    }
}
```

上面代码中，OpenMap 函数用于打开地图并同步 Map 控件和 Layout 控件的内容。其思路是：利用 MapDocument 获得其第一个地图对象并赋给 Map 控件；获得 MapDocument 中的布局对象，并赋给 PageLayout 控件。ActiveLayout 函数用于激活 PageLayout 控件或 Map 控件，若参数 b 为 True 则激活 PageLayout 控件，若 b 为 False 则激活 Map 控件。Synchronize2MapExtent 函数用于实现切换到布局视图后，布局的焦点地图当前视图地理范围与地图控件同步的功能，而与之相反的是，Synchronize2LayoutExtent 用于解决当切换到地图(数据)视图时，将 Map 控件的当前视图地理范围同步至 Layout 控件。

本书同时提供了一个 CLayoutSynchronizer 类使用的例子工程，该工程在程序主窗口 Form_Main 类中定义了一个 CLayoutSynchronizer 对象，利用其进行布局和地图的同步。

【代码 2.12】　CLayoutSynchronizer 类的使用

(参见本书配套代码中的 App.MapAndLayer.Layout 工程 Form_Main.cs 代码文件)

该程序的主界面设计如图 2.7 所示。

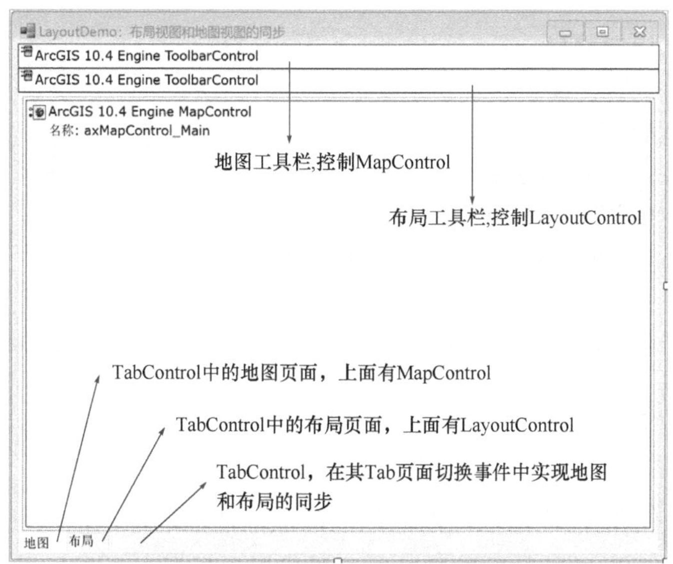

图 2.7　LayoutDemo 的程序界面设计

程序主要代码及注释分析如下。

```
public partial class Form_Main : Form
```

```
{
    CLayoutSynchronizer _pLayoutSynchronizer = null;

    public Form_Main()
    {
        InitializeComponent();
        _pLayoutSynchronizer =
             new CLayoutSynchronizer(axMapControl_Main, axPageLayoutControl_Main);
    }

    //TabControl 页面切换事件
    private void tabControl_Client_SelectedIndexChanged(object sender, EventArgs e)
    {
        //切换到地图视图
        if (tabControl_Client.SelectedTab == tabPage_Map)
        {
            //激活地图控件
            _pLayoutSynchronizer.ActiveLayout(false);
            //将 MapControl 控件的视图范围与 Layout 控件同步
            _pLayoutSynchronizer.Synchronize2LayoutExtent();
            //切换至地图工具栏可见
            Switch2Map(true);
        }
        else
        {
            //激活布局视图
            _pLayoutSynchronizer.ActiveLayout(true);
            //将 Layout 控件的视图范围与 MapControl 同步
            _pLayoutSynchronizer.Synchronize2MapExtent();
            //切换至布局工具栏可见
            Switch2Map(false);
        }
    }

    private void Form_Main_Load(object sender, EventArgs e)
    {
        string szMap = Application.StartupPath + "\\Maps\\world.mxd";
        //加载地图的同时，也加载地图文档中的布局
        _pLayoutSynchronizer.OpenMap(szMap);
        axMapControl_Main.ShowScrollbars = false;
```

```
    }

    //切换地图工具栏和布局工具栏
    //b 为 True 则显示地图工具栏；b 为 False 则显示布局工具栏
    private void Switch2Map(bool b)
    {
        axToolbarControl_Map.Visible = b;
        axToolbarControl_Map.BringToFront();
        axToolbarControl_Layout.Visible = !b;
        axToolbarControl_Layout.BringToFront();
    }
}
```

程序运行结果如图 2.8 和图 2.9 所示。

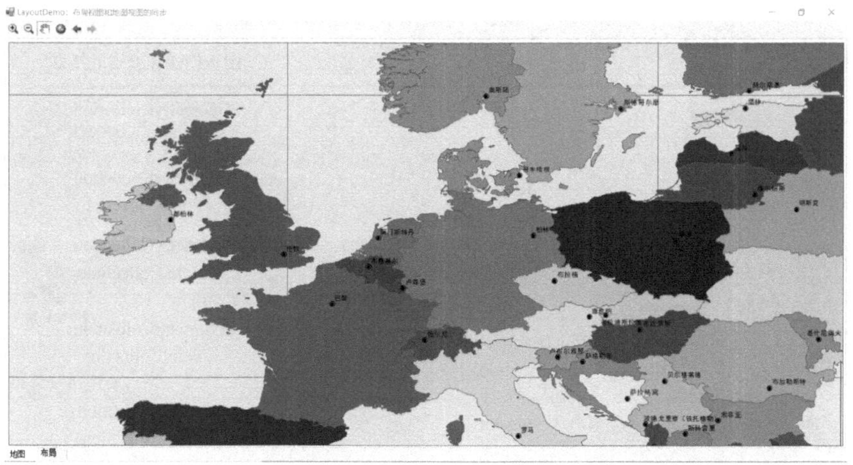

图 2.8　LayoutDemo 程序运行结果：地图视图

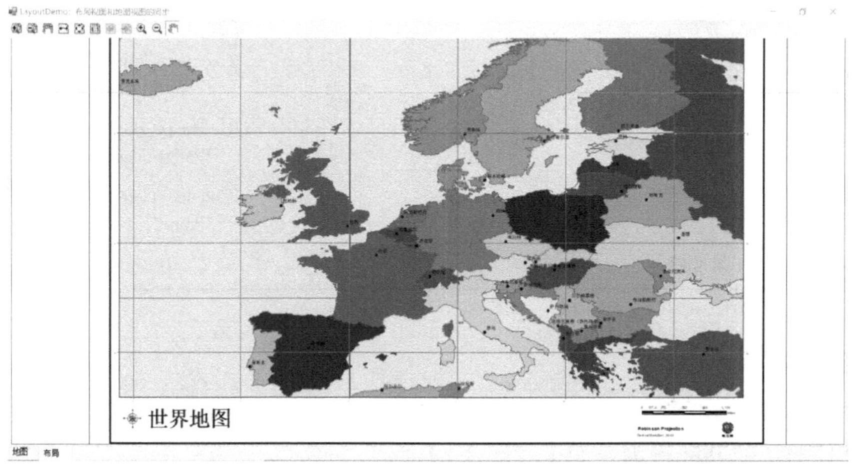

图 2.9　LayoutDemo 程序运行结果：布局视图

第3章　几何对象与空间参考

3.1　几 何 对 象

几何对象是 ArcGIS Engine 应用开发中最常用的对象，它描述了地理要素和地理现象的空间位置信息。在 ArcGIS Engine 中，几何实体分为**两类**：一类是可以用来直接构造地理要素的几何对象，称为**高级几何对象**；一类则不能直接构造地理要素，而是高级几何对象的组成部分。用来构建高级几何对象的相对低一级的几何对象，称为**低级几何对象**。表 3.1 给出了 ArcGIS Engine 中的高级几何对象、低级几何对象及其构成子几何对象。

表 3.1　高级几何对象和低级几何对象

几何对象名称	所属类别	构成子几何对象	用于创建和编辑的接口
Polyline	高级	Path	IGeometryCollection，IPointCollection
Polygon	高级	Ring	IGeometryCollection，IPointCollection
MultiPoint	高级	Point	IGeometryCollection，IPointCollection
MultiPatch	高级	TriangleFan，RingTriangleStrip，Triangle	IGeometryCollection，IPointCollection
Ring	低级	Segment	ISegmentCollection，IPointCollection
Path	低级	Segment	ISegmentCollection，IPointCollection
Segment	低级	Point	IPoint，ILine，ICurve
TriangleFan	低级	Point	IGeometryCollection，IPointCollection
TriangleStrip	低级	Point	IGeometryCollection，IPointCollection
Triangle	低级	Point	IGeometryCollection，IPointCollection
Point	高级/低级	无	IPoint

3.1.1　IGometry 接口

任何几何对象，不管是高级还是低级几何对象，都实现了 IGeometry 接口，IGeometry 接口定义了几何对象的共同行为，如【代码 3.1】所示。

【代码 3.1】　IGeometry 接口代码

```
public interface IGeometry
```

```
{
    esriGeometryDimension Dimension { get; }
    IEnvelope Envelope { get; }
    esriGeometryType GeometryType { get; }
    bool IsEmpty { get; }
    ISpatialReference SpatialReference { get; set; }
    void GeoNormalize();
    void GeoNormalizeFromLongitude(double Longitude);
    void Project(ISpatialReference newReferenceSystem);
    void QueryEnvelope(IEnvelope outEnvelope);
    void SetEmpty();
    void SnapToSpatialReference();
}
```

(1) Dimension：Dimension 是只读属性，用于获取几何对象的拓扑维度，如返回 0 就表示该几何对象为点对象或者多点多线，1 表示该对象为线，2 表示该对象为面。

(2) Envelope：Envelope 是只读属性，用于返回一个 IEnvelope 对象，Envelope 是几何对象的外接矩形，用于表示几何对象的最小边框，所有的几何对象都有一个 Envelope 对象。通过 IEnvelope 接口，可以获取几何对象的 XMax、XMin、YMax、YMin、Height、Width 属性。

(3) SpatialReference：SpatialReference 是读写属性，用于获取或设置该几何对象的空间参考信息。

(4) Project：Project 方法用于对该几何对象进行空间参考系统的转换。

(5) IsEmpty：IsEmpty 是只读属性，用于判断几何对象是否为空。

3.1.2　Point 和 MultiPoint

Point：是一个零维的几何图形，具有 X、Y 坐标值，以及一些可选的属性，如高程值(Z 值)、度量值(M 值)和 ID 号。点对象用于描述精确定位的对象。

MultiPoint：点集对象是一系列无序的点的群集，这些点具有相同的属性信息。例如，可以用一个点集来表示理论弹道的全部轨迹点。

以下代码片段演示了 Point 和 MultiPoint 对象的使用。

【代码 3.2】　Point 和 MultiPoint 对象的使用

```
//定义第一个点
IPoint pPoint1 = new PointClass();
pPoint1.X = 114.30;//经度
pPoint1.Y = 34.7;//纬度

//定义第二个点
IPoint pPoint2 = new PointClass();
pPoint2.X = 114.45;
pPoint2.Y = 34.2;
```

```
……//构建其他点

IPointCollection pMultipoint = new MultipointClass();//创建多点对象
object o=Type.Missing;
//添加第一个点，不需要设置点的顺序，参数设置为 Type.Missing
pMultipoint.AddPoint(pPoint1， ref o， ref o);
//添加第二个点，不需要设置点的顺序，参数设置为 Type.Missing
pMultipoint.AddPoint(pPoint2， ref o， ref o);
……//添加其他点
```

3.1.3 Polyline 和 Polygon

1. Segment、Path 和 Ring

1) Segment

Segment 是“段”的意思，该对象是一个有起点和终点的“线段”，也就是说，Segment 只有两个点，至于两点之间的线是直的，还是曲的，需要其余的参数定义。因此，Segment 是由起点、终点和参数三个方面决定的。Segment 有 4 个子类：直线(Line)，圆弧(CircularArc)，椭圆弧(EllipticArc)，贝塞尔曲线(BezierCurve)，如图 3.1 所示。

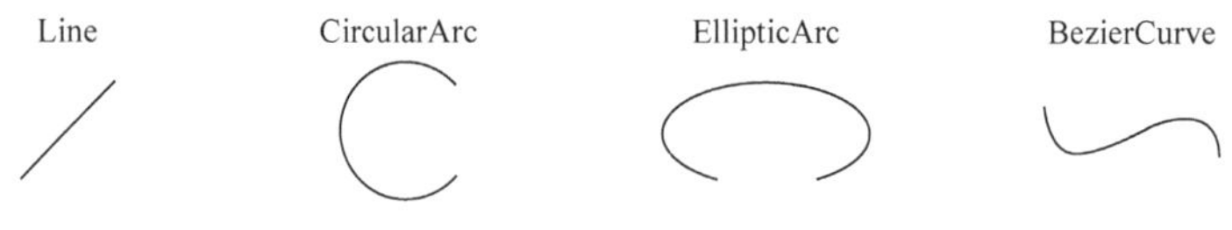

图 3.1　Segment 的四种形式

ISegment 有两种很有用的方法，这两种方法用于将该 Segment 分割成小的 Segment。其中，SplitAtDistance 方法是根据具体的距离标度分割段；而 SplitDivideLength 则是根据距离分割段。

2) Path

Path 是连续的 Segment 的集合(图 3.2)，除了路径的第一个 Segment 和最后一个 Segment

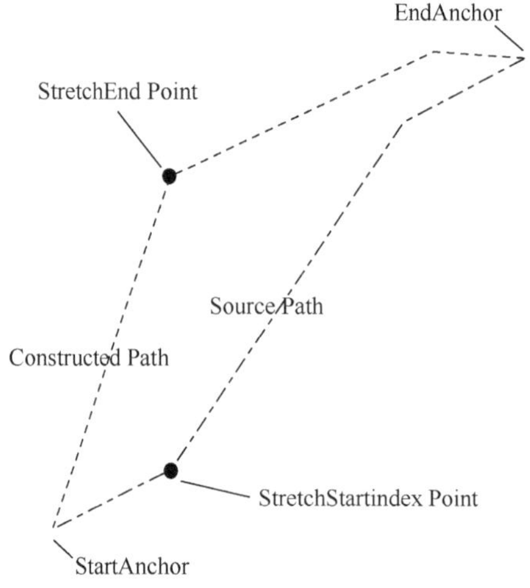

图 3.2　Path 是由连续的 Segment 构成的

外，其余的 Segment 的起始点都是前一个 Segment 的终止点，即 Path 对象中的 Segment 不能出现分离。Path 可以是任意数的 Segment 子类的组合。Path 对象有很多我们经常用到的方法，如平滑曲线、对曲线抽稀等操作。

3) Ring

Ring 是一个封闭的 Path(图 3.3)，即起始点和终止点有相同的坐标值，它有内部和外部属性。

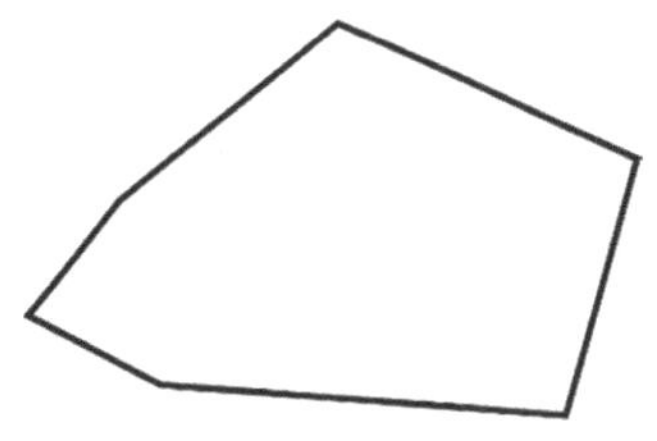

图 3.3　Ring 是封闭的 Path

2. Polyline

Polyline 对象是由一个或多个相连或者不相连的 Path 对象组成的有序集合，通常用来代表线状地物，如道路、河流、航线、军事分界线等。Polyline 是有序 Path 组成的集合，Polyline 由 Path 构成,Path 又是由 Segment 组成,但是这并不意味着必须按照这种层次去构造 Polyline，实际上 Point 集合直接构成 Polyline，组成 Polyline 的这些路径既可以是连续的，也可以是不连续的(图 3.4)。

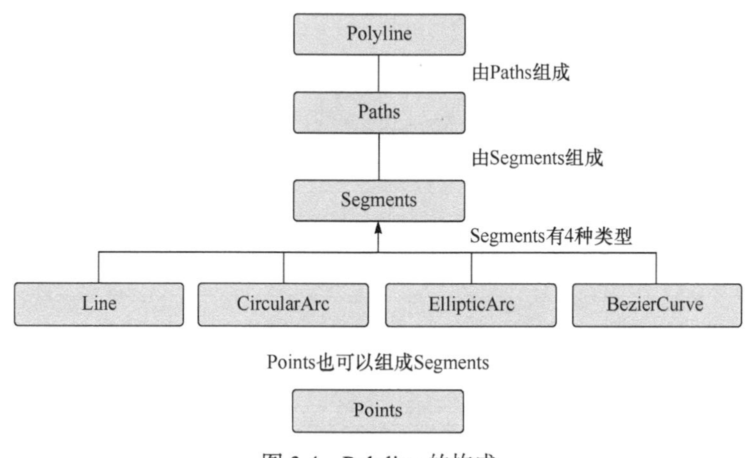

图 3.4　Polyline 的构成

Polyline 对象主要实现了 IPolyline、IPointCollection、IGeometryCollection、ISegment Collection 等接口。IPolyline 是 Polyline 类的主要接口，IPolyline 的 Reshape 方法可以使用一个 Path 对象为一个 Polyline 对象整型，IPolyline 的 SimplifyNetwork 方法用于简化网络；IPoint Collection 接口包含了所有的节点信息；IGeometryCollection 接口可以获取 Polyline 的 Paths，Polyline 对象可以使用 IGeometryCollection 接口添加 Path 对象的方法来创建；ISegment Collection 接口可以获取并管理 Polyline 的 Segments。

3. Polygon

Polygon 对象是由一个或多个 Ring 对象组成的。Polygon 通常用来代表有面积的多边形矢量对象，如行政区、军事禁区、防空识别区、土地利用区域、分布地域等。从图 3.5 可以看出，Polygon 是由 Ring 构成的，而 Ring 又是由 Segment 构成的，但是这并不要求必须按照图 3.5 的这种构成层次去构造 Polygon。一般来说，构造 Polygon 对象有两种方法：一种是利用 IPointCollection 接口，即利用点集来构造 Polygon；另一种方法则是先构造 Segment 对象，利用 Segment 对象构造 Rings 对象，再构造 Polygon 对象。

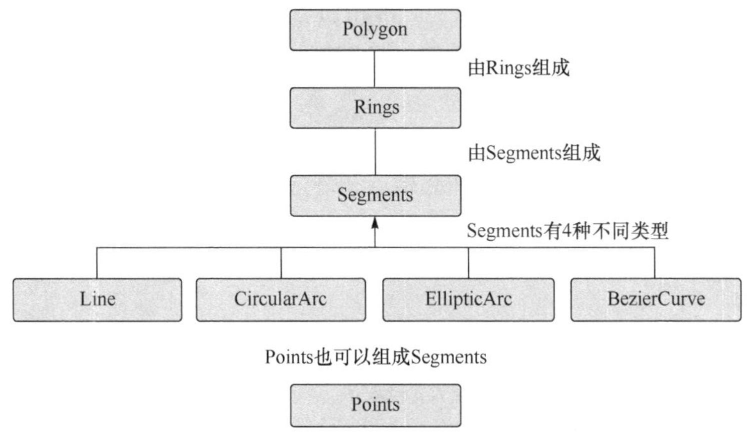

图 3.5　Polygon 的构成

Polygon 是由闭合的环(Ring)组成的，其中，Ring 可以分为 Exterior Ring(外环)和 Interior Ring(内环)。外环和内环都是有方向的，外环的方向是顺时针的，内环的方向是逆时针，如图 3.6 所示。

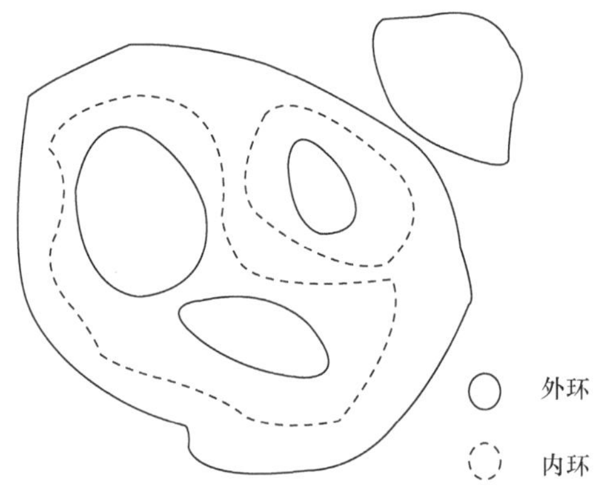

图 3.6　Polygon 的外环和内环

3.2　空间参考

空间参考(spatial reference)即空间基准，是构建 GIS 应用的时空基础，也是 GIS 数据质量、数据共享、数据使用的基础。在 GIS 工程建设中，必须有一致的空间基准。GIS 中的空间基准从技术上主要分为 GIS 的水平基准和高程基准。影响水平基准的主要因素有参考椭球、坐标原点、分带、地图投影和平面控制网。影响高程基准的主要因素是水准原点和水准网。

3.2.1　大地水准面

大地水准面是与平均海水平面重合，并向大陆内部自然延伸所形成的不规则封闭曲面。它是重力等位面，其上每一点的切平面和重力方向垂直，即物体沿该面运动时，重力不做功(如水在这个面上是不会流动的)。因为地球的质量并非在各个点均匀分布，重力的方向也会相应发生变化，所以大地水准面的形状是不规则的，如图 3.7 所示。

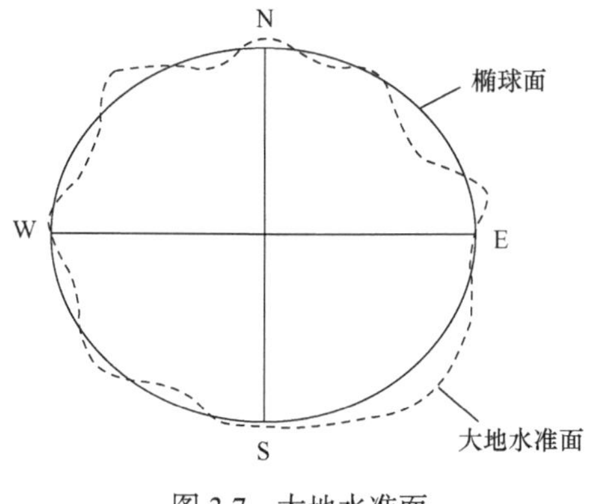

图 3.7　大地水准面

3.2.2　地球椭球体

由定义可以知大地水准面的形状是不规则的，不能用简单的数学公式表示，为了测量成果的计算和制图的需要，人们选用一个同大地水准面相近的可以用数学方法来表达的椭球体来代替大地水准面，简称地球椭球体。它是一个规则的曲面，是测量和制图的基础。因为地球椭球体是人们选定的跟大地水准面很接近的规则曲面，所以地球椭球体就可以有多个。地球椭球体是用长半轴、短半轴和扁率来表示的。表 3.2 列出了一些常见的参考椭球。

表 3.2　常见的参考椭球

椭球名称	长半轴/m	短半轴/m	扁率倒数
克拉克(Clarke)1866	6378206.4	6356583.8	294.9786982
白塞尔(Bessel)1841	6377397.155	6356078.965	299.1528434
International 1924	6378388	6356911.9	296.9993621
克拉索夫斯基 1940	6378245	6356863	298.2997381
GRS1980	6378137	6356752.3141	298.257222101
WGS1984	6378137	6356752.3142	298.257223563

3.2.3　大地基准面

基准面是在特定区域内与地球表面极为吻合的椭球体(图 3.8)。椭球体表面上的点与地球表面上的特定位置相匹配，也就是对椭球体进行定位，该点也称作基准面的原点。原点的坐标是固定的，所有其他点由其计算获得。

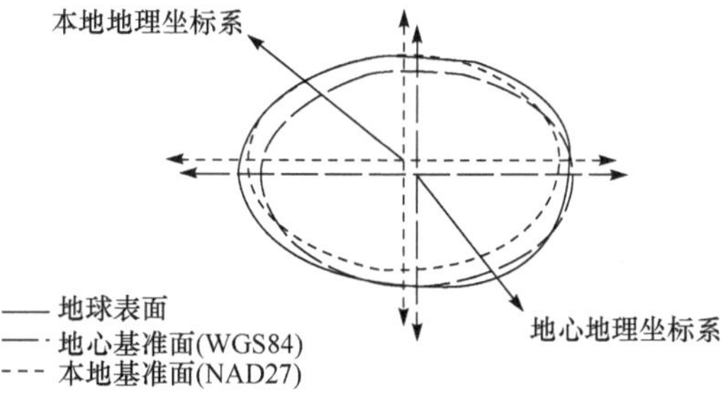

图 3.8　基准面

基准面的坐标系原点往往距地心有一定偏移(有的也在地心，如 WGS1984)，如西安 80 的基准面和北京 54 的基准面。椭球体通过定位能更好地拟合不同的地区，因此同一个椭球体可以拟合好几个基准面。因为原点不同，所以不同的基准面上，同一个点的坐标是不相同的。

下面以华盛顿州贝灵厄姆市为例来说明。使用 NAD1927、NAD1983 和 WGS1984 以十进制为单位比较贝灵厄姆市的坐标。显而易见，NAD1983 和 WGS1984 表示的坐标几乎相同，但 NAD1927 表示的坐标则大不相同，这是因为所使用的基准面和旋转椭球体对地球基本形状的表示方式不同(表 3.3)。

表 3.3　三个不同基准面表示的华盛顿州贝灵厄姆市的地理坐标

基准面	经度(西经)	纬度(北纬)
NAD1927	–122.46690368652°	48.7440490722656°
NAD1983	–122.46818353793°	48.7438798543649°
WGS1984	–122.46818353793°	48.7438798534299°

ArcGIS 中，基准面是在大地椭球体的基础上进行定义的，如图 3.9 所示。

基准面
名称: D_WGS_1984
椭球体
名称: WGS_1984
长半轴: 6378137
短半轴: 6356752.3142451793
反扁率 298.25722356300003

图 3.9　基准面的定义

3.2.4　地理坐标系

地理坐标系也可称为世界坐标系，用于确定地理实体在地球上的位置。它是一种角度坐标系，用经纬度来表示地物的位置。经度和纬度是从地心到地球表面上某点的测量角，通常以度为单位来测量该角度，如图 3.10 所示。

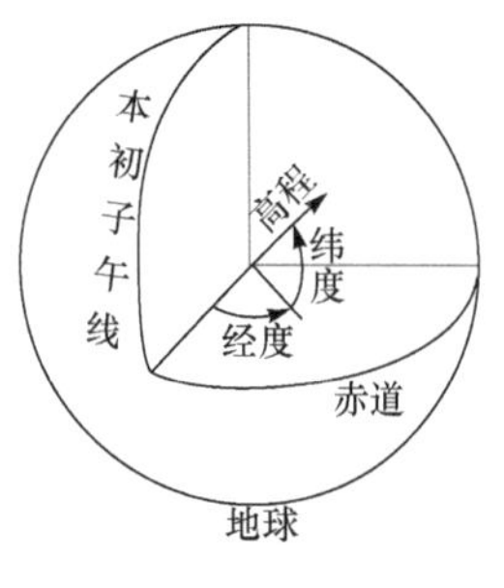

图 3.10　地理坐标系

地理坐标系由三要素构成，分别是角度测量单位、本初子午线和大地基准面。图 3.11 为 ArcGIS 软件的地理坐标系属性界面。

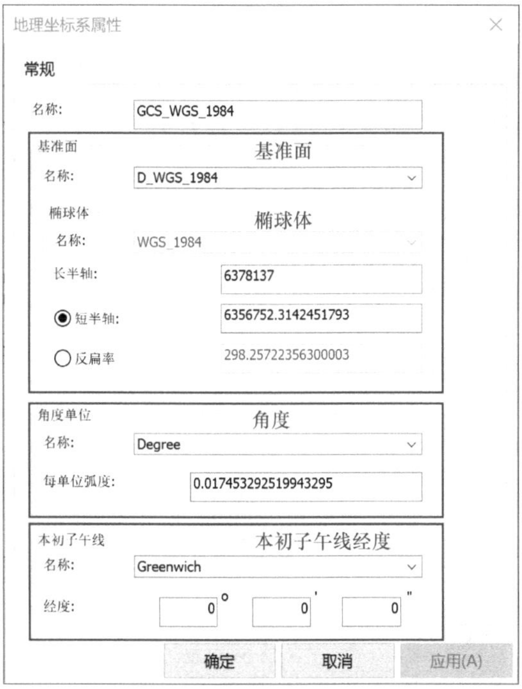

图 3.11　地理坐标系属性界面

3.2.5　投影坐标系

1. 地图投影

地图投影是利用一定的数学法则把地球表面上点位的经度、纬度坐标转换到地图平面上的理论和方法。因为地球是一个赤道略宽两极略扁的不规则梨形球体，故其表面是一个不可展平的曲面，所以运用任何数学方法进行这种转换都会产生误差和变形。这种变形包括长度变形、角度变形和面积变形。为满足不同的需求缩小误差和变形，就产生了各种投影方法。

地图投影按照变形性质可分为等角投影(角度变形为零，如 Mercator 投影)、等积投影(面积变形为零，如 Albers 投影)和任意投影(长度、角度和面积都存在变形)；按照投影面类型可分为圆柱投影(投影面为圆柱)、圆锥投影(投影面为圆锥)和方位投影(投影面为平面)，如图 3.12 所示；按照投影面中心轴和地轴关系可分为正轴投影(投影面中心轴和地轴重合)、斜轴投影(投影面中心轴和地轴斜交)、横轴投影(投影面中心轴和地轴垂直)；按照投影面和椭球体位置关系可分为相切投影(投影面与椭球体相切)和相割投影(投影面与椭球体相割)。

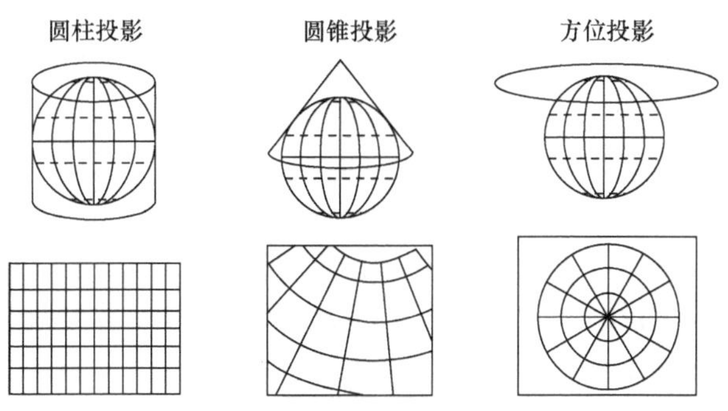

图 3.12　圆柱投影、圆锥投影和方位投影

2. 投影坐标系的建立

投影坐标系的建立是在地理坐标系基础上进行的，它通过投影公式将地理坐标系中的经度和纬度转换为平面坐标系中的(X,Y)坐标值。事实上：

投影坐标系 = **地理坐标系**(如北京 54 地理坐标系、WGS84 地理坐标系)
　　　　　　+ **投影方法**(如高斯-克吕格投影、Lambert 投影、Mercator 投影)
　　　　　　+ **线性单位**(如 m、km)

因此，可以利用地理坐标系(GCS)、投影方法、线性单位三要素来构造一个投影坐标系统，如图 3.13 所示。

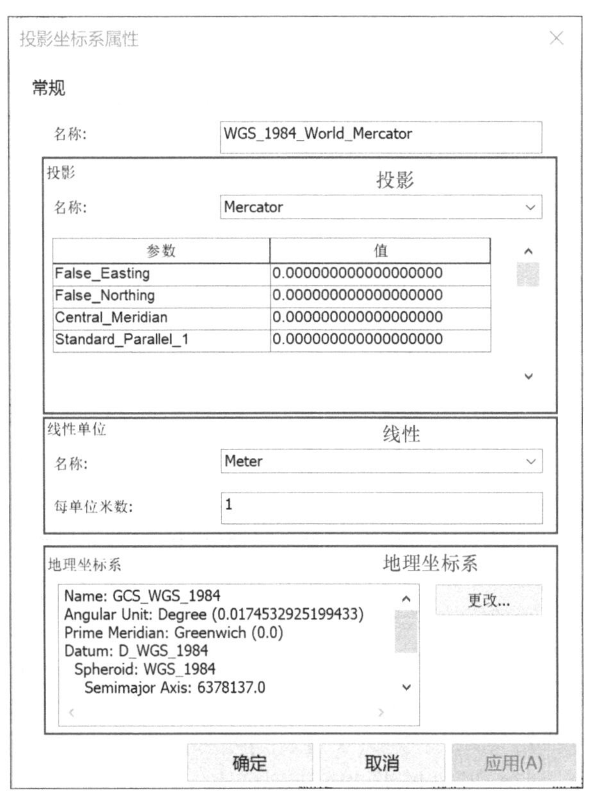

图 3.13　投影坐标系定义的属性界面

3.2.6　代码分析：CGCS2000 国家大地坐标系及其高斯投影坐标系的创建

ArcGIS Engine 提供了一系列对象供开发者管理 GIS 的坐标系统。对大部分开发者而言，了解 ProjectedCoordinateSystem、GeographicCoordinateSystem、SpatialReference Environment 这三个组件类是进行应用开发的基础。对于高级开发而言，可能需要自定义坐标系统使用这些对象：Projection、Datum、AngularUnit、Spheroid、PrimeMeridian 和 GeoTransformation 等。

下面，笔者将和大家一起分析 CSpatialReferenceHelper 这个类，该类用于创建 CGCS2000 的椭球体、大地基准面、地理坐标系以及高斯投影坐标系，其功能主要有：①创建空间参考；②创建投影坐标系；③创建地理坐标系；④投影坐标和地理坐标的相互转换；⑤创建 CGCS2000 大地椭球体；⑥创建 CGCS2000 大地基准面；⑦创建 CGCS2000 椭球下的地理坐标系；⑧创建 CGCS2000 椭球下的高斯投影坐标系。

【代码 3.3】　CSpatialReferenceHelper 类，用于进行空间参考的管理
(参见本书配套代码 Shared.Base 工程中的 CSpatialReferenceHelper.cs)

```
public class CSpatialReferenceHelper
{
    public static ISpatialReferenceFactory3 G_SpatialReferenceFactory = null;

    //创建空间参考工厂对象(实例化 G_SpatialReferenceFactory)
    public static void CreaetSpatialReferenceFactory()
    {
        // 如果 G_SpatialReferenceFactory 为空，则用
        //SpatialReferenceEnvironmentClass 的对象对其进行实例化
            if(G_SpatialReferenceFactory == null)
            G_SpatialReferenceFactory = new
                SpatialReferenceEnvironmentClass();
    }

    //根据空间参考的 ID 创建空间参考对象
    public static ISpatialReference3 CreateSpatialReference(int
        spatialReferenceID)
    {
        //创建空间参考工厂
            CreaetSpatialReferenceFactory();
        //用 ISpatialReference3 的 CreateSpatialReference 方法创建空间参考对象
            ISpatialReference3 spatialReference =
            G_SpatialReferenceFactory.CreateSpatialReference
            (spatialReferenceID) as ISpatialReference3;
            return spatialReference;
    }

    //创建投影坐标系
    public static IProjectedCoordinateSystem CreatePRJS(int PRJS_ID)
    {
        //创建空间参考工厂
            CreaetSpatialReferenceFactory();
        //用 ISpatialReference3 的 CreateProjectedCoordinateSystem 方法
        //创建投影坐标系
            IProjectedCoordinateSystem pPrjCS =
            G_SpatialReferenceFactory.CreateProjectedCoordinateSystem
            (PRJS_ID);
        return pPrjCS;
```

```
}

//创建地理坐标系
public static IGeographicCoordinateSystem CreateGCS(int GCS_ID)
{
    //创建空间参考工厂
        CreaetSpatialReferenceFactory();
    //用 ISpatialReference3 的 CreateGeographicCoordinateSystem 方法
    //创建地理坐标系
    IGeographicCoordinateSystem pGCS =
    G_SpatialReferenceFactory.CreateGeographicCoordinateSystem(GCS_ID);
    return pGCS;
}

//坐标转换：由投影坐标系转换至地理坐标系
public static IPoint PRJtoGCS(double x, double y, //待转换的投影坐标
        IGeographicCoordinateSystem pGCS,   //地理坐标系统
        IProjectedCoordinateSystem pPrjCS //投影坐标系统
)
{
        try
        {
            //创建 PointClass 对象，并对其进行赋值
             IPoint pPoint = new PointClass();
             pPoint.PutCoords(x, y);
           //设置 pPoint 的当前的空间参考，投影坐标系 pPrjCS
             pPoint.SpatialReference = pPrjCS;
          //将投影坐标转换为 pGCS 中的地理坐标
             pPoint.Project(pGCS);

             return pPoint;
        }
        catch (Exception e)
        {
              CLog.LOG("CSpatialRef::PRJtoGCS()出现异常");
              CLog.LOG(e.Message);
              return null;
        }
}
```

```
//Geometry 的坐标转换：由投影坐标系转换至地理坐标系
public static void PRJToGCS(IGeographicCoordinateSystem pGCS, //地理坐标系
    IProjectedCoordinateSystem pPrjCS,  //投影坐标系统
    IGeometry geometry)  //待转换的几何实体 geometry
{
    //设置 geometry 的当前的空间参考，投影坐标系 pPrjCS
        geometry.SpatialReference = pPrjCS;
    //将 geometry 的投影坐标转换为 pGCS 中的地理坐标
        geometry.Project(pGCS);
        geometry = null;
}

//Geometry 的坐标转换：由地理坐标系转换至投影坐标系
public static void GCSToPRJS(IGeographicCoordinateSystem pGCS,//地理坐标系
    IProjectedCoordinateSystem pPrjCS, //投影坐标系
    IGeometry geometry)//待转换的几何实体
{
    geometry.SpatialReference = pGCS;
    geometry.Project(pPrjCS);
    geometry = null;
}

//创建 CGCS2000 大地椭球体
private static ISpheroid DefineSpheroid_CGCS2000()
{
   //创建椭球体对象
    ISpheroid spheroid = new SpheroidClass();
    //接口转换,将 ISpheroid 转换至 ISpheroidEdit 接口
    ISpheroidEdit spheroidEdit = spheroid as ISpheroidEdit;
    //定义椭球体对象的参数
    object name = "S_CGCS2000";     //名称
    object alias = "S_CGCS2000";     //别名
    object abbreviation = "S_CGCS2000";  //缩写
    object remarks = "CGCS2000 大地椭球体";  //注释
    object majorAxis = 6378137.00;  //长半轴长度
    object flattening = 0.003352811;  //扁率
    spheroidEdit.Define(ref name,
        ref alias,
        ref abbreviation,
        ref remarks,
```

```
            ref majorAxis,
            ref flattening
            );

        return spheroidEdit as ISpheroid;
    }

    //定义 CGCS2000 大地基准
    private static IDatum DefineDatum_CGCS2000()
    {
        //创建 CGCS2000 大地椭球体
         ISpheroid sphere = DefineSpheroid_CGCS2000();
       //创建大地基准对象 DatumClass
         IDatum datum = new DatumClass();
         //接口转换：将 IDatum 接口转换至 IDatumEdit 接口
         IDatumEdit datumEdit = datum as IDatumEdit;
         //定义 CGCS2000 大地基准的参数
         object name = "D_CGCS2000";   //名称
         object alias = "D_CGCS2000";   //别名
         object abbreviation = "D_CGCS2000";   //缩写
         object remarks = "中国 CGCS2000 大地基准面";   //注释
         object spheroid = sphere;
         datumEdit.Define(ref name,
              ref alias,
              ref abbreviation,
              ref remarks,
              ref spheroid);

         return datum;
    }

    //创建 CGCS2000 大地坐标系
    public static IGeographicCoordinateSystem DefineGCS_CSCS2000()
    {
        //创建空间参考工厂对象(实例化 G_SpatialReferenceFactory)
         CreaetSpatialReferenceFactory();
        //创建地理坐标系
         IGeographicCoordinateSystem geoCoordSys = new
              GeographicCoordinateSystemClass();
         //将 IGeographicCoordinateSystem 转换为 IGeographicCoordinateSystemEdit
```

```
        IGeographicCoordinateSystemEdit geoCoordSysEdit =
            (IGeographicCoordinateSystemEdit)geoCoordSys;
        //创建 CGCS2000 大地基准面
        IDatum datum = DefineDatum_CGCS2000();
        //中央子午线
        IPrimeMeridian primeMeridian =
            G_SpatialReferenceFactory.CreatePrimeMeridian(
            (int)esriSRPrimeMType.esriSRPrimeM_Greenwich);
        //角度单位
        IAngularUnit angularUnits = G_SpatialReferenceFactory.CreateUnit(
            (int)esriSRUnitType.esriSRUnit_Degree) as IAngularUnit;
        //定义 CGCS2000 大地基准下的地理坐标系统
        geoCoordSysEdit.DefineEx("GCS_CGCS2000",
            "GCS_CGCS2000",
            "GCS_CGCS2000",
            "中国 2000 大地坐标系",
           "",
           datum,
           primeMeridian,
           angularUnits);

        //释放对象
         geoCoordSysEdit = null;
         datum = null;
         primeMeridian = null;
         angularUnits = null;

           return geoCoordSys;
}

//创建 CGCS2000 大地椭球下的高斯投影坐标系
public static IProjectedCoordinateSystem DefinePrjsGauss_CGCS2000(
      int zoneNumber,  //高斯投影代号
      double center)   //中央经线
{
      //创建空间参考工厂对象(实例化 G_SpatialReferenceFactory)
      CreaetSpatialReferenceFactory();
    //实例化投影坐标系对象
      IProjectedCoordinateSystemEdit projectedCoordinateSystemEdit = new
          ProjectedCoordinateSystemClass();
```

```
//定义 CGCS2000 椭球下的地理坐标系
 IGeographicCoordinateSystem geographicCoordinateSystem =
     DefineGCS_CSCS2000();
//定义长度单位：米
 ILinearUnit unit = G_SpatialReferenceFactory.CreateUnit(
     (int)esriSRUnitType.esriSRUnit_Meter) as ILinearUnit;
 //用 G_SpatialReferenceFactory 的 CreateProjection 方法创建高斯投影对象
IProjectionGEN projection = G_SpatialReferenceFactory.CreateProjection
    ((int)esriSRProjectionType.esriSRProjection_GaussKruger) as
    IProjectionGEN;
//设置高斯投影坐标系的参数
 object missing = Type.Missing;
 object name = "PRJ_CGCS2000_" + zoneNumber.ToString();
 object alias = "PRJ_CGCS2000_" + zoneNumber.ToString();
 object abbreviation = "PRJ_CGCS2000_" + zoneNumber.ToString();
 object remarks = "中国 2000 大地椭球高斯投影系" + zoneNumber + "带号";
 object usage = "";
 object geographicCoordinateSystemObject = geographicCoordinateSystem
     as object;//高斯投影坐标系对应的地理坐标系
 object unitObject = unit as object;  //长度单位
 object projectionObject = projection;  //投影方式-高斯投影

//定义高斯投影坐标系
 projectedCoordinateSystemEdit.Define(
 ref name,
 ref alias,
 ref abbreviation,
 ref remarks,
 ref usage,
 ref geographicCoordinateSystemObject,
 ref unitObject,
 ref projectionObject,
 ref missing);

//接口转换
 IProjectedCoordinateSystem4GEN projectedCoordinateSystem =
     projectedCoordinateSystemEdit as IProjectedCoordinateSystem4GEN;
 //设置偏移量：西移 500000 米(即 500 公里)+ 投影代号 * 1000000
projectedCoordinateSystem.FalseEasting = 500000 + zoneNumber * 1000000;
 projectedCoordinateSystem.FalseNorthing = 0;
```

```
        //设置中央经线
          projectedCoordinateSystem.set_CentralMeridian(true, center);
          //设置比例因子
        projectedCoordinateSystem.ScaleFactor = 1;
          //保存对投影坐标系定义的修改内容
        projectedCoordinateSystem.Changed();

        //释放对象
          projectedCoordinateSystemEdit = null;
          geographicCoordinateSystem = null;
          unit = null;
          projection = null;

          return projectedCoordinateSystem as IProjectedCoordinateSystem;
      }
  }
```

上述代码，详细给出了 CGCS2000 大地坐标系及其高斯投影坐标系的创建过程。国家大地坐标系是测制国家基本比例尺地图的基础。《中华人民共和国测绘法》规定，中国建立全国统一的大地坐标系统。2000 国家大地坐标系，是我国当前最新的国家大地坐标系，英文名称为 China Geodetic Coordinate System 2000，英文缩写为 CGCS2000。2008 年 4 月国务院批准了由国土资源部上报的《关于中国采用 2000 国家大地坐标系的请示》。自 2008 年 7 月 1 日起，中国全面启用 2000 国家大地坐标系。

CGCS2000 国家大地坐标系是全球地心坐标系在我国的具体体现，其原点为包括海洋和大气的整个地球的质量中心。Z 轴指向 BIH1984.0 定义的协议极地方向(BIH 国际时间局)，X 轴指向 BIH1984.0 定义的零子午面与协议赤道的交点，Y 轴按右手坐标系确定。2000 国家大地坐标系采用的地球椭球参数如下：

长半轴：a= 6378137m

扁率：f = 1/298.257222101

地心引力常数：GM = 3.986004418×10^{14}m^3/s^2

自转角速度：ω = 7.292115×10^{-5}rad/s

创建 CGCS2000 国家大地坐标系的流程如图 3.14 所示。

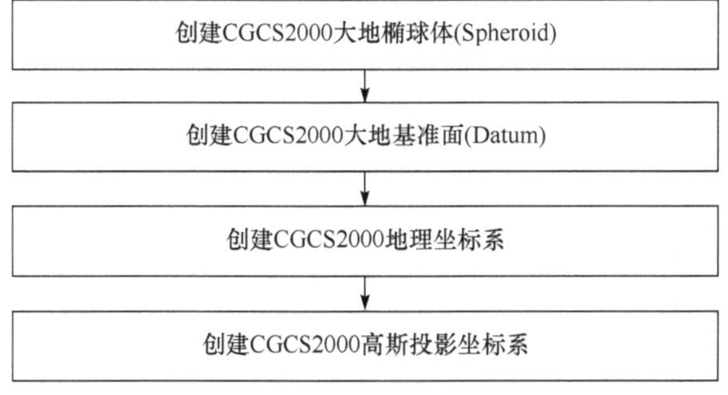

图 3.14　创建 CGCS2000 国家大地坐标系的流程

3.3 地理实体

地理实体是地图上最基本的地理内容，是具有位置、分布特点和相互关系的地理事物、地理现象的统称，是构成地图的基本要素。

地图能够以可视化的方式对地理实体(点、线、面等)进行渲染。地理实体通常由两部分构成：Geometry 和 Symbol。Geometry 指的是几何对象(Point、PolyLine、Polygon 等)，给出了地理实体的空间位置信息；Symbol 是地图符号，确定了地理实体采用什么样的符号去展现，如 MarkerSymbol 用于渲染点状地理实体，LineSymbol 用于渲染线状地理实体，而 FillSymbol 则用于绘制面状地理实体(参见 4.3 节)。ArcGIS 中，地理实体可以分为两种：地理要素(Feature)和图形元素(Element)。

3.3.1 地理要素

地理要素，简称为要素。ArcGIS 对其解释如下：A representation of a real-world object on a map，即客观世界的对象在地图上的表示。要素是对真实世界地理实体的抽象表达，这种表达通常以点、线、面(多边形)等几何图形进行抽象，也就是我们常说的点、线、面数据。使用过程中，这些数据通常有其独立的存储和表达形式，如 Shapefile、Coverage、File GDB、Personal GDB 等。地理要素显示时由要素图层(FeatureLayer)承载，它是要素类(FeatureClass)中的一个对象。此外，地理要素还有一个重要的特征，就是每个要素都有存储在属性表中的描述数据，这些数据由 FeatureClass 的字段所定义，与几何图形一一对应。

我们在开发过程中，通过 IFeature 接口对地理要素进行操作。IFeature 接口如下：

```
public interface IFeature : IObject
{
    IEnvelope Extent { get; }
    esriFeatureType FeatureType { get; }
    IFields Fields { get; }
    bool HasOID { get; }
    int OID { get; }
    IGeometry Shape { get; set; }
    IGeometry ShapeCopy { get; }
    ITable Table { get; }
    void Delete();
    object get_Value(int Index);
    void set_Value(int Index, object Value);
    void Store();
}
```

从接口定义可以了解，IFeature 接口派生于 IObject 接口，而 IObject 接口又从 IRow 接口继承而来。IFeature 接口扩展了其继承的 IObject 和 IRow 接口，增加了对要素形状的处理。其中，Shape 属性表示要素的几何图形，确定了地理要素的空间位置，将 ArcGIS 的 Geomtry(几何对象模型)与 Geodatabase(地理数据库)模型有机联系起来。ShapeCopy 属性是 Shape 的副本，常用于要素的几何形状修改，能够避免对原有几何图形的影响。Extent 属性表示地理要素的外接矩形，FeatureType 属性用于描述要素的几何类型，Fields 属性是要素绑定的属性字段，这些字段可以通过 get_Value()和 set_Value()进行读写操作。Delete()用于删除一个要素，Store()用于保存一个要素。

下面通过等高线数据转换的实例，来分析地理要素的创建和几何实体构造的过程。

3.3.2　代码分析：等高线数据转换与渲染

本例主要实现利用数据文件转换生成等高线，该实例读取等高线数据，创建 Shp 文件，并将等高线图层添加到地图控件中进行渲染(图 3.15)。其代码如下。

【代码 3.4】　文本数据文件中的等高线转换为 Shp 图层
(参见本书配套代码 App.Geometry.Contour 工程中的 CContourMarker.cs)

图 3.15　文本数据文件转换为等高线图层运行结果

```
public partial class Form_Main : Form
{
    CContourMarker _pContourMarker = null;//定义 CContourMarker 对象

    public Form_Main()
    {
        InitializeComponent();
    }

    private void ToolStripMenuItem_Exit_Click(object sender, EventArgs e)
    {
```

```
        Close();
    }

    private void ToolStripMenuItem_CreateContour_Click(object sender, EventArgs e)
    {
        _pContourMarker = new CContourMarker();//为 CContourMarker 对象分配内存
        _pContourMarker.CreateContour(this.axMapControl_Main);//生成等高线图层
    }

    private void FormMain_Load(object sender, EventArgs e)
    {
        WindowState = FormWindowState.Maximized;
    }
}
```

上述代码逻辑比较简单，主要是定义了 CContourMarker 类的一个对象。当用户单击菜单时，调用 CContourMarker 类的 CreateContour( )函数生成 Shp 文件，并将其添加至地图控件中。因此，下面接着对 CContourMarker 类代码进行分析。

【代码 3.5】 CContourMarker 类代码

(参见本书配套代码 App.Geometry.Contour 工程中的 CContourMarker.cs)

CContourMarker 类的作用是读取数据文件，等高线文本数据文件结构如图 3.16 所示，将数据文件中的坐标数据转换为等高线 Shp 图层，其主要思路如下：

contour_data.txt - 记事本
文件(F) 编辑(E) 格式(O) 查看(V) 帮助(H)

等高线编号
等高线点数
等高线坐标串

```
左下角经度:110
左下角纬度:36
数据单位:秒
坐标系统:CGCS2000
  1     10
1728.060401  14400.117146  1724.900000  14388.999914  1717.900000  14378.999914  1709.100000  14370.999914  1693.100000  14378.999
1683.900000  14378.999914  1667.987723  14372.860560  1653.100000  14368.999914  1652.379351  14380.195308  1664.318659  14400.213
  2     6
414.000000  14361.999914  407.100000  14370.999914  391.100000  14366.999914  396.100000  14359.999914  406.900000  14356.99991
414.000000  14361.999914
  3     10
708.000000  14344.999914  716.900000  14356.999914  726.100000  14360.999914  735.100000  14359.999914  742.900000  14351.99991
742.900000  14342.999914  724.100000  14330.999914  714.100000  14332.999914  708.100000  14337.999914  708.000000  14344.99991
  4     5
3837.000000  14394.999914  3844.100000  14396.999914  3846.100000  14391.999914  3835.100000  14388.999914  3837.000000  14394.999
  5     7
3785.000000  14386.999914  3773.900000  14386.999914  3764.100000  14379.999914  3777.900000  14371.999914  3788.900000  14370.999
3798.100000  14380.999914  3785.000000  14386.999914
  6     8
1021.000000  14339.999914  1020.900000  14351.999914  1027.100000  14361.999914  1037.100000  14362.999914  1042.900000  14359.999
1040.900000  14333.999914  1032.100000  14329.999914  1021.000000  14339.999914
  7     7
435.000000  14323.999914  435.100000  14334.999914  417.900000  14343.999914  413.900000  14338.999914  416.100000  14323.99991
423.100000  14317.999914  435.000000  14323.999914
  8     7
491.000000  14324.999914  496.100000  14333.999914  489.100000  14342.999914  468.100000  14342.999914  459.900000  14324.99991
473.100000  14319.999914  491.000000  14324.999914
  9     7
568.000000  14325.999914  571.100000  14333.999914  567.100000  14336.999914  549.900000  14336.999914  549.100000  14330.99991
```

第 1 行，第 1 列　100%　Windows (CRLF)　ANSI

图 3.16　等高线文本数据文件结构

(1) 利用文件流和 StreamReader 对象打开文件。

(2) 读取文件头，获得坐标系统(CGCS2000)，左下角点的经度、纬度以及角度单位。值得注意的是，本数据文件的角度单位是秒，因此在构造等高线结点时，需要将秒转换为度，方法是用坐标值除以 3600。

(3) 创建 Shape 文件，获得插入游标(Insert Cursor)，准备写入数据。

(4) 读取等高线的编号、点数、坐标串数据，构造一条等高线数据，并将该等高线放入 FeatureBuffer。

(5) 对每一条等高线数据循环执行步骤(4)。

(6) 保存写入内容，结束编辑操作。

(7) 将生成的 Shape 图层加载到地图控件中。

```
public class CContourMarker
{
    private string _szWorkSpaceDir;//工作空间目录
    private string _szFeatureClassName;//要素类名称

    private double _dbL0;//左下角经度
    private double _dbB0;//左下角纬度
    private string _szContourTxtFile;//数据文件路径
    private object _pMissing = Type.Missing;//默认参数

    private IWorkspaceFactory _pWorkSpaceFac;//工作空间工厂
    private IFeatureWorkspace _pFeatureWorkSpace;//要素工作空间
    private ISpatialReference _pSpatialReference;//空间参考
    private IFeatureClass _pFeatureClass;//等高线要素类

    //默认构造函数
    public CContourMarker()
    {
        _szContourTxtFile = "";
        _dbL0 = 0;
        _dbB0 = 0;
        //创建 Shape 文件工作空间工厂
        _pWorkSpaceFac = new ShapefileWorkspaceFactoryClass();
    }

    protected void CreateContour()
    {
        try
        {
            //创建 OpenFileDialog，打开数据文件
            OpenFileDialog pOfd = new OpenFileDialog();
            pOfd.Title = "打开等高线数据文件";
            pOfd.Filter = "txt 文件(*.txt)|*.txt";
```

```
pOfd.InitialDirectory = Application.StartupPath + "\\Data\\";
if (pOfd.ShowDialog() == DialogResult.OK)
{
    _szContourTxtFile = pOfd.FileName;//获取等高线文件路径及名称
    //获取要素类名称
    _szFeatureClassName = System.IO.Path.GetFileNameWithoutExtension
        (_szContourTxtFile) + "_" + DateTime.Now.ToFileTime().ToString();
    //获得工作空间目录
    _szWorkSpaceDir = System.IO.Path.GetDirectoryName(_szContourTxtFile);
    System.IO.FileStream pFileStream = new System.IO.FileStream
        (_szContourTxtFile, FileMode.Open);//创建 FileStream 文件流对象
    //创建 StreamReader 对象，并绑定到文件流 pFileStream
    StreamReader pStreamReader = new StreamReader
        (pFileStream, Encoding.GetEncoding("GB2312"));
    _pWorkSpaceFac =
        new ShapefileWorkspaceFactory();//创建 Shape 文件工作空间工厂
    //利用 Shape 文件工作空间工厂打开 Shape 文件工作空间
    IWorkspace pWks = _pWorkSpaceFac.OpenFromFile(_szWorkSpaceDir, 0);
    //强制类型转换为 IFeatureWorkspace
    _pFeatureWorkSpace = pWks as IFeatureWorkspace;
    if (_pFeatureWorkSpace == null)
        return;

    //_pFeatureWorkSpace 接口转换至 IWorkspaceEdit
    IWorkspaceEdit pEdit = _pFeatureWorkSpace as IWorkspaceEdit;
    pEdit.StartEditing(true);//工作空间开始编辑
    pEdit.StartEditOperation();//工作空间启动编辑操作

    //读取左下角经度坐标
    string szLine = pStreamReader.ReadLine();
    string [] szs = szLine.Split(':');
    _dbL0 = double.Parse(szs[1]);
    //读取左下角纬度坐标
    szLine = pStreamReader.ReadLine();
    szs = szLine.Split(':');
    _dbB0 = double.Parse(szs[1]);
    //角度单位
    szLine = pStreamReader.ReadLine();
    //坐标系统
    szLine = pStreamReader.ReadLine();
```

```
if (szLine == "坐标系统:CGCS2000")
    _pSpatialReference =
        Shared.Base.CSpatialReferenceHelper.DefineGCS_CSCS2000();
else
    _pSpatialReference = new UnknownCoordinateSystemClass();

//创建 Shape 文件的几何字段，用于存储空间坐标数据
CShapeGeoFieldParams pGeoFieldParams = new CShapeGeoFieldParams();
//等高线是线状实体，因此几何字段的类型是 Polyline
pGeoFieldParams.m_geoType = esriGeometryType.esriGeometryPolyline;
//设置几何字段的空间参考系统
pGeoFieldParams.m_refSys = _pSpatialReference as ISpatialReference2;
pGeoFieldParams.m_sShapeFldName = "Shape";//几何字段的名称

//创建 Shape 文件，返回等高线要素类
_pFeatureClass = Shared.Base.CShapeFileHelper.GetInstance().
    CreateShapeFile(
        _pFeatureWorkSpace,
        _szWorkSpaceDir,
        _szFeatureClassName,
        pGeoFieldParams,
        null);
//使用 FeatureClass 的 Insert 函数，返回一个游标
//用于向等高线要素类中插入数据
IFeatureCursor pFeatureCursor = _pFeatureClass.Insert(true);
//创建要素内存缓冲区(此方式效率较高)
IFeatureBuffer pFeatureBuffer = _pFeatureClass.CreateFeatureBuffer();

for (; ;)
{
    szLine = pStreamReader.ReadLine();//读取一行数据
    //如果没有读到数据说明已到文件末尾
    if (szLine == null || szLine == "")
        break;

    szs = szLine.Split(new char[] { ' ' },
        StringSplitOptions.RemoveEmptyEntries);
    int nID = int.Parse(szs[0]);//每条等高线的编号
    int nNum = int.Parse(szs[1]);//每条等高线的点数
```

```
List<string> pPointStr = new List<string>();

//循环读取每条等高线的点数据，并保存至 pPointStr 中
for (; ; )
{
    szLine = pStreamReader.ReadLine();
    szs = szLine.Split(new char[] { ' ' },
        StringSplitOptions.RemoveEmptyEntries);
    for (int n = 0; n < szs.Length; n++)
        pPointStr.Add(szs[n]);

    if (pPointStr.Count >= nNum * 2)
        break;
}

IPolyline pPolyline = new PolylineClass();//创建 Polyline 对象
//接口转换至 IPointCollection4
IPointCollection4 pPoints = pPolyline as IPointCollection4;

//循环处理 pPointStr 中的坐标字符串
for (int n = 0; n < pPointStr.Count; n+=2)
{
    //计算坐标点的经度：左下角点经度 + 数据值/3600
    //除以 3600 的原因是数据文件中数值的角度单位是秒
    double l = _dbL0 + double.Parse(pPointStr[n]) / 3600;
    //计算坐标点的纬度：左下角点纬度 + 数据值/3600
    //除以 3600 的原因是数据文件中数值的角度单位是秒
    double b = _dbB0 + double.Parse(pPointStr[n + 1]) / 3600;

    //创建点对象
    IPoint pPoint = new PointClass();
    pPoint.X = l;
    pPoint.Y = b;

    //将点对象增加至 pPolyline 中
    pPoints.AddPoint(pPoint, ref _pMissing, ref _pMissing);

    Shared.Base.CGlobalShared.GetInstance().DisposeComObj(pPoint);
}
```

```
                pPolyline.SpatialReference = _pSpatialReference;//设置空间参考
                pFeatureBuffer.Shape = pPolyline as IGeometry;//设置几何对象

                //增加一条等高线至 FeatureBuffer 中
                pFeatureCursor.InsertFeature(pFeatureBuffer);

                Shared.Base.CGlobalShared.GetInstance().DisposeComObj(pPolyline);
                Shared.Base.CGlobalShared.GetInstance().DisposeComObj(pPoints);
            }

            pFeatureCursor.Flush();//提交新插入的等高线数据，并清空缓冲区
            pEdit.StopEditOperation();//工作空间结束编辑操作
            pEdit.StopEditing(true);//工作空间停止编辑

            Shared.Base.CGlobalShared.GetInstance().DisposeComObj(pFeatureBuffer);
            Shared.Base.CGlobalShared.GetInstance().DisposeComObj(pFeatureCursor);

        }
    }
    catch (Exception error)
    {
        MessageBox.Show(error.Message);
    }
  }

  public void CreateContour(AxMapControl axMapCtrl)
  {
    CreateContour();
    axMapCtrl.AddShapeFile(_szWorkSpaceDir,_szFeatureClassName);//增加至图层
    axMapCtrl.Extent = axMapCtrl.FullExtent;
    axMapCtrl.ActiveView.Refresh();//刷新活动视图
  }
}
```

在上述代码中使用到了 CShapeGeoFieldParams 类和 CShapeFileHelper 类的 CreateShape File 函数，用于创建 Shape 文件，本例创建 Shape 文件的过程中，并没有定义属性字段，只定义了其几何字段结构，代码分析如下。

【代码 3.6】 CShapeFileHelper 类代码

(参见本书配套代码 Shared.Base 工程中的 CShapeFileHelper.cs)

```
//Shape 文件的属性字段参数类，作为创建 Shape 文件时的参数
public class CShapeAttriFieldParams
```

```
{
    public string m_sName;//属性字段名称
    public int m_iLength;//字段长度
    public esriFieldType m_fldType;//字段类型
}

//Shape 文件的空间几何字段参数类，作为创建 Shape 文件时的参数
public class CShapeGeoFieldParams
{
    public string m_sShapeFldName;//几何字段名称
    public esriGeometryType m_geoType;//地理要素类型
    public ISpatialReference2 m_refSys = null;//空间参考系统
}

//CShapeFileHelper 类用于创建 Shape 文件
public class CShapeFileHelper
{
    //单例模式
    private volatile static CShapeFileHelper _pInstance = null;
    private static readonly object _pLockHelper = new object();
    private CShapeFileHelper() { }
    public static CShapeFileHelper GetInstance()
    {
        if (_pInstance == null)
        {
            lock(_pLockHelper)
            {
                if (_pInstance == null)
                    _pInstance = new CShapeFileHelper();
            }
        }
        return _pInstance;
    }

    //CreateShapeFile 函数创建 Shape 文件
    public IFeatureClass CreateShapeFile(IFeatureWorkspace pFWS,
        string strFolder, //要创建的 Shape 文件所在的目录
        string strName, //要素类的名称
        CShapeGeoFieldParams geoParams, //几何字段参数结构
        CShapeAttriFieldParams[] attriParams//属性字段参数(没有属性字段，设为 null)
```

```
    )
{
    try
    {
        //定义字段对象
        IFields pFields = new ESRI.ArcGIS.Geodatabase.FieldsClass();
        //转换至 IFieldsEdit 接口，用于增加字段
        IFieldsEdit pFieldsEdit = pFields as IFieldsEdit;

        #region 创建空间字段
        IField pGeoFld = CreateShapeGeoField(
            geoParams.m_sShapeFldName,
            geoParams.m_geoType,
            geoParams.m_refSys);
        pFieldsEdit.AddField(pGeoFld);
        CCommonUtils.GetInstance().DisposeComObj(pGeoFld);
        pGeoFld = null;
        #endregion

        #region 创建属性字段
        IField pField = null;
        if (attriParams != null)
        {
            for (int i = 0; i < attriParams.Length; i++)
            {
                pField = CreateShapeAttriField(
                    attriParams[i].m_sName,
                    attriParams[i].m_iLength,
                    attriParams[i].m_fldType);
                pFieldsEdit.AddField(pField);
                CCommonUtils.GetInstance().DisposeComObj(pField);
                pField = null;
            }
        }
        #endregion

        //调用 IFeatureWorkspace 接口的 CreateFeatureClass 函数，创建 Shape 文件
        IFeatureClass pFC = pFWS.CreateFeatureClass(strName,
            pFields,
            null,
```

```
                null,
                  esriFeatureType.esriFTSimple,
                geoParams.m_sShapeFldName,
                "");

            #region 释放 COM 对象
            CCommonUtils.GetInstance().DisposeComObj(pFieldsEdit);
            CCommonUtils.GetInstance().DisposeComObj(pFields);
            //CCommonUtils.GetInstance().DisposeComObj(pFC);
            #endregion

            return pFC;
        }
        catch (Exception e)
        {
            Exception ex = new Exception("CreateShapeFile()出现异常，请处理!\n"
                + e.Message);
            CLog.LOG("CreateShapeFile()出现异常，请处理!");
        }

        return null;
    }

    //创建几何字段
    public IField CreateShapeGeoField(string name, //几何字段名称
        esriGeometryType geoType, //几何实体类型
        ISpatialReference2 refSys//空间参考系统
        )
    {
        try
        {
            IField pField = new FieldClass();//创建字段对象
            IFieldEdit pFieldEdit = pField as IFieldEdit;//接口转换至 IFieldEdit
            pFieldEdit.Name_2 = name;//设置字段名字
            //设置字段类型为几何字段
            pFieldEdit.Type_2 = esriFieldType.esriFieldTypeGeometry;

            //设置几何字段的基本定义：几何类型和空间参考
            IGeometryDef pGeomDef = new GeometryDefClass();
            IGeometryDefEdit pGeomDefEdit = pGeomDef as IGeometryDefEdit;
```

```
            pGeomDefEdit.GeometryType_2 = geoType;
            pGeomDefEdit.SpatialReference_2 = refSys;
            pFieldEdit.GeometryDef_2 = pGeomDef;

            //释放 COM 对象
            CCommonUtils.GetInstance().DisposeComObj(pGeomDefEdit);
            pGeomDefEdit = null;
            CCommonUtils.GetInstance().DisposeComObj(pGeomDef);
            pGeomDef = null;

            pFieldEdit = null;

            return pField;
        }
        catch (Exception e)
        {
            Exception ex = new Exception("CreateShapeGeoField()出现异常，请处理!\n"
                + e.Message);
            throw ex;
        }
    }

    //创建属性字段
    public IField CreateShapeAttriField(string name,//属性字段名称
        int length,//长度
        esriFieldType type//类型
        )
    {
        try
        {
            IField pField;
            IFieldEdit pFieldEdit;
            pField = new FieldClass();
            pFieldEdit = pField as IFieldEdit;
            pFieldEdit.Name_2 = name;
            pFieldEdit.Type_2 = type;
            if (type == esriFieldType.esriFieldTypeString)
                pFieldEdit.Length_2 = 80;

            return pField;
```

```
            }
            catch (Exception e)
            {
                Exception ex = new Exception("CreateShapeAttriField()出现异常，请处理!\n"
                    + e.Message);
                throw ex;
            }
        }
    }
```

3.3.3 图形元素

Element 是元素，通常也称作 Map Element(地图元素)，它同样由 Geometry 和 Symbol 两部分构成，它和地理要素(Feature)的区别主要有：

(1) Element 没有属性表，没有对元素属性的描述和刻画。

(2) Element 并不是由 FeatureLayer 承载，而是由图形容器(Graphics Container)管理。

(3) Graphics Container 作为图形元素的容器，其本质也是一种图层，是一种特殊图层 GraphicsLayer。GraphicsLayer 可以通过接口转换为 Graphics Container。

常用的图形元素包括 GroupElement、MarkerElement、LineElement、TextElement、DataElement、PictureElement 和 FillShapeElement 等对象，它们都实现了 IElement 接口。IElement 接口为所有的图形元素定义了共同特征，其接口定义如下：

```
public interface IElement
{
    IGeometry Geometry { get; set; }
    bool Locked { get; set; }
    ISelectionTracker SelectionTracker { get; }
    void Activate(IDisplay Display);
    void Deactivate();
    void Draw(IDisplay Display, ITrackCancel TrackCancel);
    bool HitTest(double x, double y, double Tolerance);
    void QueryBounds(IDisplay Display, IEnvelope Bounds);
    void QueryOutline(IDisplay Display, IPolygon Outline);
}
```

其中，Geometry 属性定义了图形元素的几何实体，Locked 属性用于设置图形元素的锁定状态，ISelectionTracker 接口可以实现对图形元素的拖动、旋转、缩放处理；通过实现 Activate、Deactivate、Draw、HitTest、QueryBounds、QueryOutline 等接口函数，可以实现自定义的图形元素类。

图形元素使用的一般方法如下：

(1) 产生一个新的图形元素对象，该图形元素对象可以是 MarkerElement(点图形元素)、LineElement(线图形元素)、FillShapeElement(面图形元素)、TextElement(文本注记元素)。

(2) 构造图形元素对象的 Geometry(几何对象)。

(3) 确定图形元素显示的符号样式(Symbol)。

(4) 得到图形对象容器 IGraphicsContainer，利用 IGraphicsContainer::AddElement 方法把图形元素添加到视图。

(5) 刷新视图，让添加的图形元素显示出来。

下面通过绘制防空识别区的实例，来分析图形元素的创建和几何实体构造的过程。

3.3.4 代码分析：绘制防空识别区

防空识别区(air defense identification zone，ADIZ)指的是一国基于空防需要，单方面所划定的空域，目的在于为军方及早发现、识别和实施空军拦截行动提供条件。通常情况下，以该国的预警机和预警雷达所能覆盖的最远端作为“防空识别区”的界限，它比领空和专属经济区的范围要大得多，不属于国际法中的主权范畴。一般来说，设置“防空识别区”的主要目的是防止属性不明的飞机或航空器侵犯主权国领空，提示或警告进入“防空识别区”的他国航空器不要误入或闯入主权国领空。

下面给出一个利用数据文件，采用图形元素的方式绘制(注意和 3.3.2 节等高线转换代码的区别)东海防空识别区(图 3.17)的示例。代码如下。

图 3.17　利用图形元素绘制防空识别区

【代码 3.7】　利用图形元素绘制防空识别区

(参见本书配套代码 App.Geometry.ADIZ 工程中的 CADIZRender.cs)

```
//定义类 CADIZRender，用于对防空识别区进行渲染绘制
public class CADIZRender
{
    private AxMapControl _axMapControl;//地图控件
    private IActiveView _pActiveView;//活动视图
    private IGraphicsContainer _pContainer;//图形容器
    //构造函数：利用传入的 axMapControl 参数，为类的私有数据成员赋值
```

```
public CADIZRender(AxMapControl axMapControl)
{
    _axMapControl = axMapControl;//给地图控件赋值
    _pActiveView = axMapControl.ActiveView;//获得活动视图
    _pContainer = _pActiveView.GraphicsContainer;//获得图形容器
}

//Draw()函数读取东海防空识别区文件，进行绘制
public void Draw()
{
    string szDir = System.Windows.Forms.Application.StartupPath + "\\Data";
    DrawPolyline(szDir + "\\东海防空识别区.txt",
        Color.DarkRed, esriSimpleLineStyle.esriSLSSolid, 2.0);
    _pActiveView.Refresh();
}

//DrawPolyline()函数读取数据文件，绘制线图形元素
private void DrawPolyline(string szFileName,
    Color pColor,
    esriSimpleLineStyle euStyle,
    double dbWidth)
{
    object o = System.Type.Missing;//默认参数

    //创建 StreamReader 对象，并将其绑定到文件流上，准备进行数据读取
    System.IO.FileStream pFileStream =
        new System.IO.FileStream(szFileName, FileMode.Open);
    StreamReader pSW = new StreamReader(pFileStream);

    IPolyline pPolyline = new PolylineClass();//构造 Polyline 对象
    //接口转换至 IPointCollection，该接口可以向 Polyline 中增加结点
    IPointCollection pPts = pPolyline as IPointCollection;

    for (; ; )//循环处理每个点数据，构造一条 Polyline
    {
        string szLine = pSW.ReadLine();//读取一行
        if (szLine == null || szLine == "")//没有读取到数据则到文件末尾，程序跳出
            break;

        //获得经纬度坐标
```

```
            string[] szs = szLine.Split(new char[] { '\t' },
                StringSplitOptions.RemoveEmptyEntries);
            string szLat = szs[0];
            string szLon = szs[1];
            double dbLat = CoordTrans(szLat);
            double dbLon = CoordTrans(szLon);

            //构造点对象
            IPoint pPoint = new PointClass();
            pPoint.X = dbLon;
            pPoint.Y = dbLat;

            //将点对象加入到等高线中
            pPts.AddPoint(pPoint, ref o, ref o);
        }

        ILineElement pLineElement = new LineElementClass();//创建线元素
        IElement pElement = pLineElement as IElement;
        pElement.Geometry = pPolyline;//设置线元素的几何实体

        //设置线元素的符号
        ISimpleLineSymbol pSimpleLineSymbol = new SimpleLineSymbolClass();
        pSimpleLineSymbol.Color = Shared.Base.CColorHelper.GetRGBColor(
            pColor.R,pColor.G,pColor.B);
        pSimpleLineSymbol.Style = euStyle;
        pSimpleLineSymbol.Width = dbWidth;
        pLineElement.Symbol = pSimpleLineSymbol;

        //将线元素增加至图形容器，用于显示
        _pContainer.AddElement(pElement, 1);

        pSW.Close();//关闭 StreamReader
        pFileStream.Close();//关闭文件流对象
    }

    //经纬度坐标数据转换，输入参数是坐标字符串(格式是：xxxx 度.分分秒秒，
    //即小数点后面有四位，前两位是分，后两位是秒)
    private double CoordTrans(string sz)
    {
        string[] szs = sz.Split(new char[] { '.' }, StringSplitOptions.RemoveEmptyEntries);
```

```
            string szDegree = szs[0];
            string szMinute = szs[1].Substring(0, 2);
            string szSecond = szs[1].Substring(2, 2);
            double ret = double.Parse(szDegree) + double.Parse(szMinute) / 60
                + double.Parse(szSecond) / 3600;
            return ret;
        }
}
```

本例主窗体代码逻辑比较简单，不再赘述，现对类 CADIZRender 进行代码分析。该类主要用于读取数据文件，分别绘制防空识别区。和 3.3.2 节不同的是，本例中采用了图形元素(Graphics Element)而不是地理要素(Feature)来实现。其主要思路如下：

(1) 初始化 CADIZRender 的实例，获得图形容器接口。

(2) 读取东海防空识别区数据文件。

(3) 循环处理坐标点，构造 Polyline 几何实体。

(4) 设置线元素的符号样式。

(5) 将线元素增加至图形容器中，并刷新显示。

第 4 章　地图符号化

4.1　概　　述

地图符号是进行地图可视化和图层渲染的基础。广义的地图符号是指表示各种事物现象的线划图形、色彩、数学语言和注记的总和，也称为地图符号系统。狭义的地图符号是指在图上表示制图对象空间分布、数量、质量等特征的标志和信息载体，包括线划符号、色彩图形和注记。地图内容是通过符号来表达的，地图符号是表示地图内容的基本手段。地图符号具有如下特点：

(1) 符号应与实际事物的具体特征有联系，以便根据符号联想实际事物。

(2) 符号之间应有明显的差异，以便相互区别。

(3) 同类事物的符号应该类似，以便分析各类事物总的分布情况，以及研究各类事物之间的相互联系。

(4) 简单、美观，便于记忆和使用。

ArcGIS 中，地图符号库有以下两种格式。

(1) ArcGIS Desktop 符号库文件(*.style)。利用 ArcGIS Desktop 的 Style Manager 制作符号，并将其存为.style 文件。该文件实际为 Access 的 mdb 格式数据库。Style 文件对可以在 ArcGIS Desktop 中用于地图制作，在 Desktop 开发包中有相应的类(StyleGallery 类)支持该文件的读取。

(2) ArcGIS Engine 符号库文件(*.serverstyle)。ArcGIS Engine 符号库文件的扩展名为.serverstyle，目前 ArcGIS Desktop 中不支该文件的制作及符号浏览。但\ArcGIS\DeveloperKit\Tools 目录下的工具 MakeServerStyleSet.exe 可以将*.style 文件转换成*.serverstyle 文件。*.serverstyle 文件是二进制文件，其大小比对应的*.style 文件要小得多。在 ArcGIS Engine 开发中，可以用 ServerStyleGallery 类对*.serverstyle 文件进行读取。

地图符号化决定了地图最终的展现效果，ArcGIS Engine 中提供了 Symbol、Color、Font、Render 等对象用于地图符号化与图层渲染。

4.2　ArcGIS Engine 的颜色模型

ArcGIS Engine 的颜色模型有以下五种。

(1) RGB 颜色模型。RGB 颜色是最常用的颜色模型，所有颜色都是通过红色(Red)、绿色(Green)、蓝色(Blue)这三原色的混合来显示。其中，三种颜色分量的取值范围如下：R——红，Red，0～255；G——绿，Green，0～255；B——蓝，Blue，0～255。

(2) CMYK 颜色模型。CMYK 是青(Cyan)、品红(Magenta)、黄(Yellow)和黑(Black)四种颜色的简写，CMYK 模型采用的是相减混色模式，主要用于地图印刷中。各颜色的取值范围如下：C——青，Cyan，0～100%；M——品，Magenta，0～100 %；Y——黄，Yellow，0～100 %；

K——黑，Black，0～100 %。

(3) HSV 颜色模型，指色彩(H)、纯度(S)、明度(V)。

(4) Gray 模型。无色彩，灰度图像由 8 位信息组成，并使用 256 级的灰色来模拟颜色层次。

(5) HLS 模型，指 Hue(色相)、Lightness(亮度)、Saturation(饱和度)。各分量取值范围如下：H——色相，Hue，0～360；S——饱和度，Saturation，0～100；L——亮度，Lightness，0～100。

如图 4.1 所示，Color 对象是一个抽象类，它包括五个子类，分别为 CmykColor、RgbColor、HsvColor、HlsColor 和 GrayColor。它们可以使用 IColor 接口定义的方法设置颜色对象的基本属性。在 ArcGIS Engine 中最常使用的两种颜色模型是 RGB 和 HSV，RGB 类实现 IRgbColor 接口，而 HSV 类则实现 IHsvColor 接口，两个接口分别定义了一个 RgbColor 对象和 HsvColor 对象需传递的值。

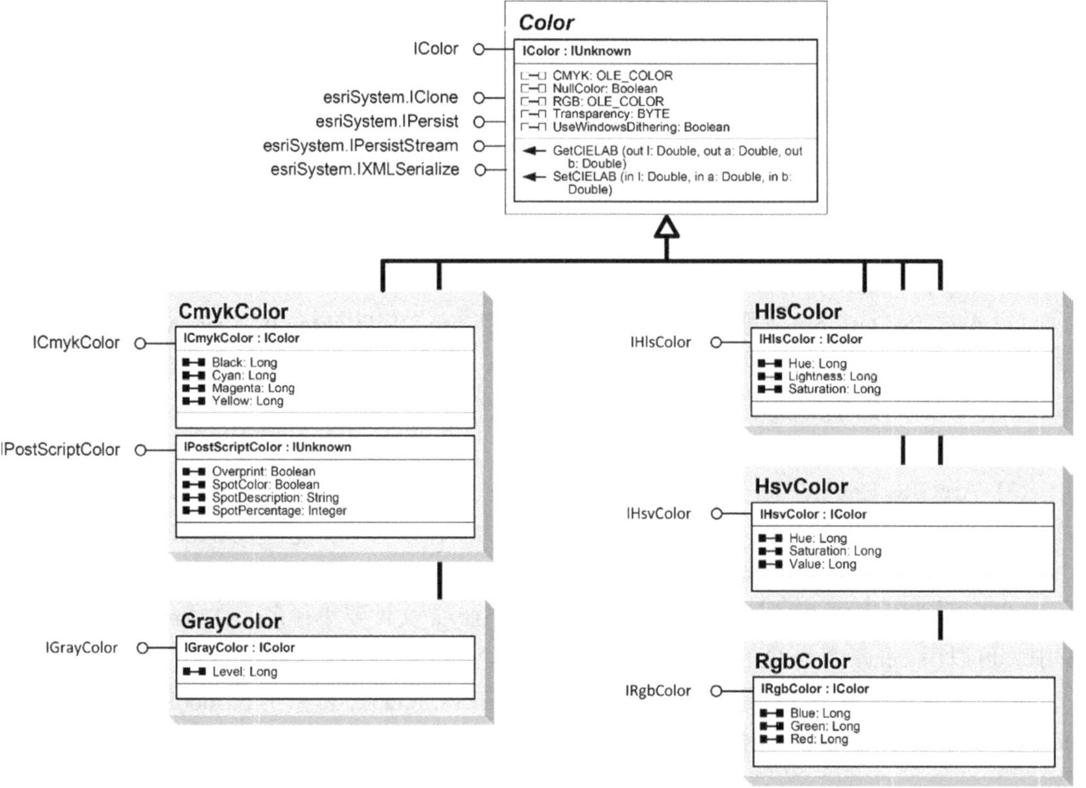

图 4.1 ArcGIS Engine 的颜色结构

【代码 4.1】 构造颜色对象

(1) 通过 R,G,B,A 值来构建一个 RgbColor 对象。

```
public IRgbColor GetRGBColor(int red, int green, int blue, byte alpha)
{
    //创建 RgbColor 对象
    IRgbColor rGB = new RgbColorClass();
    //设置 R、G、B 及透明度
    rGB.Red = red;
```

```
    rGB.Green = green;
    rGB.Blue = blue;
    rGB.Transparency = alpha;
    return rGB;
}
```

(2) 通过 H,S,V 值来构建一个 HsvColor 对象。

```
public IHsvColor GetHsvColor(int h, int s, int v)
{
    //创建 HsvColor 对象
    IHsvColor pHsvColor = new HsvColorClass();
    //设置属性值
    pHsvColor.Hue = h;
    pHsvColor.Saturation = s;
    pHsvColor.Value = v;
    return pHsvColor;
}
```

4.3　Symbol

在 ArcGIS Engine 中，Symbol 是用于表达地理实体(Feature)和图形要素(Element)的符号。Symbol 类实现了 ISymbol 接口，提供了所有符号对象的共有特征和行为。

ISymbol 接口的定义如图 4.2 所示，代码如下：

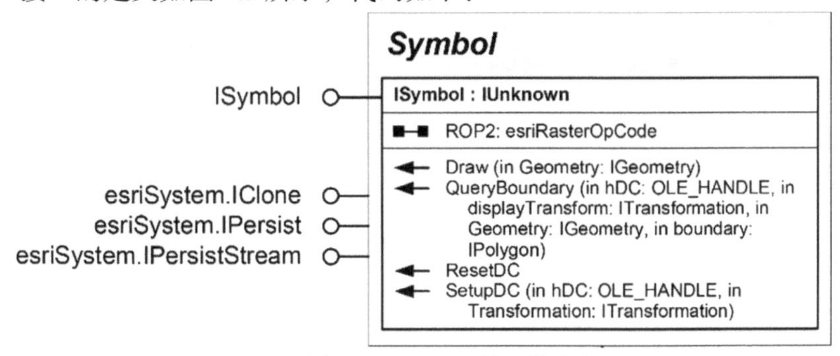

图 4.2　ISymbol 接口的定义

```
public interface ISymbol
{
    //用于像素绘制的栅格操作算子，指地图符号和屏幕颜色的混合模式
    esriRasterOpCode ROP2 { get; set; }
    void Draw(IGeometry Geometry);//对 Geometry 进行符号的绘制

    //用当前符号的边界填充一个 Polygon 对象
     void QueryBoundary(int hDC, ITransformation displayTransform, IGeometry Geometry, IPolygon
     boundary);
    //将符号绘制的设备上下文(DC)恢复到初始状态
    void ResetDC();
```

```
    //建立符号绘制的设备上下文
    void SetupDC(int hDC, ITransformation Transformation);
}
```

ArcGIS Engine 为应用系统开发提供了 30 多种符号(都实现了 ISymbol 接口)，主要包括 MarkerSymbol(点符号)、LineSymbol(线符号)、FillSymbol(填充符号)、TextSymbol(文本符号)以及 3DChartSymbol(三维统计图符号)。

4.3.1 点符号：MarkerSymbol

MarkerSymbol 的继承结构如图 4.3 所示。

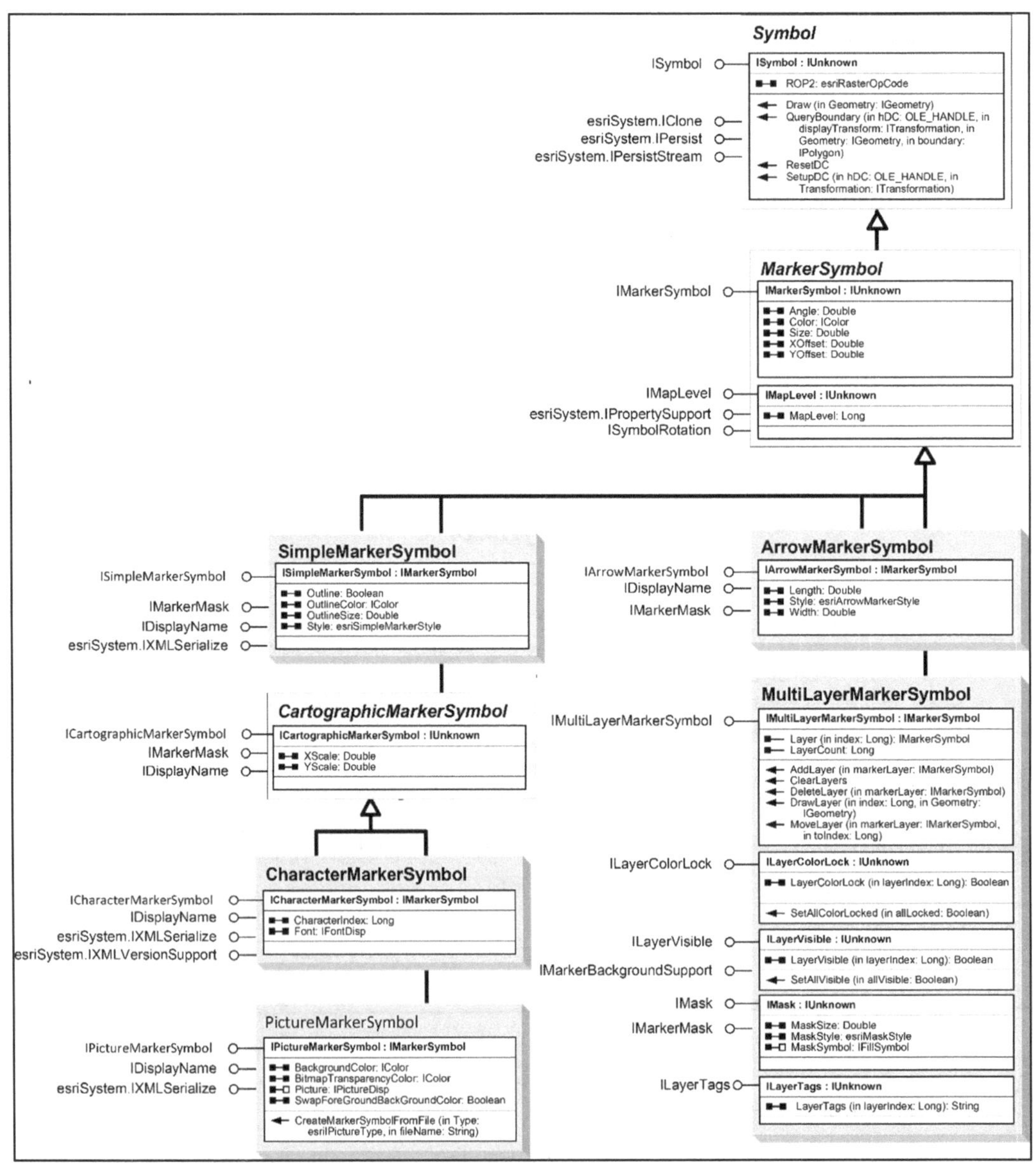

图 4.3　MarkerSymbol 的继承结构

MarkerSymbol 是用于渲染点要素的符号，即点符号类。所有的点符号都实现了

IMarkerSymbol 接口，该接口定义了符号的旋转角度、颜色、大小、偏移量等点符号的共同特征，该接口定义如下：

```
public interface IMarkerSymbol
{
    double Angle { get; set; }  //符号的旋转角度
    IColor Color { get; set; }  //符号的颜色
    double Size { get; set; }  //符号大小
    double XOffset { get; set; }  //X 方向偏移量
    double YOffset { get; set; }  //Y 方向偏移量
}
```

Size 属性用于设置符号的高度(如设置 SimpleMarkerSymbol、CharacterMarkerSymbol、PictureMarkerSymbol 和 MultiLayerMarkerSymbol 的高度)。对于 ArrowMarkerSymbol 类型，Size 表示长度。Size 的基本单位是点，除了 PictureMarkerSymbol 的默认大小是 12 外，其他的默认大小都是 8。

Angle 属性用于设置角度，单位是度(图 4.4)。符号从水平方向开始向逆时针方向进行旋转。它的默认值是 0。XOffset 和 YOffset 属性定义样式绘制时与实际对象的偏移距离，XOffset 和 YOffset 的默认值都是 0，值可为正也可为负：负数表示相对于对象向下偏移和向右偏移，当然正数表示向上和向左偏移。

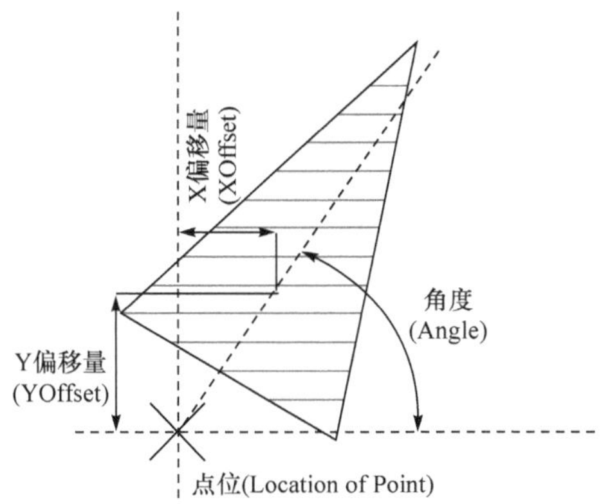

图 4.4　MarkerSymbol 的旋转角度：Angle

MarkerSymbol 的子类如表 4.1 所示，不同的子类代表不同类型的点符号。

表 4.1　不同类型的 MarkerSymbol

点符号类型	描述
ArrowMarkerSymbol	预定义的箭头符号
BarChartSymbol	柱状图符号
CharacterMarker3DSymbol	三维字体符号
CharacterMarkerSymbol	字体符号
Marker3DSymbol	三维符号

续表

点符号类型	描述
MultiLayerMarkerSymbol	多个符号叠加产生新点符号
PictureMarkerSymbol	图片符号(bmp 或 emf)
PiechartSymbol	饼图符号
SimpleMarker3DSymbol	简单三维符号
SimpleMarkerSymbol	简单符号
StackedChartSymbol	堆叠符号
TextMarkerSymbol	文字符号用来符号化点

下面给出一些常见的点符号，如图 4.5 所示。

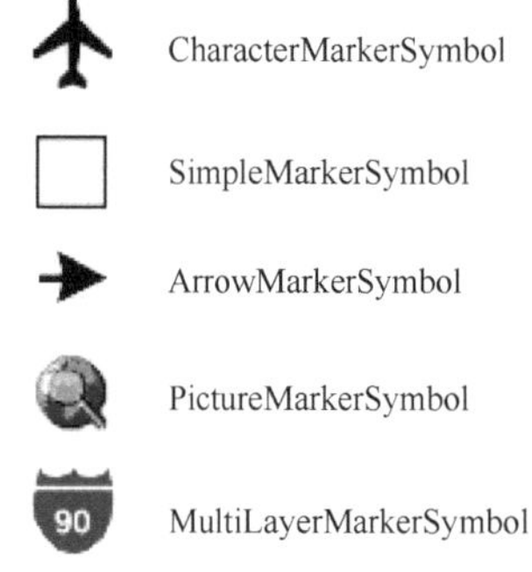

图 4.5　MarkerSymbol 的常见子类

【代码 4.2】　CSymbolHelper 代码解析
(参见本书配套代码 Shared.Base 工程中的 CSymbolHelper.cs)

(1) 生成简单点符号(SimpleMarkerSymbol)。

```
public ststic ISimpleMarkerSymbol GetSimpleMarkerSymbol(Color pColor, //符号颜色
                    double fSize,        //符号大小
    esriSimpleMarkerStyle pStyle) //符号样式
{
    //创建 SimpleMarkerSymbol 对象
    ISimpleMarkerSymbol pMarkerSymbol = new SimpleMarkerSymbolClass();

    //设置简单点符号的颜色 GetRGBColor 参见【代码 4.1】
    pMarkerSymbol.Color = GetRGBColor(
      pColor.R,
      pColor.G,
```

```
        pColor.B,
        pColor.A
    );
    pMarkerSymbol.Size = fSize;     //设置符号大小

    //设置符号样式，共有 5 种样式，如下：
    // esriSMSCircle:圆
    // esriSMSSquare:方形
    // esriSMSCross:十字叉丝符号
    // esriSMSX：斜叉符号
    // esriSMSDiamond：钻石符号//
    pMarkerSymbol.Style = pStyle;

    return pMarkerSymbol;
}
```

(2) 生成图片点符号(PictureMarkerSymbol)。

```
public static IPictureMarkerSymbol CreatePictureMarkerSymbol(string szBmpPath, //路径
    double fSize,       //符号大小
    Color pTransColor,  //符号透明色
    Color pSymbolColor) //符号颜色
{
    //创建 PictureMarkerSymbol 对象
    IPictureMarkerSymbol symbol = new PictureMarkerSymbolClass();
    //从文件 szBmpPath 设置 PictureMarkerSymbol 对象
    symbol.CreateMarkerSymbolFromFile(esriIPictureType.esriIPictureBitmap,
        szBmpPath);
    symbol.Size = fSize; //符号大小
    //设置符号透明色(一般设为与符号背景颜色相同的颜色)
    IColor whiteTransparencyColor = Converter.ToRGBColor(pTransColor)
        as IColor;
    symbol.BitmapTransparencyColor = whiteTransparencyColor;
    //设置符号颜色
    IColor symbolColor = Converter.ToRGBColor(pSymbolColor);
    symbol.Color = symbolColor;
    whiteTransparencyColor = null;
    symbolColor = null;

    return symbol;
}
```

4.3.2　线符号：LineSymbol

LineSymbol 的对象结构如图 4.6 所示。

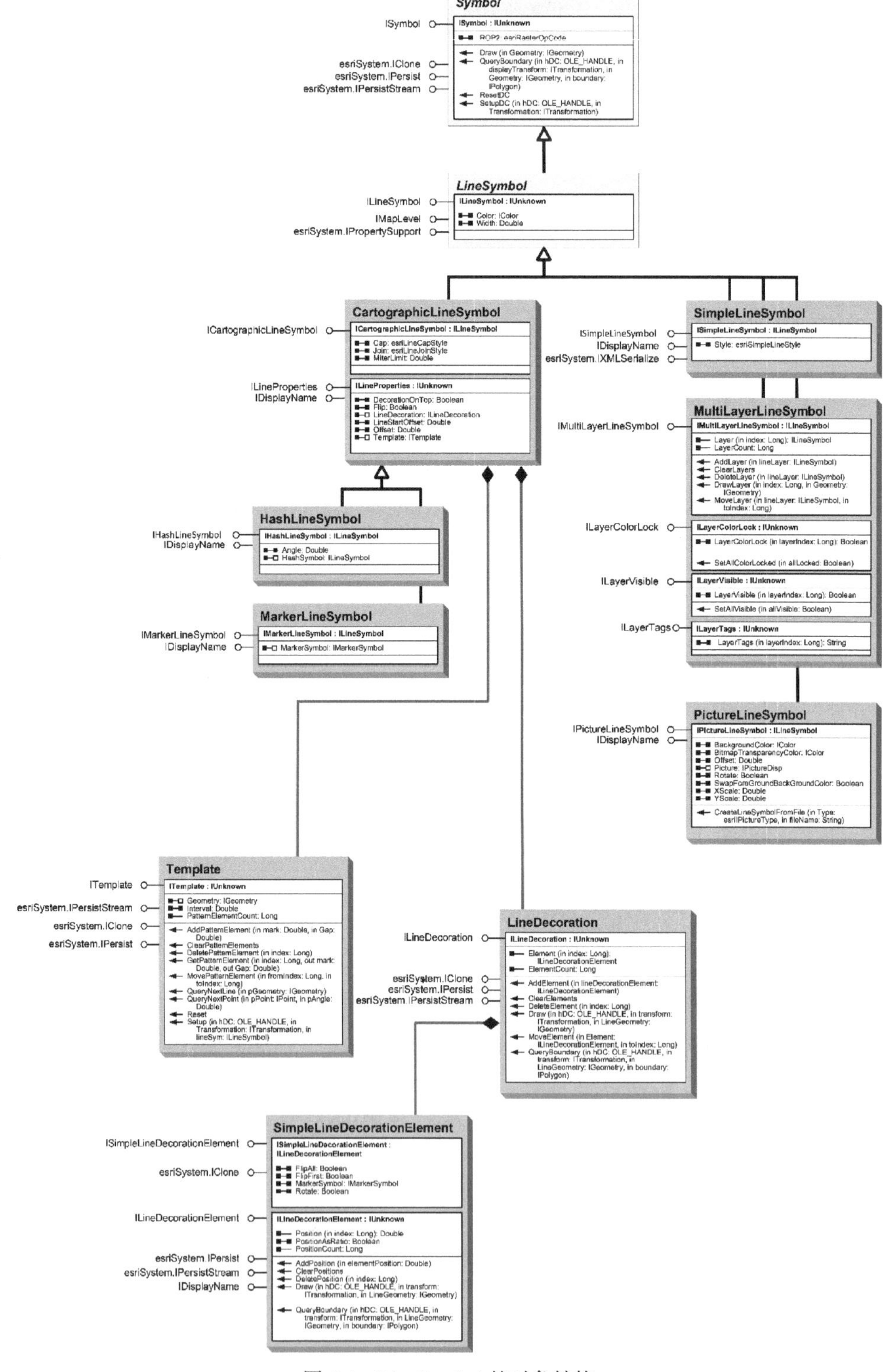

图 4.6　LineSymbol 的对象结构

LineSymbol 用于绘制线状符号，所有的线符号类必须实现 ILineSymbol 接口，该接口定义了线符号类的公共属性。ILineSymbol 接口定义如下：

```
public interface ILineSymbol
{
    IColor Color { get; set; }
    double Width { get; set; }
}
```

ILineSymbol 是线符号共同的祖先接口，所有的线符号都将继承 ILineSymbol 的属性和方法。ILineSymbol 接口有两个读写属性：Color 和 Width。Color 属性控制基础线的颜色(它不影响线符号的装饰线条)，并且可以由任何派生于 IColor 接口的类型的对象进行设置，颜色线条除了 SimpleLineSymbol 默认被设置成中灰色外，其他的都默认是黑色；Width 属性设置的是所有的线宽度(单位是点)；对于 HashLineSymbol，Width 属性设置的是所有哈希长度。除了 MarkerLineSymbol 的默认宽度为 8 外，所有线符号的默认宽度都是 1。

下面给出一些常见的线符号，如图 4.7 所示。

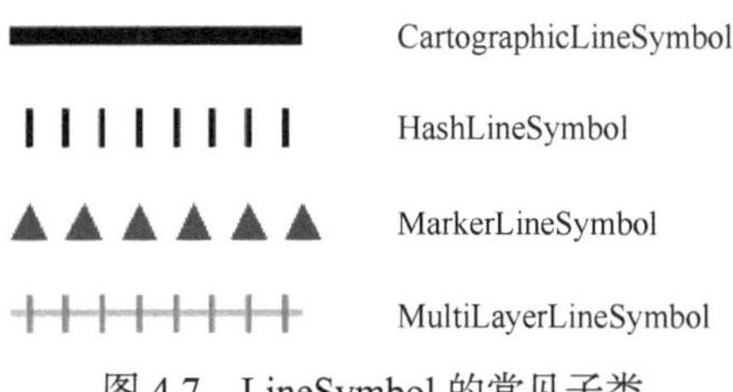

图 4.7　LineSymbol 的常见子类

【代码 4.3】　生成简单线符号(SimpleLineSymbol)
(参见本书配套代码 Shared.Base 工程中的 CSymbolHelper.cs)

```
public static ISimpleLineSymbol GetSimplelineSymbol(
    Color pColor,
    esriSimpleLineStyle eSimplelineStyle,
    double fWidth)
{
    //创建 RgbColor 对象，并赋值
    RgbColor pRGBColor = new RgbColorClass();
    pRGBColor.Red = pColor.R;
     pRGBColor.Green = pColor.G;
     pRGBColor.Blue = pColor.B;
    //接口转换
     IColor color = pRGBColor as IColor;

    //创建 SimpleLineSymbolClass 的对象，并设置颜色、样式及宽度
     ISimpleLineSymbol simpleLineSymbol = new SimpleLineSymbolClass();
     simpleLineSymbol.Color = color;
     simpleLineSymbol.Style = eSimplelineStyle;//样式
```

```
        simpleLineSymbol.Width = fWidth;

        return simpleLineSymbol;
    }
```

4.3.3 填充符号：FillSymbol

FillSymbol 的对象结构如图 4.8 所示。

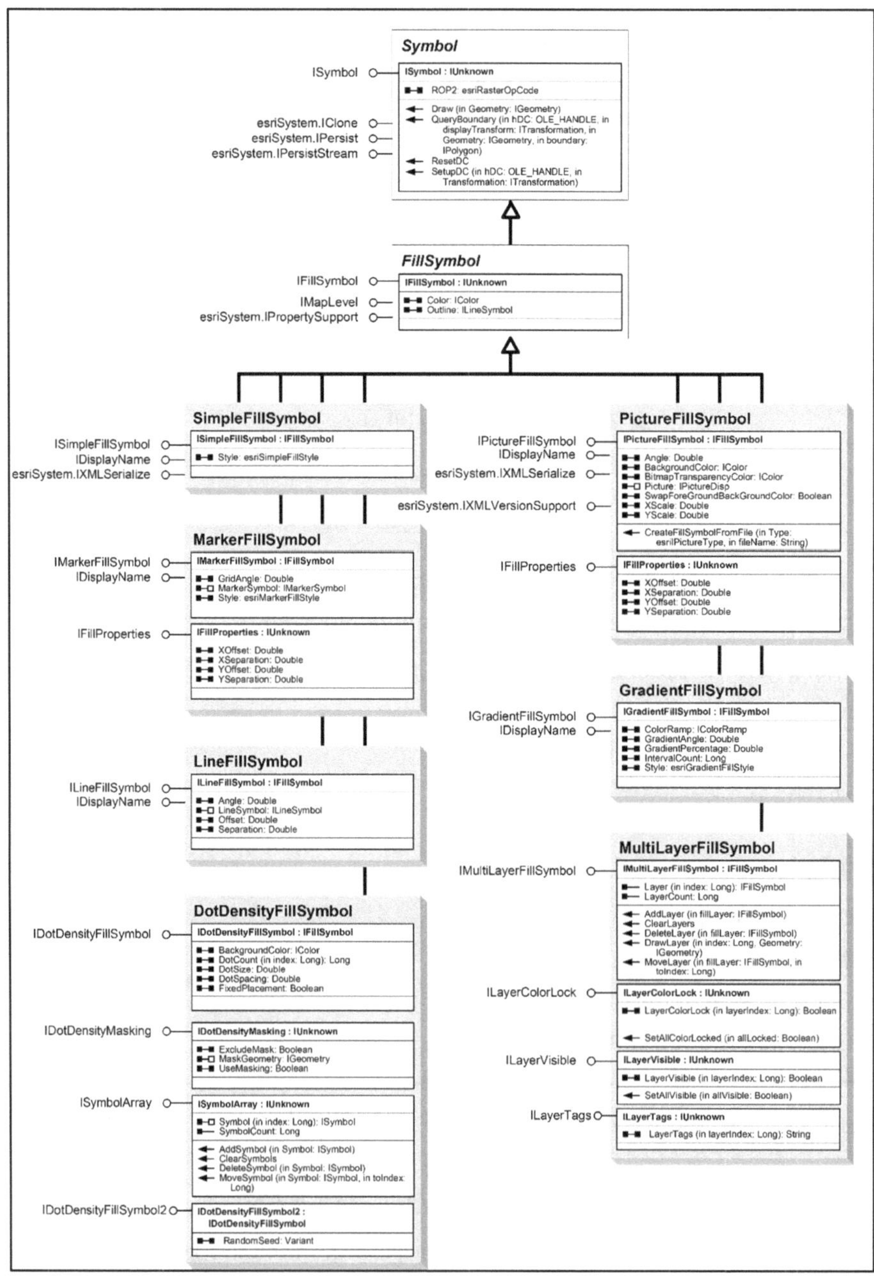

图 4.8　FillSymbol 的对象结构

FillSymbol 用于绘制填充符号，渲染一个多边形的内部区域和外部边框。所有的填充符号类必须实现 IFillSymbol 接口，该接口定义了填充符号类的公共属性。IFillSymbol 接口定义如下：

```
public interface IFillSymbol
{
    IColor Color { get; set; }
    ILineSymbol Outline { get; set; }
}
```

IFillSymbol 接口定义了两个读写属性：Color 和 Outline，这是所有填充符号类型都拥有的属性。Color 属性控制填充符号的内部填充颜色，可以使用 IColor 接口的派生类型进行设置。Outline 属性是一个线符号，用于描述填充符号的外边框线。默认的外边框线是一条 SimpleLineSymbol 实线，也可以使用任何类型的线符号作为外边框线，外边框线的中线在对象的边沿上。

下面给出一些常见的填充符号，如图 4.9 所示。

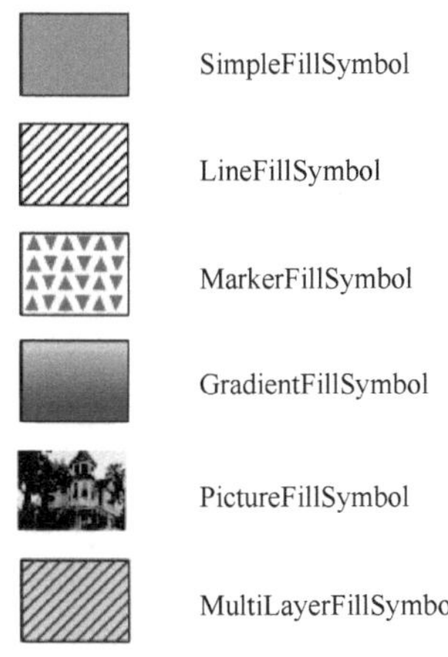

图 4.9　FillSymbol 常见子类

【代码 4.4】　生成简单面符号(SimpleFillSymbol)
(参见本书配套代码 Shared.Base 工程中的 CSymbolHelper.cs)

```
public static ISimpleFillSymbol GetSimpleFillSymbol(
    esriSimpleFillStyle pFillStyle,//填充样式
    Color pFillColor,//填充颜色
    Color pOutlineColor,//边框颜色
    double fOutlineWidth//边框宽度
    )
{
    //创建 RgbColor 对象，并赋值
    //pRGBColorFill 为填充色，pRGBColorOutline 为边框颜色
    RgbColor pRGBColorFill = new RgbColorClass();
    pRGBColorFill.Red = pFillColor.R;
```

```
        pRGBColorFill.Green = pFillColor.G;
        pRGBColorFill.Blue = pFillColor.B;

        RgbColor pRGBColorOutline = new RgbColorClass();
        pRGBColorOutline.Red = pOutlineColor.R;
        pRGBColorOutline.Green = pOutlineColor.G;
        pRGBColorOutline.Blue = pOutlineColor.B;

        //创建 SimpleFillSymbolClass 的对象
        ISimpleFillSymbol pSimpleFillSymbol = new SimpleFillSymbolClass();
        pSimpleFillSymbol.Style = pFillStyle;//设置填充样式
        pSimpleFillSymbol.Color = pRGBColorFill; //设置 simpleFillSymbol 的填充色

        //创建边框对象，并赋值
        ISimpleLineSymbol pSimpleLineSymbol = new SimpleLineSymbolClass();
        pSimpleLineSymbol.Style = esriSimpleLineStyle.esriSLSSolid;
        pSimpleLineSymbol.Color = pRGBColorOutline;//设置边框颜色
        pSimpleLineSymbol.Width = fOutlineWidth;//设置边框宽度
        pSimpleFillSymbol.Outline = pSimpleLineSymbol;

        return pSimpleFillSymbol;
    }
```

4.3.4　文本符号：TextSymbol

TextSymbol 的对象结构如图 4.10 所示。

TextSymbol 用于绘制文本符号，渲染标注(Label)或注记(Annotation)。所有的文本符号类必须实现 ITextSymbol 接口，该接口定义了文本符号类的公共属性。ITextSymbol 接口定义如下：

```
public interface ITextSymbol
{
        double Angle { get; set; }
        IColor Color { get; set; }
        IFontDisp Font { get; set; }
        esriTextHorizontalAlignment HorizontalAlignment { get; set; }
        bool RightToLeft { get; set; }
        double Size { get; set; }
        string Text { get; set; }
        esriTextVerticalAlignment VerticalAlignment { get; set; }

        void GetTextSize(int hDC, ITransformation Transformation,
```

```
string Text, out double xSize, out double ySize);
}
```

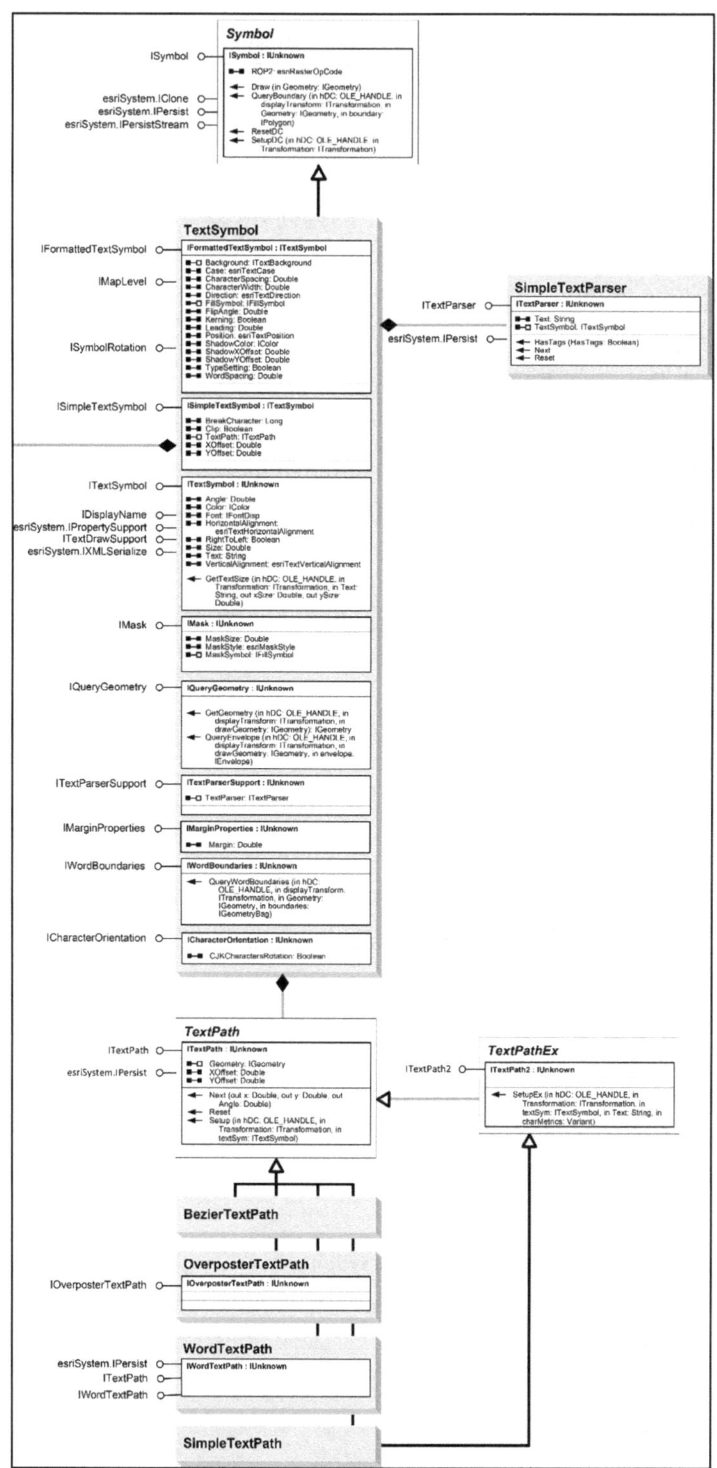

图 4.10　TextSymbol 的对象结构

ITextSymbol 接口详细说明如下：

Angle，用于设置或读取文本符号的旋转角度，符号从水平方向开始向逆时针方向进行旋转，默认值是 0。

Color，用于设置字体颜色，是 IColor 接口的派生类对象。

Font，设置文本符号的字体。Font 属性是产生一个 TextSymbol 符号的关键。可以使用 IFontDisp 接口来设置字体的大小和粗体、倾斜等属性。

HorizontalAlignment，文本符号水平方向上的排列方式。

VerticalAlignment，文本符号在垂直方向上的排列方式。

RightToLeft，布尔型的值，用于设置文本是否从右到左绘制。

Size，文本大小(单位是点，每点为 1/72 英寸[①])。

Text，用于绘制的文本。

GetTextSize，获取 *x* 和 *y* 方向上的字体大小(以点为单位，每点为 1/72 英寸)。

【代码 4.5】　生成文本符号(TextSymbol)

(参见本书配套代码 Shared.Base 工程中的 CSymbolHelper.cs)

```
public static ITextSymbol GetTextSymbol(string text,
    float size,
    Color pColor,
    string fontName,
    FontStyle fontStyle,
     esriTextHorizontalAlignment h,
    csriTcxtVcrticalAlignment v,
     double dbAngle = 0)
    {
        //创建 TextSymbolClass 的对象
        ITextSymbol textSymbol = new TextSymbolClass();
        //设置文本字体的颜色
        RgbColor pRGBColor = new RgbColorClass();
        pRGBColor.Red = pColor.R;
        pRGBColor.Green = pColor.G;
        pRGBColor.Blue = pColor.B;
        textSymbol.Color = pRGBColor as IColor;
        //设置文本符号的字体
        Font font = new Font(fontName, size, fontSytle);
        textSymbol.Font = OLE.GetIFontDispFromFont(font) as
            stdole.IFontDisp;
            font.Dispose();
        //设置文本的水平和垂直对齐方式
            textSymbol.HorizontalAlignment = h;
```

① 1 英寸=2.54 厘米，后同。

```
            textSymbol.VerticalAlignment = v;
        //设置文本符号的旋转角度
        textSymbol.Angle = dbAngle;

        return textSymbol;
    }
```

4.4 矢量数据符号化

图层是 GIS 电子地图的基本结构单元，每个图层使用符号、颜色和文本来渲染地理要素。ArcGIS Engine 对 GIS 数据的符号化分为矢量数据渲染(FeatureRender)和栅格数据渲染(RasterRender)两大类，下面首先介绍如何对矢量图层进行符号化和渲染。

4.4.1 矢量数据渲染

FeatureRender 用于进行矢量数据渲染，可以对矢量图层进行专题制图，如单一符号专题图、唯一值专题图、分级专题图、比例符号专题图、点密度专题图、统计专题图等。FeatureRenderer 是一个抽象类，不能实例化，从而不能直接对图层进行渲染。真正用于矢量图层渲染的是由 FeatureRender 派生出来的 15 个子类(图 4.11)，每一个子类对应一种矢量符号化类型(表 4.2)。

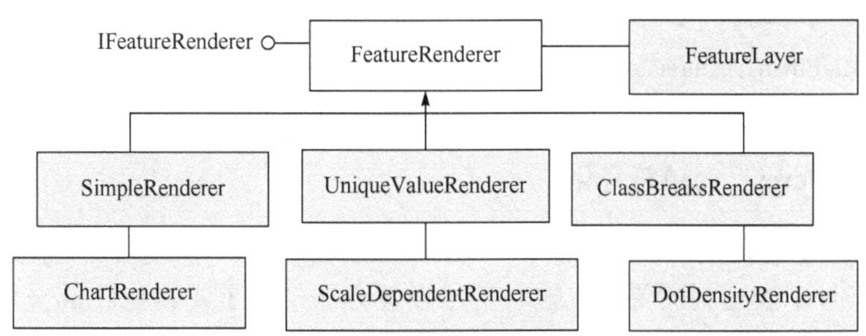

图 4.11 FeatureRender 的类体系结构

表 4.2 矢量符号化(渲染)类型

序号	要素符号化类型	描述
1	SimpleRender	简单符号化
2	UniqueValueRender	唯一值符号化
3	BiUniqueValueRender	双变量唯一值符号化
4	ChartRender	图表符号化
5	ClassBreaksRenderer	分类等级符号化
6	DotDensityRenderer	点密度符号化
7	ProportionalSymbolRenderer	根据属性值设置符号大小进行符号化
8	ScaleDependentRenderer	依比例尺符号化
9	RepresentationRenderer	制图表达符号化

FeatureRender 的子类都实现了 IFeatureRenderer 接口，该接口定义了进行矢量数据渲染的公共属性和方法，其接口定义如下：

```
public interface IFeatureRenderer
{
    //ExclusionSet 属性通过 IFeatureIDSet 接口来控制要排除显示的要素
    IFeatureIDSet ExclusionSet { set; }

    //判断要素类 featClass 是否可以在显示对象 Display 上进行绘制
    bool CanRender(IFeatureClass featClass, IDisplay Display);

    //根据 DrawPhase 的规则，在显示对象 Display 上绘制要素集合 Cursor 中的所有要素
    void Draw(IFeatureCursor Cursor, esriDrawPhase DrawPhase, IDisplay Display,
        ITrackCancel TrackCancel);

    //获取绘制规则
    bool get_RenderPhase(esriDrawPhase DrawPhase);
    //获取要素 Feature 对应的符号 Symbol
    ISymbol get_SymbolByFeature(IFeature Feature);

    //在对要素类渲染前，利用 queryFilter 对要渲染的地理要素进行筛选
    void PrepareFilter(IFeatureClass fc, IQueryFilter queryFilter);
}
```

4.4.2　SimpleRenderer：简单符号化

SimpleRenderer(简单符号化)，也称单一符号化。它采用大小、形状、颜色都统一的点状、线状或者面状符号来表达制图要素。这种符号设置方法忽略了要素在数量、大小等方面的差异，只能反映制图要素的地理位置而不能反映要素的定量差异。然而正是由于这种特点，其在表达制图要素的地理位置上具有一定的优势。

【代码 4.6】　对面图层进行简单符号化

(参见本书配套代码 Shared.Base 工程中的 CFeatureLayerRenderHelper.cs)

```
public void SetSimpleRenderer(IGeoFeatureLayer pGeoFeatureLayer,
    esriSimpleFillStyle euFillStyle, //填充样式
    IColor pColor,   //填充颜色
    IColor pOutLineColor,   //外边线颜色
    string szRenderLabel,   //样式名称注释
    string szDescription)   //描述信息
{
    if (pGeoFeatureLayer == null)
        return;
```

```
        //创建简单填充符号对象
        ISimpleFillSymbol simpleFillSymbol = new SimpleFillSymbolClass();
        //设置其样式及填充色
        simpleFillSymbol.Style = euFillStyle;
        simpleFillSymbol.Color = pColor;
        //创建边线符号对象，该对象是一个 SimpleLineSymbolClass
        ISimpleLineSymbol simpleLineSymbol = new SimpleLineSymbolClass();
        simpleLineSymbol.Style = esriSimpleLineStyle.esriSLSSolid; //边线样式
        simpleLineSymbol.Color = pOutLineColor;   //边线颜色
        ISymbol symbol = simpleLineSymbol as ISymbol;
        symbol.ROP2 = esriRasterOpCode.esriROPNotXOrPen; //设置边线绘制方式
        simpleFillSymbol.Outline = simpleLineSymbol;

        //创建单一符号渲染对象
        ISimpleRenderer simpleRender = new SimpleRendererClass();
        //设置 simpleRender 用于渲染图层的符号
        simpleRender.Symbol = simpleFillSymbol as ISymbol;
        simpleRender.Label = szRenderLabel;   //图例中的注释
        simpleRender.Description = szDescription; //图例中的描述信息

        //将 simpleRender 设为矢量图层的渲染器
        pGeoFeatureLayer.Renderer = simpleRender as IFeatureRenderer;
    }
```

上述代码给出了简单符号化的过程：①构造 SimpleRender 对象，并设置其 Symbol 属性；②设置 IGeoFeatureLayer 接口的 Renderer 属性为 SimpleRender 对象。

4.4.3 UniqueValueRenderer：单一值符号化

单一值符号化，也称分类符号化，是根据数据层要素属性值来设置地图符号的方式。单一值符号化将具有相同属性值和不同属性值的要素分开，属性值相同的采用相同的符号，属性值不同的采用不同的符号。利用不同形状、大小、颜色、图案的符号来表达不同的要素，这种分类表示方法能够反映出地图要素的数量或者质量的差异，对地理信息的决策提供了支持。

【代码 4.7】　创建单一值符号化渲染器

```
public IUniqueValueRenderer CreateUniqueValueRenderer(
    IFeatureClass pFeatureClass,        //要渲染图层的要素类
    string szRendererField              //渲染字段
    )
{
    int nUniqueValuesCount = 0;
    System.Collections.IEnumerator pEnumerator = GetUniqueValues(pFeatureClass,
```

```
        szRendererField,
        ref nUniqueValuesCount);
    if (nUniqueValuesCount == 0)
        return null;

    //获取随机颜色集合
    IRandomColorRamp pRandomColorRamp = CColorHelper.GetRandomColorRamp(nUnique ValuesCount) as
    IRandomColorRamp;
    IEnumColors pEnumRamp = pRandomColorRamp.Colors;
    pEnumRamp.Reset();

    //创建单一值渲染器
    IUniqueValueRenderer pUniqueValueRender = new UniqueValueRendererClass();
    //只用一个字段进行单值着色
    pUniqueValueRender.FieldCount = 1;
    //用于区分着色的字段
    pUniqueValueRender.set_Field(0, szRendererField);


    //循环增加单一值及其对应的地图符号
    IColor pColor = null;
    ISymbol pSymbol = null;
    pEnumerator.Reset();
    while (pEnumerator.MoveNext())
    {
        object pCodeValue = pEnumerator.Current;      //得到一种单一值
        pColor = pEnumRamp.Next();  //从随机颜色集合中获取一种颜色
        switch (pFeatureClass.ShapeType)
        {
            //如果是点要素，则创建简单点符号
            case ESRI.ArcGIS.Geometry.esriGeometryType.esriGeometryPoint:
                ISimpleMarkerSymbol pMarkerSymbol = new SimpleMarkerSymbolClass();
                pMarkerSymbol.Color = pColor;
                pSymbol = pMarkerSymbol as ISymbol;
                break;
            //如果是线要素，则创建简单线符号
            case ESRI.ArcGIS.Geometry.esriGeometryType.esriGeometryPolyline:
                ISimpleLineSymbol pLineSymbol = new SimpleLineSymbolClass();
                pLineSymbol.Color = pColor;
                pSymbol = pLineSymbol as ISymbol;
```

```
                break;
            //如果是面要素，则创建简单面符号
            case ESRI.ArcGIS.Geometry.esriGeometryType.esriGeometryPolygon:
                ISimpleFillSymbol pillSymbol = new SimpleFillSymbolClass();
                pillSymbol.Color = pColor;
                pSymbol = pillSymbol as ISymbol;
                break;
            default:
                break;
        }
        //将每次得到的渲染字段单一值和地图符号放入 pUniqueValueRender 中
        pUniqueValueRender.AddValue(pCodeValue.ToString(), szRendererField, pSymbol);
    }
    return pUniqueValueRender;
}

//获取渲染字段 szRenderField 所有单一值及其个数
public static System.Collections.IEnumerator GetUniqueValues(IFeatureClass pFeatureClass,
    string szRenderField,     //渲染字段
    ref int nCount)            //单一值的个数
{
    //获取要素类的游标对象
    ICursor pCursor = pFeatureClass.Search(null, false) as ICursor;
    //创建数据统计对象
    IDataStatistics pDataStatistics = new DataStatisticsClass();
    pDataStatistics.Field = szRenderField;   //待统计的字段
    pDataStatistics.Cursor = pCursor;          //待统计的要素集的游标
    //获取渲染字段 szRenderField 的单一值
    System.Collections.IEnumerator pEnumerator = pDataStatistics.UniqueValues;
    //获取渲染字段 szRenderField 的单一值个数
    nCount = pDataStatistics.UniqueValueCount;
    if (nCount == 0)
        return null;

    return pEnumerator;
}
```

4.4.4　ClassBreakRenderer：分级符号化

分级符号化，也称等级符号化，是将要素属性数值按照一定的分级方法分成若干级别，然后用不同的地图符号来表示不同级别的一种专题制图方法。符号的形状一般根据地理要素

的特征来确定，符号的大小则取决于分级数值的大小或级别高低。

【代码 4.8】　分级符号化

(参见本书配套代码 Shared.Base 工程中的 CFeatureLayerRenderHelper.cs)

```
public void SetClassBreakRender(IGeoFeatureLayer pGeoFeatureLayer,
    int nClassCount,        //分级数目
    string szClassField,     //分级字段
    esriSimpleFillStyle euFillStyle)  //简单填充样式枚举
{
    if (pGeoFeatureLayer == null)
        return;

    ILayer pLayer = pGeoFeatureLayer as ILayer;
    ITable pTable = pLayer as ITable;
    //创建表格直方图对象
    ITableHistogram pTableHistogram = new BasicTableHistogramClass();
    //接口转换，转换为 IBasicHistogram 接口
    IBasicHistogram pBasicHistogram = pTableHistogram as IBasicHistogram;

    //按照数值字段分级
    pTableHistogram.Table = pTable;    //设置表格直方图的数据源
    pTableHistogram.Field = szClassField;     //设置表格直方图的分级字段
    //用输出变量统计每个值和各个值出现的次数
    object values;
    object frequencys;
    pBasicHistogram.GetHistogram(out values, out frequencys);

    //创建分位数分级对象
    IClassifyGEN pClassify = new QuantileClass();
    //用统计结果进行分级，级别数目为 classCount
    pClassify.Classify(values, frequencys, ref nClassCount);
    //获得分级结果，返回值为双精度数组类型
    double[] classes;
    classes = pClassify.ClassBreaks as double[];

    //定义不同等级渲染的色带用色
    IEnumColors pEnumColors = CColorHelper.GetAlgorithmicColorRamp(
        classes.Length,
        Color.White,
        Color.FromArgb(32, 200, 150)).Colors;
```

```
    //创建 ClassBreaksRendererClass 对象
    IClassBreaksRenderer pClassBreaksRenderer = new ClassBreaksRendererClass();
    pClassBreaksRenderer.Field = szClassField;
    pClassBreaksRenderer.BreakCount = nClassCount;//分级数目
    pClassBreaksRenderer.SortClassesAscending = true;

    //利用生成的算法色带，生成简单填充符号
    //并将其设置为 pClassBreaksRenderer 的地图符号
    IColor pColor;
    ISimpleFillSymbol pSimpleFillSymbol;
    for (int i = 0; i < classes.Length - 1; i++)
    {
        pColor = pEnumColors.Next();
        pSimpleFillSymbol = new SimpleFillSymbolClass();
        pSimpleFillSymbol.Color = pColor;
        pSimpleFillSymbol.Style = euFillStyle;
        pClassBreaksRenderer.set_Symbol(i, pSimpleFillSymbol as ISymbol);
        pClassBreaksRenderer.set_Break(i, classes[i]);
    }

    //将 pClassBreaksRenderer 设为矢量图层的渲染器
    pGeoFeatureLayer.Renderer = pClassBreaksRenderer as IFeatureRenderer;
}
```

4.4.5　ProportionSymbolRender：比率符号渲染

在分级符号渲染中，属性数据被分为若干级别，在数值处于某一级别范围内的时候，符号表示都是一样的，无法体现同一级别不同要素之间的数量差异。而比率符号表示方法是按照一定的比率关系，来确定与制图要素属性数值对应的符号大小，一个属性数值就对应了一个符号大小，这种一一对应的关系使得符号设置表现得更细致，不仅反映不同级别的差异，而且还能反映同级别之间微小的差异。但是如果属性数值过大，则不适合采用此种方法，因为比率符号过大会严重影响地图的整体视觉效果。

【代码 4.9】　比率符号化

(参见本书配套代码 Shared.Base 工程中的 CFeatureLayerRenderHelper.cs)

```
//比率符号渲染
public void SetProportionSymbolRender(
    IGeoFeatureLayer pGeoFeatureLayer,   //要渲染的图层
    string szProportionField,            //参考字段
    esriSimpleFillStyle euFillStyle,   //填充样式
    IColor pFillColor,                  //填充 Color
    ICharacterMarkerSymbol pCharacterMarkerSymbol,     //特征点符号
```

```
    esriUnits euUnits,                //参考单位
    int nLegendSymbolCount)           //要分成的级数
{
    IFeatureLayer pFeatureLayer;
    ITable pTable;
    ICursor pCursor;
    IDataStatistics pDataStatistics;//用一个字段生成统计数据
    IStatisticsResults pStatisticsResult;//报告统计数据

    if (pGeoFeatureLayer == null)
        return;

    pFeatureLayer = pGeoFeatureLayer as IFeatureLayer;
    pTable = pGeoFeatureLayer as ITable;         //接口转换，获取属性数据表
    pCursor = pTable.Search(null, true);         //获取属性数据集合游标

    //创建数据统计对象，并进行统计
    pDataStatistics = new DataStatisticsClass();
    pDataStatistics.Cursor = pCursor;                //设置数据统计对象的游标
    pDataStatistics.Field = szProportionField;              //确定参考字段
    pStatisticsResult = pDataStatistics.Statistics;     //得到统计结果
    if (pStatisticsResult != null)
    {
        IFillSymbol pFillSymbol = new SimpleFillSymbolClass();
        pFillSymbol.Color = pFillColor;

        //创建比例符号渲染器对象
        IProportionalSymbolRenderer pProportionalRenderer = new
            ProportionalSymbolRendererClass();

        //设置比例符号渲染对象的长度单位，具体如下：
        //(1)如果数据代表真实世界中的长度值，则 ValueUnit 可以是 esriInches、esriPoints、
        //        esriFeet、esriYards、esriMiles、esriNauticalMiles、esriMillimeters、
        //        esriCentimeters、esriMeters、esriKilometers、esriDecimalDegrees 等值
        //(2)如果数据值不代表长度，如人口数量、仓库储量等属性数据，
        //        那么 ValueUnit 的值设置为 unknown
        pProportionalRenderer.ValueUnit = euUnits;

        pProportionalRenderer.Field = szProportionField;//包含数据值的属性字段名
        pProportionalRenderer.FlanneryCompensation = false;//是不是在 TOC 中显示 legend
```

```
        pProportionalRenderer.MinDataValue = pStatisticsResult.Minimum;//数据最小值
        pProportionalRenderer.MaxDataValue = pStatisticsResult.Maximum;//数据最大值
        pProportionalRenderer.BackgroundSymbol = pFillSymbol;
        pProportionalRenderer.MinSymbol = pCharacterMarkerSymbol as ISymbol;
        pProportionalRenderer.LegendSymbolCount = nLegendSymbolCount;//要分成的级数
        pProportionalRenderer.CreateLegendSymbols();
        pGeoFeatureLayer.Renderer = pProportionalRenderer as IFeatureRenderer;
    }
}
```

4.4.6 DotDensityRenderer：点密度专题图

点密度专题图(dot density map)用一定大小、形状相同的点表示现象分布范围、数量特征和分布密度。点的多少及其所代表的意义由地图的内容确定。在 ArcGIS Engine 中，可以使用 IDotDensityRenderer 接口对要素图层进行点密度渲染。DotDensityRenderer 对象实现了 IDotDensityRenderer 接口，定义了使用点密度着色的方法和属性。它使用 DotDensityFillSymbol 符号对面状要素进行渲染，使用随机分布的点的密度来表现要素某个属性值的大小。

【代码 4.10】　点密度专题图

(参见本书配套代码 Shared.Base 工程中的 CFeatureLayerRenderHelper.cs)

```
//点密度专题图
public void CreateDotDensityFillSymbol(
    IGeoFeatureLayer pGeoFeatureLayer, //要渲染的图层
    string szRenderField, //渲染字段
    double dbDotSize, //点大小
    Color pColor, //点颜色
    Color pColorBackground, //填充背景颜色
    ISimpleMarkerSymbol pSimpleMarkerSymbol, //点符号
    double dbRenderDensity//点密度
    )
{
    if (pGeoFeatureLayer == null)
        return;

    //创建点密度渲染对象
    IDotDensityRenderer pDotDensityRenderer = new DotDensityRendererClass();

    //设置渲染字段
    IRendererFields pRendererFields = pDotDensityRenderer as IRendererFields;
    pRendererFields.AddField(szRenderField, szRenderField);

    //创建点密度符号对象
```

```
    IDotDensityFillSymbol pDotDensityFillSymbol = new DotDensityFillSymbolClass();
    pDotDensityFillSymbol = new DotDensityFillSymbolClass();
    pDotDensityFillSymbol.DotSize = dbDotSize;//点符号大小
    //点符号颜色
    pDotDensityFillSymbol.Color = CColorHelper.GetRGBColor(
        pColor.R,
        pColor.G,
        pColor.B);
    //点密度符号填充背景色
    pDotDensityFillSymbol.BackgroundColor = CColorHelper.GetRGBColor(
        pColorBackground.R,
        pColorBackground.G,
        pColorBackground.B);

    //设置渲染符号
    ISymbolArray pSymbolArray = pDotDensityFillSymbol as ISymbolArray;
    pSymbolArray.AddSymbol(pSimpleMarkerSymbol as ISymbol);
    pDotDensityRenderer.DotDensitySymbol = pDotDensityFillSymbol;
    //设置渲染密度
    pDotDensityRenderer.DotValue = dbRenderDensity;
    //创建图例
    pDotDensityRenderer.CreateLegend();
    pGeoFeatureLayer.Renderer = pDotDensityRenderer as IFeatureRenderer;
}
```

4.4.7　统计专题图

统计专题图(statistical map)也称统计地图，是统计图的一种，它以地图为基底，用各种统计符号表明地理要素特征指标值的大小及其分布状况。统计专题图的最大特点是运用统计数据反映制图对象数量特征，揭示统计项目和同一项目内不同统计标准间的同一性和差异性，以分析它们在自然和社会经济地理环境中的特征、规模、水平、结构、地理分布、相互依存关系及其发展趋势。因此，统计专题图是统计图形与地图的结合，可以突出说明某些地理现象在地域上的分布，对某些地理现象进行不同区域的比较，可以表明现象所处的地理位置及其他自然条件的关系等。

常见的统计专题图有饼状专题图、柱状专题图、堆叠专题图等，下面通过实例代码分析进行详细讨论。

1. 饼状专题图

【代码 4.11】　饼状专题图
(参见本书配套代码 Shared.Base 工程中的 CFeatureLayerRenderHelper.cs)

```
//饼状图渲染
```

```
public void CreatePieChartSymbol(
    IGeoFeatureLayer pGeoFeatureLayer,//待渲染图层
    string[] szRenderField,
    IColor[] pFillsymbolColor,
    Color pOutlineColor,
    Color pBgColor,
    double dbMarkerSize
    )
{
    if (pGeoFeatureLayer == null)
        return;
    pGeoFeatureLayer.ScaleSymbols = true;

    //创建统计图渲染对象，即 ChartRendererClass 对象
    IChartRenderer pChartRenderer = new ChartRendererClass();

    #region 循环增加饼状图表示的字段
    //接口转换至 IRendererFields
    IRendererFields pRendererFields = pChartRenderer as IRendererFields;
    for (int i = 0; i < szRenderField.Length; i++)
    {
        //增加饼状图表示的字段
        pRendererFields.AddField(szRenderField[i], szRenderField[i]);
    }
    #endregion

    IFeatureLayer pFeatureLayer = pGeoFeatureLayer as IFeatureLayer;
    ITable pTable = pFeatureLayer as ITable;//增加饼状图表示的字段
    ICursor pCursor = pTable.Search(null, true);//获取属性表游标

    #region 获取要素最大值，确定饼状图的最大高度
    double dbMaxValue = 0.0;
    IRowBuffer pRowBuffer = pCursor.NextRow();//获取第一行
    while (pRowBuffer != null)
    {
        for (int i = 0; i < szRenderField.Length; i++)
        {
            int nIdx = pTable.FindField(szRenderField[i]);
            double dbFieldValue = double.Parse(pRowBuffer.get_Value(nIdx).ToString());
            if (dbFieldValue > dbMaxValue)
```

```
            {
                dbMaxValue = dbFieldValue;
            }
        }
        pRowBuffer = pCursor.NextRow();
    }
    #endregion

    //创建饼状图符号
    IPieChartSymbol pPieChartSymbol = new PieChartSymbolClass();
    pPieChartSymbol.Clockwise = true;//饼状图的方向：顺时针
    pPieChartSymbol.UseOutline = true;//是否显示外边框线

    #region 设置饼状图的外边框线样式
    ILineSymbol pLineSymbol = new SimpleLineSymbolClass();
    pLineSymbol.Color = CColorHelper.GetRGBColor(
        pOutlineColor.R,
        pOutlineColor.G,
        pOutlineColor.B);
    pLineSymbol.Width = 2;
    pPieChartSymbol.Outline = pLineSymbol;
    #endregion

    //接口转换至 IChartSymbol
    IChartSymbol pChartSymbol = pPieChartSymbol as IChartSymbol;
    pChartSymbol.MaxValue = dbMaxValue;//设置饼状图符号的最大值
    //接口转换至 IMarkerSymbol
    IMarkerSymbol pMarkerSymbol = pPieChartSymbol as IMarkerSymbol;
    pMarkerSymbol.Size = dbMarkerSize;//设置饼状图符号大小

    #region 利用 ISymbolArray 接口添加符号
    //接口转换至 ISymbolArray
    ISymbolArray pSymbolArrays = pPieChartSymbol as ISymbolArray;
    //创建填充符号数组，对其循环赋值
    IFillSymbol[] pFillSymbols = new IFillSymbol[szRenderField.Length];
    for (int i = 0; i < szRenderField.Length; i++)
    {
        //增加填充符号
        pFillSymbols[i] = new SimpleFillSymbolClass();
        pFillSymbols[i].Color = pFillsymbolColor[i];
```

```
        pSymbolArrays.AddSymbol(pFillSymbols[i] as ISymbol);
    }
    #endregion

    //设置背景
    pChartRenderer.ChartSymbol = pPieChartSymbol as IChartSymbol;
    IFillSymbol pFillSymbol = new SimpleFillSymbolClass();
    pFillSymbol.Color = CColorHelper.GetRGBColor(
        pBgColor.R,
        pBgColor.G,
        pBgColor.B);
    pChartRenderer.BaseSymbol = pFillSymbol as ISymbol;
    pChartRenderer.UseOverposter = false;
    //创建图例
    pChartRenderer.CreateLegend();
    pGeoFeatureLayer.Renderer = pChartRenderer as IFeatureRenderer;
}
```

2. 柱状专题图

【代码 4.12】　柱状专题图
(参见本书配套代码 Shared.Base 工程中的 CFeatureLayerRenderHelper.cs)

```
//柱状图渲染
public void CreateBarChartSymbol(
    IGeoFeatureLayer pGeoFeatureLayer,//要渲染的图层
    string[] szRenderField, //柱状图表示的字段
    IColor[] pFillSymbolColor,//这些字段分别需要渲染的颜色
    double dbBarWidth, //每个柱子的宽度
    IColor pBgColor,//背景色
    double dbMarkerSize //整个柱状图的大小(单位：磅)
    )
{
    if (pGeoFeatureLayer == null)
        return;
    pGeoFeatureLayer.ScaleSymbols = true;

    //创建统计图渲染对象，即 ChartRendererClass 对象
    IChartRenderer pChartRenderer = new ChartRendererClass();

    #region 循环增加柱状图表示的字段
    //接口转换至 IRendererFields
```

```
IRendererFields pRendererFields = pChartRenderer as IRendererFields;
for (int i = 0; i < szRenderField.Length; i++)
{
    //增加柱状图表示的字段
    pRendererFields.AddField(szRenderField[i], szRenderField[i]);
}
#endregion

IFeatureLayer pFeatureLayer = pGeoFeatureLayer as IFeatureLayer;
ITable pTable = pFeatureLayer as ITable;//转换为 ITable 接口
ICursor pCursor = pTable.Search(null, true);//获取属性表游标
IRowBuffer pRowBuffer = pCursor.NextRow();//获取第一行

#region 获取要素最大值，确定柱状图的最大高度
double dbMaxValue = 0.0;
while (pRowBuffer != null)
{
    for (int i = 0; i < szRenderField.Length; i++)
    {
        int nIdx = pTable.FindField(szRenderField[i]);
        double dbFieldValue = double.Parse(pRowBuffer.get_Value(nIdx).ToString());
        if (dbFieldValue > dbMaxValue)
        {
            dbMaxValue = dbFieldValue;
        }
    }
    pRowBuffer = pCursor.NextRow();
}
#endregion

//创建柱状图符号
IBarChartSymbol pBarChartSymbol = new BarChartSymbolClass();
pBarChartSymbol.Width = dbBarWidth;//柱状图的宽度
//转换至 IChartSymbol 接口
IChartSymbol pChartSymbol = pBarChartSymbol as IChartSymbol;
pChartSymbol.MaxValue = dbMaxValue;//设置柱状图符号的最大值
//转换至 IMarkerSymbol 接口
IMarkerSymbol pMarkerSymbol = pBarChartSymbol as IMarkerSymbol;
pMarkerSymbol.Size = dbMarkerSize;//设置柱状图符号大小
```

```
    #region 利用 ISymbolArray 接口添加符号
    //接口转换至 ISymbolArray
    ISymbolArray pSymbolArray = pBarChartSymbol as ISymbolArray;
    //创建填充符号数组，对其循环赋值
    IFillSymbol[] pFillSymbols = new IFillSymbol[szRenderField.Length];
    for (int i = 0; i < szRenderField.Length; i++)
    {
        //设置不同颜色的柱子
        pFillSymbols[i] = new SimpleFillSymbolClass();
        pFillSymbols[i].Color = pFillSymbolColor[i];
        //增加符号
        pSymbolArray.AddSymbol(pFillSymbols[i] as ISymbol);
    }
    #endregion

    //设置柱状图符号
    pChartRenderer.ChartSymbol = pBarChartSymbol as IChartSymbol;
    //设置底图样式
    IFillSymbol pFillSymbol = new SimpleFillSymbolClass();
    pFillSymbol.Color = pBgColor;
    pChartRenderer.BaseSymbol = pFillSymbol as ISymbol;
    //假如那个位置放不下柱状图，是否用线段连接指示位置
    pChartRenderer.UseOverposter = false;
    //创建图例
    pChartRenderer.CreateLegend();

    pGeoFeatureLayer.Renderer = pChartRenderer as IFeatureRenderer;
}
```

3. 堆叠专题图

【代码 4.13】　堆叠专题图
(参见本书配套代码 Shared.Base 工程中的 CFeatureLayerRenderHelper.cs)

```
// 创建堆叠柱状图表(stacked)
public void CreateStackedChartSymbol(
    IGeoFeatureLayer pGeoFeatureLayer, //要渲染的图层
    string[] szRenderField, //堆叠图表示的字段
    IColor[] pFillsymbolColor, //这些字段分别需要渲染的颜色
    double dbBarWidth, //每个柱子的宽度
    IColor pBgColor,//背景色
    double dbMarkerSize //整个堆叠柱状图的大小(单位：磅)
```

```
    )
{
    if (pGeoFeatureLayer == null)
        return;
    pGeoFeatureLayer.ScaleSymbols = true;

    IFeatureLayer pFeatureLayer = pGeoFeatureLayer as IFeatureLayer;
    ITable pTable = pFeatureLayer as ITable;
    ICursor pCursor = pTable.Search(null, true);
    IRowBuffer pRowBuffer = pCursor.NextRow();
    IChartRenderer pChartRenderer = new ChartRendererClass();

    #region 循环增加堆叠图表示的字段
    IRendererFields pRendererFields = pChartRenderer as IRendererFields;
    for (int i = 0; i < szRenderField.Length; i++)
    {
        pRendererFields.AddField(szRenderField[i], szRenderField[i]);
    }
    #endregion

    #region 获取要素最大值
    double dbMaxValue = 0.0;
    while (pRowBuffer != null)
    {
        for (int i = 0; i < szRenderField.Length; i++)
        {
            int nIdx = pTable.FindField(szRenderField[i]);
            double dbFieldValue = double.Parse(pRowBuffer.get_Value(nIdx).ToString());
            if (dbFieldValue > dbMaxValue)
            {
                dbMaxValue = dbFieldValue;
            }
        }
        pRowBuffer = pCursor.NextRow();
    }
    #endregion

    //创建堆叠柱状符号
    IStackedChartSymbol pStackedChartSymbol = new StackedChartSymbolClass();
    pStackedChartSymbol.Width = 10;//柱子宽度
```

```
    IMarkerSymbol pMarkerSymbol = pStackedChartSymbol as IMarkerSymbol;
    pMarkerSymbol.Size = dbMarkerSize;//符号的大小
    IChartSymbol pChartSymbol = pStackedChartSymbol as IChartSymbol;
    pChartSymbol.MaxValue = dbMaxValue;//设置最大值

    #region 添加渲染符号
    ISymbolArray pSymbolArray = pStackedChartSymbol as ISymbolArray;
    IFillSymbol[] pFillSymbols = new IFillSymbol[szRenderField.Length];
    for (int i = 0; i < szRenderField.Length; i++)
    {
        //设置不同颜色的柱子
        pFillSymbols[i] = new SimpleFillSymbolClass();
        pFillSymbols[i].Color = pFillsymbolColor[i];
        pSymbolArray.AddSymbol(pFillSymbols[i] as ISymbol);
    }
    #endregion

    //设置符号
    pChartRenderer.ChartSymbol = pStackedChartSymbol as IChartSymbol;
    IFillSymbol pFillSymbol = new SimpleFillSymbolClass();
    pFillSymbol.Color = pBgColor;
    pChartRenderer.BaseSymbol = pFillSymbol as ISymbol;
    pChartRenderer.UseOverposter = false;
    //创建图例
    pChartRenderer.CreateLegend();
    pGeoFeatureLayer.Renderer = pChartRenderer as IFeatureRenderer;
}
```

4.5　栅格数据符号化

4.5.1　概述

栅格数据(raster data)就是将空间分割成有规律的网格，每个网格称为一个栅格单元，并在各单元上赋予相应的属性值来表示地理实体的一种数据组织形式。每一个栅格单元的位置由它的行列号定义，所表示的实体位置隐含在栅格行列位置中，数据组织中的每个数据表示地物或现象的非几何属性或指向其属性的指针。

栅格结构是用有限的网格逼近某个图形，因此用栅格数据表示的地表是不连续的，是近似离散的数据。栅格单元的大小决定了在一个像元所覆盖的面积范围内地理数据的精度，网格单元越细栅格数据越精确，但如果太细则数据量会很大(图 4.12)。由于栅格结构中每个代码明确地代表了实体的属性或属性值，点实体在栅格结构中表示为一个像元，线实体表示为具有方向性的若干连续相邻像元的集合，面实体由聚集在一起的相邻像元表示，这就决定了网格行列阵列易为计算机存储、操作、显示与维护。

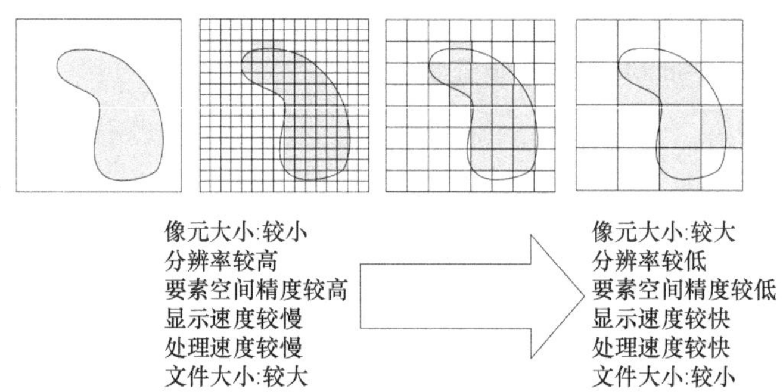

图 4.12 栅格数据的空间分辨率

4.5.2 RasterRender 类和 IRasterRender 接口

RasterRender 是一个抽象类，它有 15 个子类负责进行不同类型的着色运算。它们都实现了 IRasterRender 接口，这个接口定义了栅格图层符号化的公共属性和方法。可以通过 IRasterLayer::Renderer 属性获得一个栅格图层的符号化对象。RasterRender 及其派生类如图 4.13 所示。不同类型的栅格渲染器如表 4.3 所示。

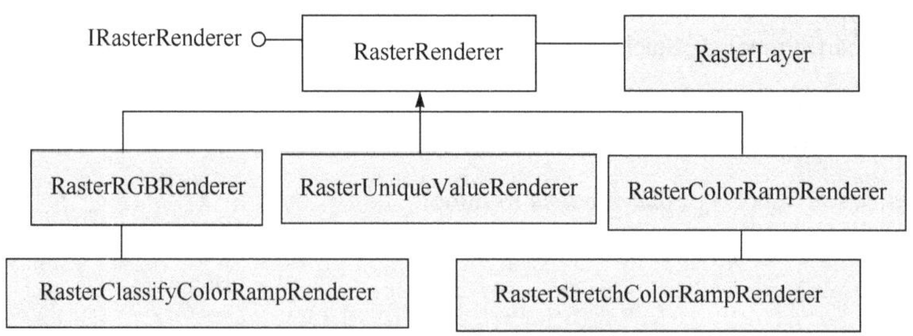

图 4.13 RasterRender 及其派生类

表 4.3 不同类型的栅格渲染器

要素符号化类型	描述
RasterRGBRenderer	栅格 RGB 符号化
RasterUniqueValueRenderer	唯一值符号化
RasterColorRampRenderer	栅格色带符号化
RasterClassifyColorRampRenderer	分类颜色符号化
RasterStretchColorRampRenderer	色带拉伸符号化
RasterDiscreteColorRenderer	离散颜色符号化

IRasterRender 接口定义如下：

```
public interface IRasterRenderer
{
```

```
    //显示分辨率系数。因子值表示为 0 到 100 之间的百分比
    int DisplayResolutionFactor { get; set; }

    //需要渲染的栅格
    IRaster Raster { get; set; }

    //用于显示栅格的重采样方法
    rstResamplingTypes ResamplingType { get; set; }

    //指示渲染器是否需要更新
    bool Updated { get; }

    //指示栅格能否被渲染
    bool CanRender(IRaster Raster);

    //选择一个栅格作为当前副本对象
    void Copy(IRasterRenderer pSource);

    //展示绘制的栅格
    void Draw(IRaster Raster, esriDrawPhase DrawPhase, IDisplay pDisplay,
        ITrackCancel pTrackCancel);

    //更新渲染器以进行任何更改
    void Update();
}
```

4.5.3 “唯一值”渲染器：UniqueValueRenderer

“唯一值”渲染器用于分别显示栅格图层中的每个值。例如，专题栅格图层中可显示土壤类型或土地利用的不同类别。“唯一值”渲染器将每个值随机显示为一种颜色，如果数据具有色彩映射表，则可通过“色彩映射表”渲染器以指定的颜色显示数据。色彩映射表主要功能是以预先指定的颜色来表示“唯一值”渲染器或栅格图层中的值。如果栅格数据集中存在色彩映射表，则“色彩映射表”渲染器会自动显示在“符号系统”选项卡的可用渲染器列表中。

唯一值渲染的主要过程如下：

(1) 实例化唯一值渲染对象，通过 IRasterUniqueValueRenderer 接口实例化渲染对象，并通过 IRasterRenderer 接口与需要渲染的栅格进行绑定。

(2) 初始化唯一值对象，通过 IUniqueValues 接口初始化唯一值对象，并将各级值加入到唯一值对象中。

(3) 初始化 IColorRamp 列表，依据指定颜色个数创建或重建色带。

(4) 通过获取 IColorRamp 设定的栅格渲染器的色带，使用 IRasterRenderer 来实现色带渲染效果。

(5) 栅格图层渲染赋值，将初始化的 IRasterRender 对象赋给初始化的 IRasterLayer 对象的 Renderer 属性，并更新地图渲染。

【代码 4.14】 栅格数据唯一值渲染

(参见本书配套代码 App.Symbolize.RasterRender 工程中的 Form_Main.cs)

```
/// <summary>
/// 唯一值渲染
/// </summary>
/// <param name="rasterLayer">渲染图层</param>
/// <param name="colorRamp">色带</param>
/// <param name="renderfiled">渲染器字段</param>
public void UniqueValueRenderer(IRasterLayer rasterLayer, IColorRamp colorRamp, string renderfiled)
{
    try
    {
        //创建栅格图层
        IRasterLayer pRasterLayer = rasterLayer;
        //创建唯一值渲染对象并交换至 RasterRenderer 接口
        IRasterUniqueValueRenderer uniqueValueRenderer = new
            RasterUniqueValueRendererClass();
        IRasterRenderer pRasterRenderer = uniqueValueRenderer as IRasterRenderer;
        //初始化唯一值对象
        IUniqueValues uniqueValues = new UniqueValuesClass();
        IRasterCalcUniqueValues calcUniqueValues = new RasterCalcUniqueValuesClass();
        //从给定的光栅带中增加值
        calcUniqueValues.AddFromRaster(pRasterLayer.Raster, 0, uniqueValues);
        IRasterRendererUniqueValues renderUniqueValues = uniqueValueRenderer
            as IRasterRendererUniqueValues;
        renderUniqueValues.UniqueValues = uniqueValues;
        //设置字段
        uniqueValueRenderer.Field = renderfiled;
        colorRamp.Size = uniqueValues.Count;
        bool pOk;
        colorRamp.CreateRamp(out pOk);
        //设置颜色渲染器的色阶
        IRasterRendererColorRamp pRasterRendererColorRamp = uniqueValueRenderer
            as IRasterRendererColorRamp;
        pRasterRendererColorRamp.ColorRamp = colorRamp;
        //更新数据
        pRasterRenderer.Update();
        pRasterLayer.Renderer = uniqueValueRenderer as IRasterRenderer;
```

```
            //刷新图层
            axMapControl_Main.ActiveView.Refresh();
        }
        catch
        {}
}
```

图 4.14 即为样例代码运行结果。

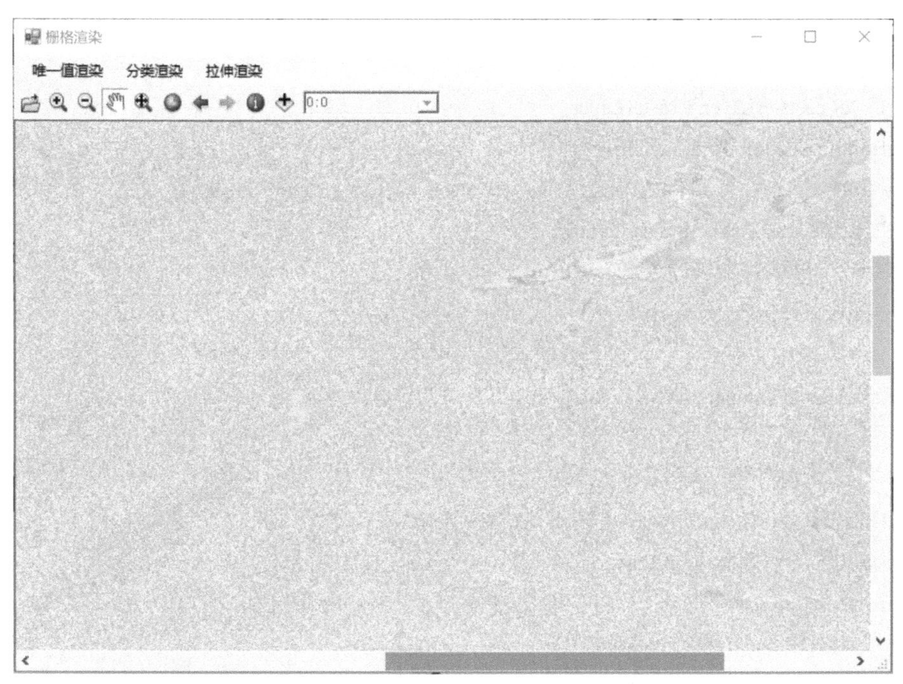

图 4.14　栅格数据唯一值渲染结果

4.5.4　分类渲染器：ClassifyRenderer

分类渲染器多用于单波段栅格图层。该“分类”方法通过将像元值归组到不同的类别来显示专题栅格。分类渲染主要应用于连续变化的现象(如地形图分层设色、热力图或土地类型图等)，具体方法是将一个范围分为较少数量的类别，并为这些类分别指定颜色。

分类渲染的主要过程如下：

(1) 初始化图层。通过 IRasterLayer 接口初始化输入图层，并通过 IRaterBand 接口的 Histogram 属性判断是否有统计数据，没有则计算。

(2) 创建并设置渲染器属性。通过 IRasterClassifyColorRampRenderer 创建分类渲染器对象并交换至 RasterRenderer 接口，并通过 set_Break 属性设置分级。

(3) 设置符号系统的颜色渐变。通过 IFillSymbol 进行颜色设置，并将 IColor 接口设置好的颜色赋值给它。

(4) 为每个分类创建符号。栅格图层渲染赋值，将初始化的 IRasterRender 对象赋给初始化的 IRasterLayer 对象的 Renderer 属性，设置标签并更新地图渲染。

【代码 4.15】　栅格数据分类渲染
(参见本书配套代码 App.Symbolize.RasterRender 工程中的 Form_Main.cs)

```
/// <summary>
/// 分类渲染
/// </summary>
/// <param name="rasterLayer">渲染图层</param>
public void ClassifiedRendering(IRasterLayer rasterLayer)
{
    //获取输入图层
    IRasterLayer pRasterLayer = rasterLayer;
    IRasterBandCollection bands = null;
    bands = (pRasterLayer.Raster as IRaster2).RasterDataset as IRasterBandCollection;
    IRasterBand pRasterBand = bands.Item(0);
    //如果没有统计数据，则计算
    if (pRasterBand.Histogram == null)
    {
        pRasterBand.ComputeStatsAndHist();
    }
    //创建分类渲染器对象并交换至 RasterRenderer 接口
    IRasterClassifyColorRampRenderer ClassifyColor = new
        RasterClassifyColorRampRendererClass();
    IRasterRenderer pRasterRenderer = ClassifyColor as IRasterRenderer;
    pRasterRenderer.Raster = pRasterLayer.Raster;
    //设置分级(这里 set_break 的 index 从 1 开始)
    ClassifyColor.ClassCount = 3;
    ClassifyColor.set_Break(1, 400);
    ClassifyColor.set_Break(2, 1000);
    ClassifyColor.set_Break(3, 2000);
    //排除数值(可以根据需要自行设置，这张图-999 是背景值)
    double[] ignoredValue = new double[1] { -999 };
    IRasterDataExclusion pRasterDataExclusion = ClassifyColor as IRasterDataExclusion;
    pRasterDataExclusion.ExcludeValues = ignoredValue;
    //颜色设置
    IFillSymbol Symbol = new SimpleFillSymbolClass() as IFillSymbol;
    Symbol.Color = SetRGB(0, 255, 102);
    ClassifyColor.set_Symbol(0, Symbol as ISymbol);
    Symbol.Color = SetRGB(255, 255, 100);
    ClassifyColor.set_Symbol(1, Symbol as ISymbol);
    Symbol.Color = SetRGB(255, 153, 0);
    ClassifyColor.set_Symbol(2, Symbol as ISymbol);
```

```
    //设置 Renderer 属性
    pRasterLayer.Renderer = pRasterRenderer;
    //设置标签(必须在设置分级之后才能设置标签)
    ClassifyColor.set_Label(0, "类别 1");
    ClassifyColor.set_Label(1, "类别 2");
    ClassifyColor.set_Label(2, "类别 3");
    //更新地图渲染
    pRasterRenderer.Update();
    axMapControl_Main.ActiveView.Refresh();
}
```

图 4.15 即为样例代码分类渲染结果。

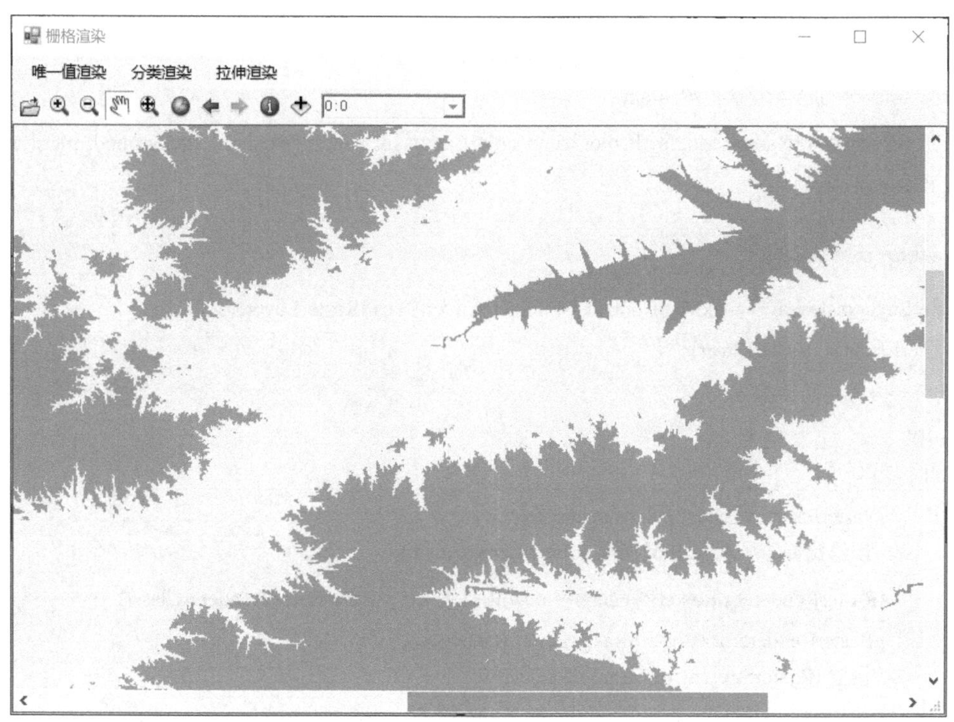

图 4.15　栅格数据分类渲染结果

4.5.5　拉伸渲染器：StretchRenderer

拉伸渲染器用于以平滑渐变的颜色显示连续的栅格像元值。使用拉伸渲染器主要来绘制单波段的连续数据。该方法非常适合于诸如影像、航空像片或高程模型等要显示的像元值位于较大范围的栅格数据。

拉伸渲染的主要过程如下：

(1) 通过 IRasterLayer 接口初始化输入图层，并通过 IRasterBand 接口的 Histogram 属性判断是否有统计数据，没有则计算。

(2) 创建颜色渐变。通过 IRasterClassifyColorRampRenderer 创建分类渲染器对象交换至 RasterRenderer 接口，并通过 set_Break 属性设置分级。

(3) 通过 IFillSymbol 进行颜色设置，并将 IColor 接口设置好的颜色赋值给它。

(4) 栅格图层渲染赋值。将初始化的 IRasterRender 对象赋给初始化的 IRasterLayer 对象的 Renderer 属性，设置标签并更新地图渲染。

【代码 4.16】 栅格数据拉伸渲染

(参见本书配套代码 App.Symbolize.RasterRender 工程中的 Form_Main.cs)

```
/// <summary>
/// 拉伸渲染
/// </summary>
/// <param name="colorRamp">色带</param>
/// <param name="bandindex">波段索引</param>
/// <param name="background">指示背景值是否在使用</param>
/// <param name="strechstyle">拉伸类型</param>
/// <param name="parm">拉伸渲染器的标准偏差参数</param>
/// <param name="pcolor">背景色</param>
public void StretchColorRampRenderer(IColorRamp colorRamp, int bandindex, bool background, int stretchstyle,
int parm, IColor pcolor)
{
    //从图层获取栅格对象
    IRasterLayer rasterLayer = axMapControl_Main.get_Layer(0) as IRasterLayer;
    if (rasterLayer is IRasterLayer)
    {
        try
        {
            IRasterLayer pRasterLayer = rasterLayer;
            //创建拉伸渲染对象并交换至 Raster Renderer 接口
            IRasterRenderer pRasterRenderer = new RasterStretchColorRampRendererClass();
            pRasterRenderer.Raster = pRasterLayer.Raster;
            //设置 IRasterStretchColorRampRenderer
            IRasterStretchColorRampRenderer pRasterStretchRenderer = pRasterRenderer as
                IRasterStretchColorRampRenderer;
            //设置拉伸类型
            IRasterStretch2 rasterStretchType = pRasterStretchRenderer as IRasterStretch2;
            if (stretchstyle == 0)
            {
                //色带拉伸是标准差类型
                rasterStretchType.StretchType =
                    esriRasterStretchTypesEnum.esriRasterStretch_StandardDeviations;
                rasterStretchType.StandardDeviationsParam = parm;
            }
            else if (stretchstyle == 1)
```

```
            {
                //色带拉伸是直方图类型
                rasterStretchType.StretchType =
                    esriRasterStretchTypesEnum.esriRasterStretch_HistogramEqualize;
            }
            else if (stretchstyle == 2)
            {
                //色带拉伸是直方图规格化类型
                rasterStretchType.StretchType =
                    esriRasterStretchTypesEnum.esriRasterStretch_HistogramSpecification;
            }
            else if (stretchstyle == 3)
            {
                //色带拉伸是最小-最大值类型
                rasterStretchType.StretchType =
                    esriRasterStretchTypesEnum.esriRasterStretch_MinimumMaximum;
            }
            else
            {
                //色带拉伸没有被应用
                rasterStretchType.StretchType =
                    esriRasterStretchTypesEnum.esriRasterStretch_NONE;
            }
            rasterStretchType.Invert = true;//是否翻转拉伸
            rasterStretchType.Background = background;
            rasterStretchType.BackgroundColor = pcolor;
            colorRamp.Size = 5; bool pOk;
            colorRamp.CreateRamp(out pOk);//创建颜色带
            pRasterStretchRenderer.BandIndex = bandindex;//波段索引
            pRasterStretchRenderer.ColorRamp = colorRamp;//创建颜色带
            //设置 render 属性
            pRasterLayer.Renderer = pRasterStretchRenderer as IRasterRenderer;
            axMapControl_Main.ActiveView.Refresh();
        }
        catch
        { }
}
}
```

图 4.16 为样例代码运行结果。

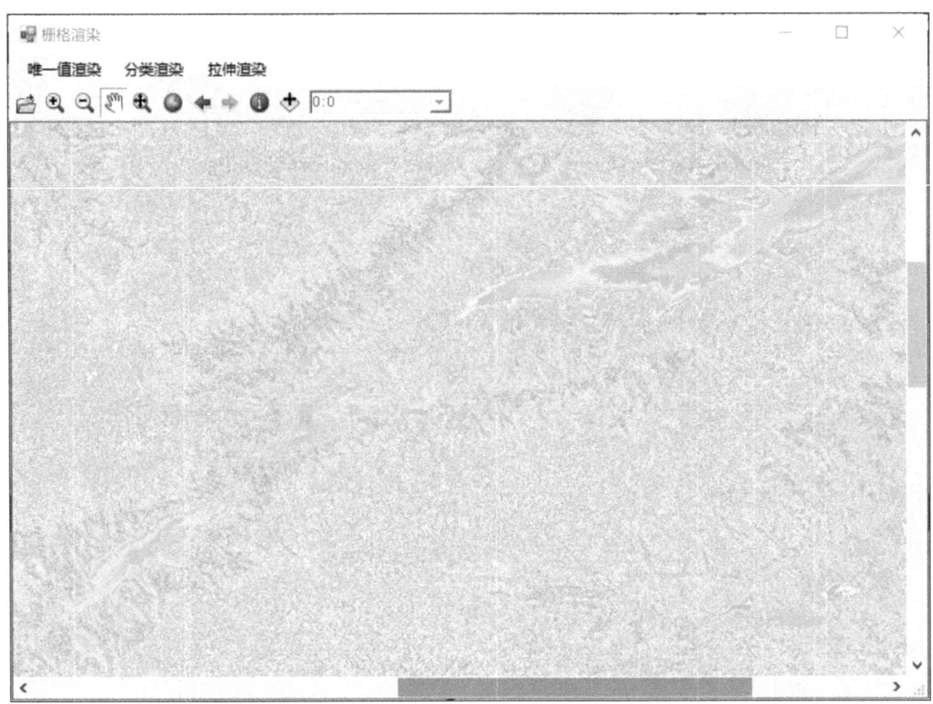

图 4.16　栅格数据拉伸渲染结果

第5章 空 间 查 询

5.1 概　　述

日常生活中经常会遇到这样一类问题：当我们到一个陌生的地方时，希望了解所处位置附近的美食、旅馆、地铁口、商场等。这类问题如果放在几十年前，常常通过询问当地人、购买纸质地图等方式解决，但在地理信息系统技术、无线通信技术、移动互联网技术日新月异发展的今天，高德地图、百度地图等手机 APP 的广泛使用，这些问题便迎刃而解。对于具有高德地图、百度地图等手机 APP 的用户而言，只要能够使用这些手机 APP 软件达到查询当前位置附近的美食、旅馆、地铁口、商场等的目的即可，但对于专业人士而言，则应该关注更深层次的内容：当用户通过手机获得当前位置时，怎样获取距离当前位置 500m 范围内的美食，又怎样在众多的美食中选择出评价最高的美食。这类问题中的大部分可以归结为地理信息系统中空间查询的问题，本章将着重叙述 ArcGIS Engine 开发中关于空间查询部分的内容。

空间查询是地理信息系统软件最常用的基本功能之一。空间查询，就是 GIS 用户获得空间上满足某条件的点、线、面等图形数据以及与图形关联的属性，从而构造空间查询条件，通过空间查询方法，返回查询结果，达到查询目的，最终满足用户需要。本章在讲解 ArcGIS 平台软件空间查询工具的基础上，逐步深入介绍了空间查询功能的实现细节，为读者在采用 ArcGIS Engine 进行空间查询功能的定制开发时提供支持和帮助。ArcGIS 平台软件提供了三种基本方式实现空间查询，分别是基于属性的查询、基于位置的查询和交互式空间查询。

5.1.1 ArcMap 的空间查询工具

1. 基于属性的查询

基于属性的查询适用于在单一图层中查询满足条件的信息。打开 ArcMap 主界面，在菜单项“selection”中选择“select by Attributes”，打开如图 5.1 所示对话框。

基于属性查询对话框是为方便用户构造查询条件设计的：

(1) “图层(L)”组合框，方便用户选择进行查询的目标图层。

(2) “方法(M)”组合框，提供用户可选择查询结果与当前选择集的运算方法，其中，“Create a new selection”表示创建一个新的选择集，“Add to current selection”表示将查询结果加入当前选择集中，“remove from current selection”表示将查询结果从当前选择集中移除，“select from current selection”表示在当前选择集中查询满足查询条件的内容。

(3) 属性列表框，当“图层(L)”组合框中的图层选定之后，该列表框中会列出该图层的属性字段信息。

(4) 运算符按钮集，该按钮集合包括比较预算符号=、< >、>、<、>=、<=，逻辑运算符 And、Or、Not，通配符_、%，模糊运算符 Like 等。

(5) “获取唯一值(V)”按钮，当在“属性列表框”中选择某一属性后，点击该按钮，获得对应于某一属性的属性唯一值列表。

(6) “where clause”文本框，该文本框用于构造结构化查询语言(structured query language，SQL)查询表达式中 where 语句后面的条件部分。

由此可见，基于属性查询通过图 5.1 所示对话框，即可构造一个 SQL 查询语句，实现基于属性的查询。

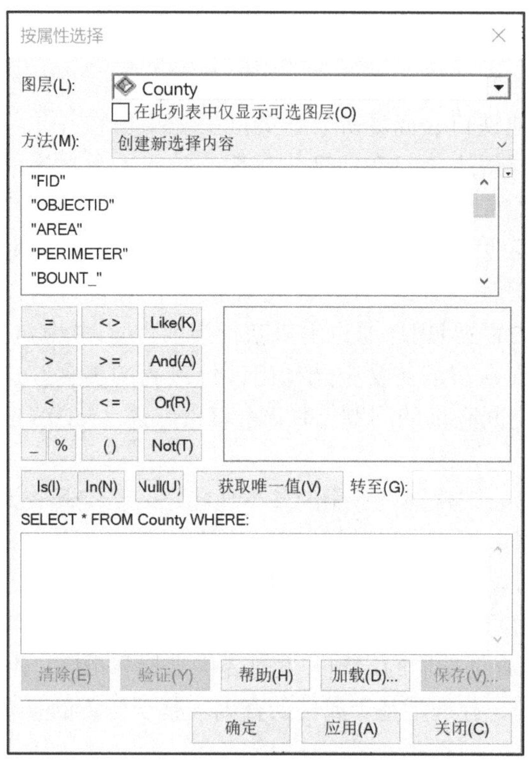

图 5.1　基于属性查询

2. 基于位置的查询

基于位置的查询适用于在一个或多个目标图层中选择要素，这些要素满足了目标图层与源图层之间一些特定的空间关系。打开 ArcMap 主界面，在菜单项“selection”中选择“select by Location”，打开如图 5.2 所示对话框。

基于位置的查询对话框是为方便用户构造空间关系查询而设计的：

(1) “选择方法(M)”组合框，提供进行“基于位置的查询”的查询方法选项，包含四种方法：“selection features from”选项表示在目标图层中进行空间查询；“add to the currently selected features in”选项表示将空间查询结果添加至目标图层的当前选择集中；“remove from the currently selected features in”选项表示从目标图层当前选择集中移除空间查询结果；“select from the currently selected features in”选项表示从目标图层当前选择集中选择满足空间查询条件的要素。

(2) “目标图层(T)”列表框，提供目标图层列表，通过复选框选择的方式，选择将要进行空间查询的一个或多个目标图层。

(3) “源图层(S)”组合框，提供源图层选择。选择一个源图层，确定目标图层与源图层的空间关系，最终获得空间查询结果。

(4) “目标图层要素的空间选择方法(P)”组合框，提供空间选择方法，也就是通过选择该选项确定目标图层与源图层之间的空间关系。主要包含以下几类空间关系：相交关系、包含关系、穿越关系、相邻关系等。就相交关系而言，其可选项包括与源图层要素相交、与源图层要素相交(3d)；就包含关系而言，其可选项包括包含源图层要素、完全包含源图层要素在源图层要素范围内、完全位于源图层要素范围内等；就穿越关系而言，可选项目包括与源图层要素的轮廓相交；就相邻关系而言，可选项包括与源图层要素共线、接触源图层要素的边界。

(5) “应用搜索距离(D)”可选项，在进行相交关系查询、包含关系查询中作为可选项应用。

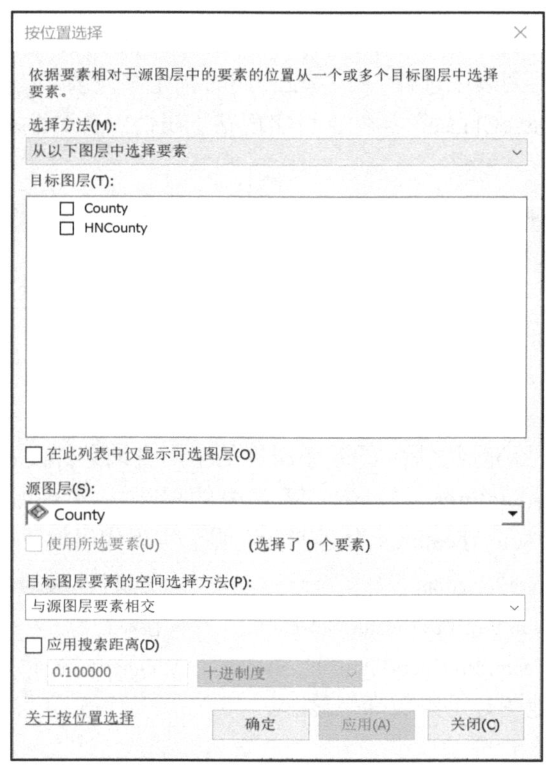

图 5.2　基于位置的查询

3. 交互式空间查询

交互式空间查询是通过鼠标操作完成的。打开 ArcMap 主界面，在 “Tools” 中选择 “select features…” 组合工具，有按矩形选择、按多边形选择、按套索选择、按圆选择等多个选项供用户选择，如图 5.3 所示。

当用户选择某一选项时，可在数据视图窗口绘制图形进行要素选择。例如，选择按矩形选择选项时，用户可通过鼠标在数据视图上绘制矩形，并通过该矩形进行搜索，将与该矩形相交的多边形目标、线目标以及包含在该矩形中的点目标加入选择集并高亮显示。

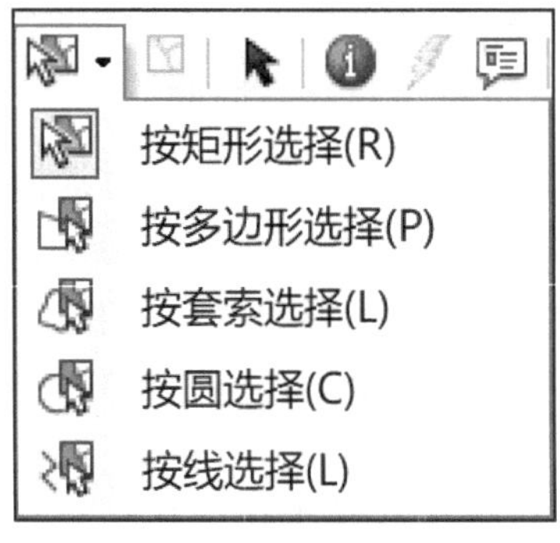

图 5.3　交互式空间查询

5.1.2　常用接口

上一小节中着重讲述了 ArcGIS 软件平台中进行空间查询的方式和方法。因为 ArcGIS 软件平台是由 ArcObjects 组件搭建而成，而 ArcGIS Engine 在本质上属于 ArcObjects 开发组件的子集，所以了解平台软件中通用的空间查询操作流程，可为我们采用 ArcGIS Engine 进行空间查询提供基本的思路和方法。本节主要介绍运用 ArcGIS Engine 进行空间查询二次开发中使用较多的两个接口：IQueryFilter 接口和 ISpatialFilter 接口。

1. IQueryFilter 接口

IQueryFilter 接口可在 ESRI.ArcGIS.Geodatabase 对象模型图中查找，其主要功能如表 5.1 所示。该接口定义了基于属性进行要素过滤的方法，充当查询过滤器的角色。在使用 IQueryFilter 接口时，需要事先在属性列表中选择一个字段，同时指定字段值，构建 where 语句，即设置 IQueryFilter 接口的“WhereClause”属性，可实现基于属性以及属性之间的联系的查询。基本语法如下：

```
IQueryFilter    IQueryFilter;                    //定义 IQueryFilter 类型接口变量
pQueryFilter = new QueryFilterClass();         //接口变量实例化
```

当接口变量 pQueryFilter 实例化之后，即可设置接口属性 WhereClause，有以下几种方式：

```
pQueryFilter.WhereClause="CountyName='郑州'";                //单一属性查询
pQueryFilter.WhereClause="Area>100 and Pop>100";            //组合属性查询
pQueryFilter.WhereClause="CountyName like '%市'";          //模糊查询
```

WhereClause 属性设置完成之后，即基于属性的空间查询条件设置完成之后，将接口变量 pQueryFilter 作为 SelectFeatures、Search 等方法的参数，实现数据的过滤和查询。以 IFeatureSelection 接口的 SelectFeatures 为例进行说明。实现代码如下：

```
IFeatureSelection   pFeatureSelection;                        //定义接口变量
pFeatureSelection = pFeatureLayer as IFeatureSelection;        //接口查询
pFeatureSelection.SelectFeatures(pQueryFilter, 0 , false);      //pQueryFilter 作为实参传入
```

最终查询结果会在地图显示区域高亮显示。

表 5.1　IQueryFilter 接口的主要功能

	方法及属性	功能
←	AddField	在子字段列表中追加单一字段名
■-□	OutputSpatialReference	按给定字段输出几何图形的空间参考
■-■	SubFields	过滤器中以逗号分隔的字段名列表
■-■	WhereClause	过滤器中的条件子句

2. ISpatialFilter 接口

在空间查询中，经常会遇到一类问题，如查询与某省相邻的省份有哪些、查询黄河穿越

的省级行政区有哪些、查询某省境内煤矿的数量有多少、查询当前位置 500m 范围内的银行有哪些等。回答这类问题时，IQueryFilter 接口作为过滤器已不能胜任，因为这类问题涉及了空间中几何图形的空间关系。IQueryFilter 接口的子接口 ISpatialFilter 可解答基于位置的空间关系查询的问题。

ISpatialFilter 继承自 IQueryFilter 接口，定义了 SpatialFilter 类的方法和属性，充当空间过滤器的角色，不仅包含空间属性，还包含非空间属性。例如，在查询当前位置 500m 范围内有哪些银行时，首先进行空间属性的查询，即基于当前位置绘制 500m 的圆形缓冲区；然后根据银行点图层与圆形缓冲区进行空间关系查询，获得落入圆形缓冲区内的银行点的属性信息。ISpatialFilter 接口与 IQueryFilter 接口的关系如图 5.4 所示。

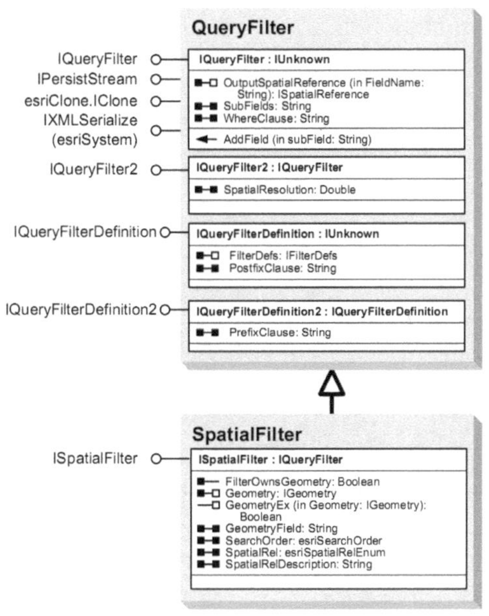

图 5.4　ISpatialFilter 接口与 IQueryFilter 接口的关系

与 IQueryFilter 接口一致，ISpatialFilter 接口在空间查询中，通过其属性和方法构造一个空间过滤器，即满足某种空间关系的空间查询条件。ISpatialFilter 接口的主要功能如表 5.2 所示。ISpatialFilter 作为 IFeatureClass 接口的 Search、Select 方法或 IFeatureLayer 接口上相似方法的参数使用，最终实现空间查询。其基本语法如下：

```
ISpatialFilter   pFilter;                    //定义接口变量
pFilter = new SpatialFilterClass();   //接口实例化
```

ISpatialFilter 接口类型的变量 pFilter 定义和实例化之后，进行空间过滤器的属性设置。下面代码设置了进行空间查询的三个主要属性：Geometry、GeometryField 和 SpatialRel。

Geometry 属性用于设置源几何图形，根据目标要素集与设定的源几何图形的空间关系执行空间选择。GeometryField 属性是目标要素类的图形字段名，将其中的图形与源图形比较。SpatialRel 属性是将一个 esriSpatialRelEnum 枚举值传入，指定源几何图形与目标要素的空间关系。esriSpatialRelEnum 是一个枚举类型，预定义了 10 种空间关系，如 esriSpatialRelIntersects、esriSpatialRelTouches、esriSpatialRelWithin 等，如表 5.3 所示。

```
pFilter.Geometry=pPolyline;                          //pPoint 为 IPolyline 类型的变量
```

```
pFilter.GeometryField=" SHAPE" ;
pFilter.SpatialRel= esriSpatialRelEnum. esriSpatialRelIntersects;        //空间关系属性设置
```

基本属性设置完成之后，通过 IFeatureClass 接口的 Search 方法实现空间查询。

```
IFeatureCursor pFeatureCursor;
pFeatureCursor=pFeatureClass.Search(pFilter,false);
```

表 5.2　ISpatialFilter 接口的主要功能

方法及属性	功能
AddField	在子字段列表中追加一个字段名
FilterOwnsGeometry	指示筛选器是否包含几何图形
Geometry	查询中用于过滤结果的几何图形
GeometryEx	查询中用于过滤结果的几何图形
GeometryField	应用过滤器的几何图形的字段名称
OutputSpatialReference	为指定字段输出几何图形的空间参考
SearchOrder	过滤器使用的搜索顺序
SpatialRel	由过滤器检查的空间关系
SpatialRelDescription	描述了查询的图形和返回的图形之间的关系。该字符串中有 9 个字符，可以是'F'、'T'或'*'；如 TT*FFT***表示包含
SubFields	过滤器中以逗号分隔的字段名列表
WhereClause	过滤器中的条件子句

表 5.3　esriSpatialRelEnum 枚举值

空间关系类型常量	值	描述
esriSpatialRelUndefined	0	未定义
esriSpatialRelIntersects	1	A 与 B 图形相交
esriSpatialRelEnvelopeIntersects	2	A 的包络线矩形和 B 的包络线矩形相交
esriSpatialRelIndexIntersects	3	A 与 B 索引相交
esriSpatialRelTouches	4	A 与 B 边界相接
esriSpatialRelOverlaps	5	A 与 B 相叠加
esriSpatialRelCrosses	6	A 与 B 相交(两条线相交于一点，一条线和一个面相交)
esriSpatialRelWithin	7	A 在 B 内
esriSpatialRelContains	8	A 包含 B
esriSpatialRelRelation	9	A 与 B 空间关联

5.2　基于属性的查询

通过 ArcGIS Engine 进行二次开发，实现基于属性的查询，由 5.1.1 节中“Select by

Attributes”工具可知，基于属性的查询在 ArcGIS 平台软件中是通过构造 SQL 语句完成的。同样，在 ArcGIS Engine 二次开发中，主要采用 IQueryFilter 接口或 ISpatialFilter 接口构造属性查询条件，实现基于属性的查询，与数据库中 SQL 语句一致。

5.2.1 单属性查询

单属性查询是针对单一属性构造 SQL 语句。ArcGIS Engine 中对 SQL 语句进行了部分封装，因此，只需要设置 IQueryFilter 接口或 ISpatialFilter 接口的 WhereClause 即可。

本节通过一个案例介绍单属性查询，即根据给定县级行政区的名称，查询得到该行政区的空间位置。例子程序中包含 MapControl 控件(axMapControl1)、组合框控件(cmbCountyName)、静态文本控件和地图操作工具按钮等。程序在执行过程中，选中组合框(cmbCountyName)中的县城名称之后，响应组合框控件的 SelectedIndexChanged 事件，在地图区域将选中的县城多边形高亮居中显示。

【代码 5.1】　单属性查询

(参见本书配套代码 App.SQ.QueryCountyByName 工程中的 Form_Main.cs)

```
/// <summary>
///单属性查询，响应组合框 cmbCountyName 索引改变事件的方法
/// </summary>
private void cmbCountyName_SelectedIndexChanged(object sender, EventArgs e)
{
    string countyName = cmbCountyName.Text;
    IActiveView pAvtiveView;
    pAvtiveView = axMapControl1.ActiveView;
    ILayer pLayer = axMapControl1.get_Layer(0);              //获得地图控件中的图层
    IFeatureLayer pFeatureLayer = pLayer as IFeatureLayer;   //接口查询
    //构造单一查询条件
    IQueryFilter pQueryFilter;                              //定义 IQueryFilter 类型接口变量
    pQueryFilter = new QueryFilterClass();                  //接口变量实例化
    pQueryFilter.WhereClause = "NAME99=" + "'" + countyName + "'";   //单一属性查询

    //运用 IFeatureSelection 接口的 SelectFeatures 方法，pQueryFilter 作为参数传入
    IFeatureSelection   pFeatureSelection;                  //定义接口变量
    pFeatureSelection = pFeatureLayer as IFeatureSelection;   //接口查询
    pFeatureSelection.Clear();                               //清空选择集
    pFeatureSelection.SelectFeatures(pQueryFilter, 0, false);   //pQueryFilter 作为实参传入
    ////获得要素选择集列表，并且居中放大显示
     IEnumFeature    pEnumFeature    =    axMapControl1.Map.FeatureSelection    as    IEnumFeature;
     pEnumFeature.Reset();                              //要素选择集列表顺序重置为开始
    IFeature pFeature = pEnumFeature.Next();        //获得下一个要素
    IGeometry geometry;                         //定义 IGeometry 类型接口变量
    //定义 IArea 类型接口变量，目的是通过该接口获得几何图形的重心
```

```
    IArea area;
    geometry = pFeature.Shape;              //IGeometry 类型接口变量实例化
    IEnvelope pEnv = pFeature.Extent.Envelope;    //获得当前选中区域的外接矩形
    pEnv.Expand(2, 2, true);                      //将当前选中区域的外接矩形放大
    area = (IArea)geometry;
    IPoint pPt = area.Centroid;             //通过 IArea 类型接口变量，获得几何图形的重心
    axMapControl1.Extent = pEnv;        //将放大的 pEnv 作为当前视图显示范围，放大显示
    axMapControl1.CenterAt(pPt);        //居中显示
    //视图刷新显示
    pAvtiveView.PartialRefresh(esriViewDrawPhase.esriViewGeography, null, null);
}
```

在程序运行主界面的县城名称组合框中选择某一县城名称，即可在地图区域高亮居中显示查询结果，如图 5.5 所示。

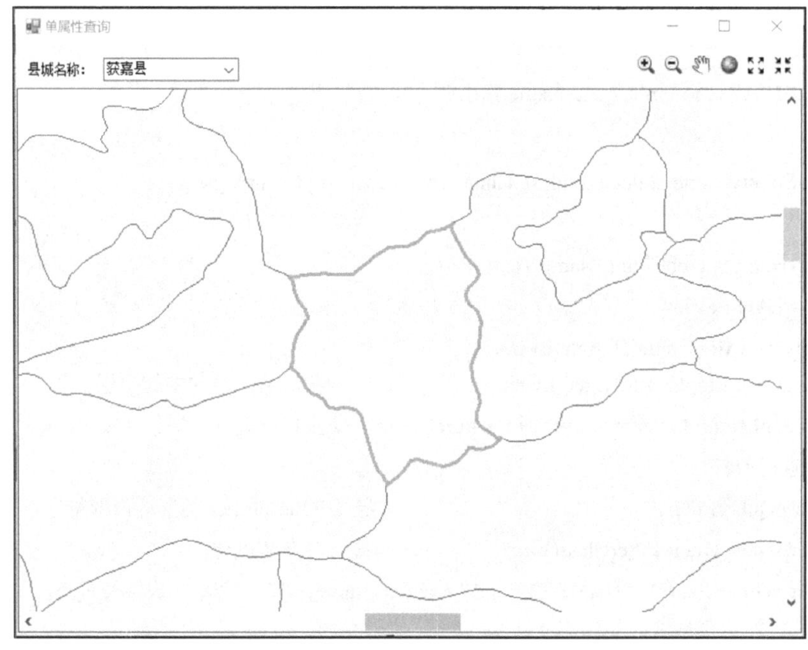

图 5.5　单属性查询运行结果

5.2.2　属性组合查询

属性组合查询是针对多个属性构造 SQL 语句，本节通过一个案例介绍组合属性查询。5.1.1 节中图 5.1 是可实现组合属性查询的对话框，本实例模拟图 5.1 界面设计实现基于 ArcGIS Engine 的属性组合查询，对话框界面设计如图 5.6 所示。其中，MapControl 控件用于地图显示；Form 控件 frmSelByAttribute 用于属性组合查询对话框的设计；组合框控件 cmbLayer 用于显示图层列表，用户可通过下拉列表框选择进行查询的图层；组合框控件 cmbMethod 显示方法列表，用于设置方法属性，有四个属性可供选择，分别是创建新的选择集、添加到当前选择集、从当前选择集中移除和在当前选择集中选择；列表框控件 lstFieldName 用于显示与图层对应的属性表的属性字段列表；列表框控件 lstFieldValue 用于显示与某一字段对应的属

性值列表；按钮控件 btnEqual、btnUnEqual、btnLike、btnMore、btnMoreE、btnLess、btnLessE、btnAnd、btnOr 等作为运算符方便用户选择；文本框控件 txtExPression 用于显示属性过滤条件组合表达式，同时包含静态文本控件和地图操作工具按钮等。程序在执行过程中，进行属性组合表达式的构造，在地图区域将选中的县域多边形高亮居中显示。

图 5.6 属性组合查询对话框界面设计

该例子程序通过构造行政区面积、人口两个属性的过滤条件，查询得到满足组合属性条件的行政区，运行结果如图 5.7 所示。

图 5.7 属性组合查询运行结果

【代码 5.2】　组合属性查询
(参见本书配套代码 App.SQ.QueryCountyByAttributes 工程中的 Form_Main.cs)

```
/// <summary>
///自定义命令，继承自 BaseCommand，弹出 frmSelByAttribute 类型对话框，用于构造
///IQueryFiler 的 WhereClause，进行组合查询
/// </summary>
[Guid("a59431b8-b6b4-47ad-bcac-ca5c2b6789e9")]
[ClassInterface(ClassInterfaceType.None)]
[ProgId("App.SQ.QueryCountyByAttributes.cmdSelByAttribute")]
public sealed class cmdSelByAttribute : BaseCommand
{
    /*……    此部分省略   ……. */
    //自定义命令的点击事件响应方法，弹出“按属性查询”对话框
    public override void OnClick()
    {
        // TODO: Add cmdSelByAttribute.OnClick implementation
        //frmSelByAttribute 为如图 5.6 所示设计的属性组合查询对话框
        frmSBA = new frmSelByAttribute(m_hookHelper.ActiveView);
        frmSBA.StartPosition = FormStartPosition.CenterParent;
        if (frmSBA.ShowDialog() == DialogResult.OK)
        {
            frmSBA.Close();  //组合属性查询表达式设置完成后，关闭对话框
            m_hookHelper.ActiveView.Extent = frmSBA.PGeo.Envelope;  //选中后居中显示
            m_hookHelper.ActiveView.Refresh();          //视图区域刷新显示
        }
    }
        #endregion
}

/// <summary>
/// frmSelByAttribute 类型窗体中 cmbLayer、lstFieldName 的初始化
/// </summary>
private void cmbLayer_SelectedIndexChanged(object sender, EventArgs e)
{
    IMap pMap = pActiveView.FocusMap;
    AddFldNameToList(cmbLayer.Text, pMap,lstFieldName);
}

//增加 Item 到 lstFieldName 中
private void AddFldNameToList(string LName, IMap pMap, ListBox lstFieldName)
```

```
{
    IFeatureClass pFC;
    IFeatureLayer pFL;
    IFields pFlds;
    lstFieldName.Items.Clear();
    for(int i=0;i<pMap.LayerCount;i++)
    {
        if (LName == pMap.get_Layer(i).Name)
        {
            pFL= pMap.get_Layer(i) as IFeatureLayer;
            pFC =    pFL.FeatureClass;
            pFlds = pFC.Fields;
            for (int j = 0; j < pFlds.FieldCount; j++)
            {
                IField pField = pFlds.get_Field(j);
                if (pField.Type!=esriFieldType.esriFieldTypeGeometry)
                {
                    lstFieldName.Items.Add(pField.Name);
                }
            }
            lstFieldName.SelectedIndex = 0;
         }
    }
}

private void lstFieldName_SelectedIndexChanged(object sender, EventArgs e)
{
     IMap pMap = pActiveView.FocusMap;
     addFldValdueToLst(cmbLayer.Text, lstFieldName.Text, pMap, lstFieldValue);
}

//增加字段的值到 lstFieldValue 中
private void addFldValdueToLst(string LName,string fldName,IMap pMap,ListBox lstFldV)
{
    for (int i = 0; i < pMap.LayerCount; i++)
    {
        if (LName == pMap.get_Layer(i).Name)
        {
            IFeatureLayer pFL = pMap.get_Layer(i) as IFeatureLayer;
            IFeatureClass pFC = pFL.FeatureClass;
```

```
                ITable pTable=pFC as ITable;
                IFields pFlds = pFC.Fields;
                ICursor pCursor = pTable.Search(null, false);
                IRow pRow = pCursor.NextRow();
                lstFldV.Items.Clear();
                for (int j = 0; j < pFlds.FieldCount; j++)
                {
                    IField pFld = pFlds.get_Field(j);
                    if (fldName == pFld.Name)
                    {
                        while (pRow != null)
                        {
                            if (!lstFldV.Items.Contains(pRow.get_Value(j)))
                            {
                                if (pFld.Type == esriFieldType.esriFieldTypeString)
                                {
                                    string tmpStr="\'"+pRow.get_Value(j)+"\'";
                                    lstFldV.Items.Add(tmpStr);
                                }
                                else
                                {
                                    lstFldV.Items.Add(pRow.get_Value(j));
                                }
                            }
                            pRow = pCursor.NextRow();
                        }
                    }
                }
            }
        }
    }

// 响应 lstFieldName 鼠标双击事件，将选中的字段名称加入表达式中
private void lstFieldName_MouseDoubleClick(object sender,
    System.Windows.Forms.MouseEventArgs e)
{
    if (txtExPression.SelectedText == "")
    {
        txtExPression.AppendText(lstFieldName.Text + " ");
    }
```

```
        else
        {
            int startIndex = txtExPression.SelectionStart;
            int length = txtExPression.SelectedText.Length;
            string tmpstr = txtExPression.Text.Remove(startIndex, length);
            txtExPression.Text = tmpstr.Insert(startIndex, " " + lstFieldName.Text + " ");
            CursorPos = startIndex + 2 + lstFieldName.Text.Length;
        }
}

//以 btnEqual 为例，阐述运算符按钮的响应代码
private void btnEqual_Click(object sender, EventArgs e)
{
    if (txtExPression.Text == "")
    {
        txtExPression.AppendText(btnEqual.Text + " ");
    }
    else
    {
        if (txtExPression.SelectedText != "")
        {
            int startIndex = txtExPression.SelectionStart;
            int length = txtExPression.SelectedText.Length;
            string tmpstr = txtExPression.Text.Remove(startIndex, length);
            txtExPression.Text = tmpstr.Insert(startIndex, " = ");
            CursorPos = startIndex + 2 + btnEqual.Text.Length + 2;
        }
        else
        {
            if (CursorPos < 0)
            {
                this.txtExPression.AppendText(" " + btnEqual.Text + " ");
            }
            else
            {
                string tmpStr = txtExPression.Text.Insert(CursorPos, " " + btnEqual.Text + " ");
                txtExPression.Text = tmpStr;
                CursorPos = CursorPos + btnEqual.Text.Length + 2;
            }
        }
```

```
        }
    }

    // <summary>
    ///frmSelByAttribute 类 btnAdmit 确定按钮点击响应代码
    /// </summary>
    private void btnAdmit_Click(object sender, EventArgs e)
    {
        IMap pMap=pActiveView.FocusMap;
        IFeatureLayer   pFL;
        IFeatureSelection   pFSel;
        IQueryFilter   pQueryFilter;
        IGeometryFactory   pGeoFactory;
        IEnumGeometry pEnumGeo = new EnumFeatureGeometry();
        IEnumGeometryBind pEnumGeoBind = pEnumGeo as IEnumGeometryBind;
        for (int i = 0; i < pMap.LayerCount; i++)
        {
            #region For 循环
            if (cmbLayer.Text == pMap.get_Layer(i).Name)
            {
                pFL = pMap.get_Layer(i) as IFeatureLayer;
                if (pFL == null)
                    return;
                pFSel = pFL as IFeatureSelection;
                pQueryFilter = new QueryFilter();
                string strWhereC = txtExPression.Text;
                if (strWhereC.Contains(">="))
                {
                    string tempStr1 = "";
                    string tempStr2 = "";
                    Regex regex = new Regex(">=");          //以>=分割
                    string[] bit = regex.Split(strWhereC);
                    for (int j = 0; j < bit.Length; j++)
                    {
                        if (j == bit.Length - 1)
                        {
                            tempStr1 += bit[j];
                            tempStr2 += bit[j];
                        }
                        else
```

```
            {
                tempStr1 += bit[j] + ">";
                tempStr2 += bit[j] + "=";
            }
        }
        strWhereC = tempStr1 + " or " + tempStr2;
    }
    else if (strWhereC.Contains("<="))
    {
        string tempStr1 = "";
        string tempStr2 = "";
        Regex regex = new Regex("<=");                //以<=分割
        string[] bit = regex.Split(strWhereC);
        for (int j = 0; j < bit.Length; j++)
        {
            if (j == bit.Length - 1)
            {
                tempStr1 += bit[j];
                tempStr2 += bit[j];
            }
            else
            {
                tempStr1 += bit[j]+"<";
                tempStr2 += bit[j]+"=";
            }
        }
        strWhereC = tempStr1 + " or " + tempStr2;
    }
    else if (strWhereC.Contains("<>"))
    {
        string strTemp=strWhereC.Replace("<>", "<>");
        strWhereC = strTemp;
    }
//通过图 5.6 对话框构造条件语句，设置 IQueryFilter 接口类型的
//接口变量 pQueryFilter 的 WhereClause 属性，作为参数传入
//SelectFeatures 方法，实现属性组合查询
pQueryFilter.WhereClause = strWhereC;
try
{
    switch (cmbMethod.SelectedIndex)
```

```
                {
                    case 0:
                      // pQueryFilter 作为实参传入
                          pFSel.SelectFeatures(pQueryFilter,
                              esriSelectionResultEnum.esriSelectionResultNew, false);
                      break;
                    case 1:
                      pFSel.SelectFeatures(pQueryFilter,
                          esriSelectionResultEnum.esriSelectionResultAdd, false);
                      break;
                    case 2:
                       pFSel.SelectFeatures(pQueryFilter,
                           esriSelectionResultEnum.esriSelectionResultSubtract, false);
                       break;
                   case 3:
                       pFSel.SelectFeatures(pQueryFilter,
                           esriSelectionResultEnum.esriSelectionResultAnd, false);
                       break;
                }
                 pEnumGeoBind.BindGeometrySource(pQueryFilter, pFSel.SelectionSet as object);
                 pGeoFactory = new GeometryEnvironmentClass();
                 m_pGeo = pGeoFactory.CreateGeometryFromEnumerator(pEnumGeo);
                 this.DialogResult = DialogResult.OK;
              }
            catch
            {
                if (MessageBox.Show("查询表达式有误,请重试!") == DialogResult.OK)
                {
                    this.DialogResult = DialogResult.None;
                }
            }
    }
        #endregion
}
```

5.3　基于空间关系的查询

通过 ArcGIS Engine 进行二次开发，实现基于空间关系的查询。由 5.1.1 节中 “Select by Location” 工具可知，在 ArcGIS 软件平台中，通过 “Select by Location” 对话框构造空间过滤条件，实现一个或多个图层的基于空间关系的查询。同样，在 ArcGIS Engine 二次开发中，主要运用 ISpatialFilter 接口构造空间过滤条件，作为 Search、Select 等方法的参数，实现空间关系的查询。

5.3.1 相邻查询

本节通过一个例子程序介绍相邻查询，根据已选择的一个县级行政区多边形，查询得到与该行政区相邻的县级行政区。例子程序中，包含 MapControl 控件、组合框控件、静态文本控件和地图操作工具按钮等。程序在执行过程中，选中 cmbCountyName 组合框中的县域名称之后，在地图区域将与该县域多边形相邻的县域多边形选中，并高亮居中显示。运行结果如图 5.8 所示。

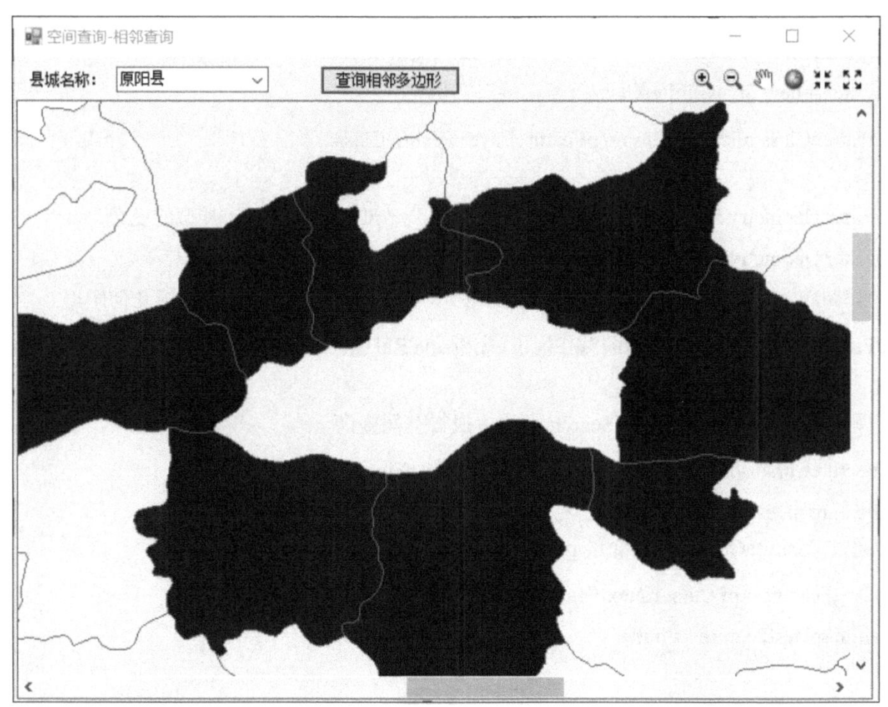

图 5.8　相邻查询运行结果

【代码 5.3】　相邻查询

(参见本书配套代码 App.SQ.QueryAdjacentPoly 工程中的 Form_Main.cs)

```
/// <summary>
///相邻查询，响应按钮 btnQueryAdjacentP 的点击事件
/// </summary>
private void btnQueryAdjacentP_Click(object sender, EventArgs e)
{
      //获取当前选的多边形，选择与其相邻的多边形
      IMap pMap = axMapControl1.Map;
      IActiveView pActiveView = axMapControl1.ActiveView;
      IFeatureLayer pFeatureLayer=pMap.get_Layer(0) as IFeatureLayer;
```

```
    IFeatureSelection   pFeatureSelection = pFeatureLayer as IFeatureSelection;
    ISelectionSet   pSelSet = pFeatureSelection.SelectionSet;

    ICursor   pCursor;
    pSelSet.Search(null, false, out pCursor);
    IFeatureCursor   pFeatureCursor = pCursor as IFeatureCursor;
    IFeature   pSourceFeature = pFeatureCursor.NextFeature();

    if (pSourceFeature != null)
    {
        pMap.ClearSelection();                //清除选择集
        ISpatialFilter pFilter;               //定义接口变量
        pFilter = new SpatialFilterClass();   //接口实例化
        IFeatureClass pFeatureClass = pFeatureLayer.FeatureClass;

        pFilter.Geometry = pSourceFeature.Shape;          //pPoint 为 IPoint 类型的变量
        pFilter.GeometryField = "SHAPE";                  //几何字段名
        // SpatialRel 设置，esriSpatialRelTouches 表示与源几何图形相接触的目标几何图形
        pFilter.SpatialRel = esriSpatialRelEnum.esriSpatialRelTouches;

        //调用 IFeatureClass 接口的 Search 方法，执行空间查询
        IFeatureCursor pFCursor = pFeatureClass.Search(pFilter, true);
        IFeature pDestFeature;
        //通过 IFeatureCursor 接口变量 pFCursor 遍历在要素类中选择的结果
        pDestFeature = pFCursor.NextFeature();
        while (pDestFeature != null)
        {
            //将符合空间过滤条件的要素添加至选择集
              pFeatureSelection.Add(pDestFeature);
            pDestFeature = pFCursor.NextFeature();
        }
        //设置选中要素的颜色
        RgbColor pColor;
        pColor = new RgbColorClass();
        pColor.Blue = 255;
        pFeatureSelection.SelectionColor = pColor;
      }
     //视图更新显示
     pActiveView.PartialRefresh(esriViewDrawPhase.esriViewGeoSelection,null,null);
}
```

5.3.2 穿越查询

本节通过一个例子程序介绍穿越查询，采用组合框选择的方式选择一条河流线，查询得到该河流线穿越的行政区多边形。在例子程序中，MapControl 控件 axMapControl1 用于显示地图，cmbRivername 组合框控件用于选择河流线名称，btnQueryCrossByLine 按钮用于查询被选中线穿越的多边形。此外，还要静态文本控件、地图操作工具按钮用于辅助说明和操作。程序在执行过程中，选中组合框中的河流线名称之后，通过单一属性查询选中河流线，再通过 btnQueryCrossByLine 按钮事件方法，查询被当前选中河流线穿越的行政区多边形，并在地图区域将选中的多边形高亮显示。运行结果如图 5.9 所示。

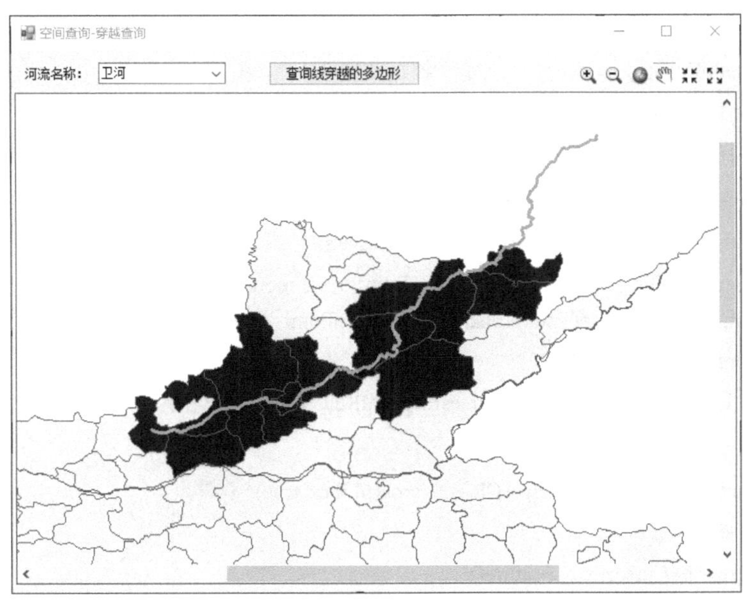

图 5.9 穿越查询运行结果

【代码 5.4】 穿越查询

(参见本书配套代码 App.SQ.QueryCrossByLine 工程中的 Form_Main.cs)

```
/// <summary>
///穿越查询，响应按钮 btnQueryCrossByLine 的点击事件
/// </summary>
private void btnQueryCrossByLine_Click(object sender, EventArgs e)
{
    //获取当前选的多边形，选择与其相邻的多边形
    IMap pMap = axMapControl1.Map;
    IActiveView pActiveView = axMapControl1.ActiveView;
    //获取源图层
    IFeatureLayer pFeatureLayer = pMap.get_Layer(0) as IFeatureLayer;
    //获取源图层要素选择集
    IFeatureSelection pFeatureSelection = pFeatureLayer as IFeatureSelection;
    //初始化 ISelectionSet 类型指针变量，获得选择集
```

```
    ISelectionSet pSelSet = pFeatureSelection.SelectionSet;

    ICursor pCursor;
    //通过 ISelectionSet 接口的 Search 方法获得范围选择集的指针
    pSelSet.Search(null, false, out pCursor);
    IFeatureCursor pFeatureCursor = pCursor as IFeatureCursor;
    //调用 NextFetature 方法，获得指向要素的指针
    IFeature pSourceFeature = pFeatureCursor.NextFeature();
    if (pSourceFeature != null)
    {
        ISpatialFilter pFilter;                    //定义接口变量
        pFilter = new SpatialFilterClass();      //接口实例化
        //获取目标图层
        IFeatureLayer pTargetFL = axMapControl1.get_Layer(1) as  IFeatureLayer;
        IFeatureClass pFeatureClass = pTargetFL.FeatureClass;
        IFeatureSelection pTargetFS = pTargetFL as IFeatureSelection;
        pFilter.Geometry = pSourceFeature.Shape;             //pPoint 为 IPoint 类型的变量
        pFilter.GeometryField = "SHAPE";                     //几何字段名
        pFilter.SpatialRel = esriSpatialRelEnum.esriSpatialRelCrosses;  //空间关系属性设置

        IFeatureCursor pFCursor = pFeatureClass.Search(pFilter, true);
        IFeature pDestFeature;
        pDestFeature = pFCursor.NextFeature();
        while (pDestFeature != null)
        {
            //通过 Add 方法，在目标图层的选择集中添加要素
            pTargetFS.Add(pDestFeature);
            pDestFeature = pFCursor.NextFeature();
        }
        //设置选中要素的颜色
        IRgbColor pColor;
        pColor = new RgbColorClass();
        pColor.Blue = 255;
        pTargetFS.SelectionColor = pColor;
    }
    pActiveView.PartialRefresh(esriViewDrawPhase.esriViewGeoSelection, null, null);
}
```

5.3.3　包含关系查询

本节通过一个例子程序介绍包含关系查询，采用鼠标点击的方式选择一个县级行政区，

同时查询得到该行政区内属性信息。例子程序中包含 MapControl 控件、ToolBarControl 控件，并设计了一个“属性信息”对话框，用于显示通过包含关系查询得到的要素的属性。程序在执行过程中，通过点击自定义工具，在地图区域点击获得要素图形信息，居中高亮显示。同时弹出“属性信息”对话框，显示与几何图形对应的属性信息，如图 5.10 所示。

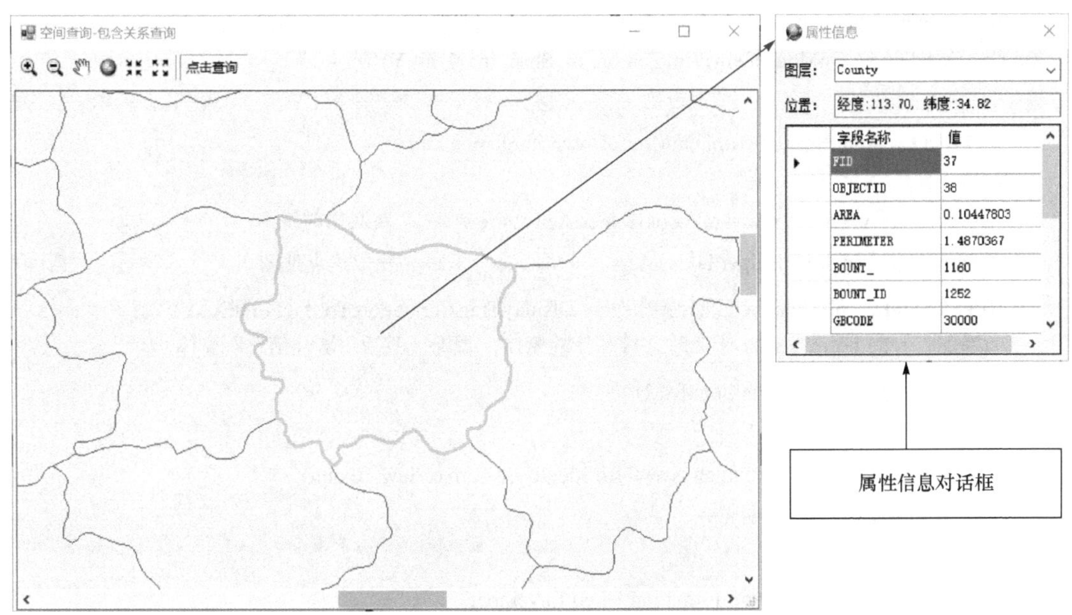

图 5.10 包含关系查询运行结果

【代码 5.5】 包含关系查询

(参见本书配套代码 App.SQ.QueryWithinPoint 工程中的 Form_Main.cs、frmIdentify.cs 和 tlIdentifyTool.cs)

```
/// <summary>
///通过 axToolbarControl1 控件的 AddItem 方法添加自定义命令
/// </summary>
private void Form_Main_Load(object sender, EventArgs e)
{
        //在 axToolbarControl1 工具条控件中增加自定义工具 tlIdentifyTool
        axToolbarControl1.AddItem(new tlIdentifyTool(), -1, -1, true, 0,
                                   esriCommandStyles.esriCommandStyleIconAndText);
        string path = Application.StartupPath + "\\HNShape\\";
        axMapControl1.AddShapeFile(path, "County.shp");
}

/// <summary>
/// 自定义鼠标点击查询工具
/// </summary>
[Guid("179b3021-39c6-4a2b-ac84-f10683ec4969")]
```

```
[ClassInterface(ClassInterfaceType.None)]
[ProgId("DAridGIS.tlIdentifyTool")]
public sealed class tlIdentifyTool : BaseTool
{
    /*......    此部分省略    ....... */
    public override void OnMouseDown(int Button, int Shift, int X, int Y)
    {
        // TODO:   Add tlIdentifyTool.OnMouseDown implementation

        IActiveView pActiveView = m_hookHelper.ActiveView;      //获取当前视图
        IMap pMap = m_hookHelper.FocusMap;                       //获取焦点地图
        IPoint pPoint = pActiveView.ScreenDisplay.DisplayTransformation.ToMapPoint(X, Y);
        //当前打开的 Form 窗体小于 2 时，打开新的窗体，否则，激活“属性信息”窗体
        if (Application.OpenForms.Count < 2)
        {
            frmIdentify frmInformation = new frmIdentify(pActiveView, pPoint);
            frmInformation.Show();
            //居中显示
            IEnvelope pEnv = frmInformation.PGeo.Envelope;
            pEnv.Expand(2, 2, true);
            pActiveView.Extent = pEnv;
            pActiveView.PartialRefresh(esriViewDrawPhase.esriViewGeography, null, null);
        }
        else
        {
            foreach (Form frm in Application.OpenForms)
            {
                if (frm.GetType() == typeof(frmIdentify) && frm.Text == "点击查询")
                {
                    frmIdentify f1 = (frmIdentify)frm;
                    f1.PPoint = pPoint;
                    f1.Activate();                      //窗体激活
                    pActiveView.Extent = f1.PGeo.Envelope;
                    pActiveView.PartialRefresh(esriViewDrawPhase.esriViewGeography, null, null);
                    //视图更新显示
                    return;
                }
            }
        }
    }
```

```
    /*……    此部分省略  ……. */
    #endregion
}
```

运用自定义“点击查询”工具，点击当前图层，高亮显示查询结果，同时，将 frmIdentify 类实例化，调用 frmIdentify 方法，弹出“属性信息”对话框，显示与图形对应的属性信息。

```
private void frmIdentify_Activated(object sender, EventArgs e)
{
    txtLocation.Text ="经度:" + pPoint.X.ToString("F2") + ", 纬度:" +Point.Y.ToString("F2");
    for (int i = 0; i < pMap.LayerCount; i++)
    {
        if (pMap.get_Layer(i).Name == cmbLayer.Text)
        {
            pFL = pMap.get_Layer(i) as IFeatureLayer;
        }
    }
    if (pFL != null)
    {
        _inforTable = DisAttribute(pFL);
    }
    if (_inforTable.Rows.Count > 0)
    {
        _inforTable.Columns.Remove("Shape");
        dgvBindInfor.Rows.Clear();
        for (int i = 0; i < _inforTable.Columns.Count; i++)
        {
            dgvBindInfor.Rows.Add(); //先增加一行
            string clName = _inforTable.Columns[i].ColumnName;
            if (clName != "Shape")
            {
                dgvBindInfor.Rows[i].Cells["clFieldName"].Value = clName;
                dgvBindInfor.Rows[i].Cells["clFieldValue"].Value=
                        _inforTable.Rows[0][clName].ToString();
            }
        }
        if (txtTip.Visible == true)
        {
            txtTip.Visible = false;
        }
        if (dgvBindInfor.Visible == false)
        {
```

```
                dgvBindInfor.Visible = true;
            }
        }
        else
        {
            txtTip.Visible = true;
            dgvBindInfor.Visible = false;
            dgvBindInfor.DataSource = null;
        }
}
```

在“属性信息”对话框 frmIndentify 类中设计 DisAttribute 方法用于将某一要素图层的属性表转换为 DataTable 类型的表，将其作为 DataGridView 类型的控件 dgvBindInfor 的数据源，然后在对话框中显示，如图 5.10 所示。

```
private DataTable DisAttribute(IFeatureLayer pFeatureLayer)
{
    DataTable dt = new DataTable("Temp");
    IFeatureClass pFeatureClass = pFeatureLayer.FeatureClass;
    ITopologicalOperator pTopo;
    ISpatialFilter pSpatialFilter;
    pSpatialFilter = new SpatialFilter();
    pSpatialFilter.Geometry = pPoint as IGeometry;

    IEnumGeometry pEnumGeo = new EnumFeatureGeometry();
    IEnumGeometryBind pEnumGeoBind = pEnumGeo as IEnumGeometryBind;

    switch (pFeatureClass.ShapeType)
    {
        //目标图层要素类型为点时，SpatialRel 设置为 esriSpatialRelIntersects;
        case esriGeometryType.esriGeometryPoint:
          pSpatialFilter.SpatialRel = esriSpatialRelEnum.esriSpatialRelIntersects;
          break;
        //目标图层要素类型为线时，SpatialRel 设置为 esriSpatialRelCrosses
        case esriGeometryType.esriGeometryPolyline:
          pSpatialFilter.SpatialRel = esriSpatialRelEnum.esriSpatialRelCrosses;
          break;
        //目标图层要素类型为多边形时，SpatialRel 设置为 esriSpatialRelWithin
        //进行包含关系查询
        case esriGeometryType.esriGeometryPolygon:
            pSpatialFilter.SpatialRel = esriSpatialRelEnum.esriSpatialRelWithin;
            break;
```

```
 }
 IFeatureSelection pFeatureSelection;
 pFeatureSelection = pFeatureLayer as IFeatureSelection;  //接口查询
 //运用 IFeatureSelection 接口的 SelectFeatures 方法实现空间查询
   pFeatureSelection.SelectFeatures(pSpatialFilter,
               esriSelectionResultEnum.esriSelectionResultNew,false);
//定义 ISelectionSet 接口变量，该变量用于获得要素集属性表指针，为遍历表服务
ISelectionSet pFeatSet;
pFeatSet = pFeatureSelection.SelectionSet;
pEnumGeoBind.BindGeometrySource(null, pFeatSet as object);
IGeometryFactory pGeoFactory = new GeometryEnvironmentClass();
m_pGeo = pGeoFactory.CreateGeometryFromEnumerator(pEnumGeo);

//将要素集属性表转换为 DataTable 类型，便于在对话框中显示
ICursor pCursor;
//获取要素数据集指针 pCursor
pFeatSet.Search(pSpatialFilter, true, out pCursor);
try
{
    IRow pRow = pCursor.NextRow();
    if (pRow != null)
    {
        DataColumn dataColumn = null;
        for (int i = 0; i < pRow.Fields.FieldCount; i++)
        {
            if (pRow.Fields.get_Field(i).AliasName != "图层别名")
            {
                dataColumn= dt.Columns.Add(pRow.Fields.get_Field(i).AliasName);
                dataColumn.ReadOnly = true;
            }
            else
            {
                //在 DataTable 类型变量 dt 中添加列，将属性字段名增加为一列
                dt.Columns.Add(pRow.Fields.get_Field(i).AliasName);
            }
        }
        while (pRow != null)
        {
            DataRow pDataRow = dt.NewRow();
            for (int j = 0; j < pCursor.Fields.FieldCount; j++)
```

```
                {
                    pDataRow[j] = pRow.get_Value(j);
                }
                //在 DataTable 类型变量 dt 中添加列，将属性字段名对应的值增加为一列
                dt.Rows.Add(pDataRow);
                pRow = pCursor.NextRow();
            }
        }
    }
    catch (System.Exception ex)
    {
        MessageBox.Show("转换出错，" + ex.Message, "提示");
    }
    return dt;
}
```

5.3.4　缓冲区查询

本节通过一个例子程序介绍缓冲区查询：根据鼠标点击位置产生一个点缓冲区，然后找出缓冲区内的点要素，并高亮显示。例子程序中包含 MapControl 控件、自定义工具 tlSelectByPointBuffer 以及 ToolBarControl 控件等，并设计了缓冲区距离设置对话框 frmBufferSetWin。程序在执行过程中，点击自定义工具“点缓冲区查询”，在地图区域点击并按设定的缓冲区距离创建点缓冲区，根据与缓冲区进行运算的目标图层要素的类型(点、线或多边形等)，确定目标图层与缓冲区的空间关系，查询落入缓冲区、穿越缓冲区或与缓冲区相交的空间要素。

在创建缓冲区时，采用 ITopologicalOperator 接口的 Buffer 方法。ITopologicalOperator 接口定义了拓扑关系运算功能函数方法，其主要功能如表 5.4 所示。

表 5.4　ITopologicalOperator 接口的主要功能

	方法及属性	功能
■—	Boundary	几何图形的边界。多边形的边界是多义线，多义线的边界是多点集合，一个点或多点集合的边界是空点或多点集合
←	Buffer	缓冲区。构造一个多边形，该多边形由距离此几何体小于或等于指定距离的点的轨迹构成
←	Clip	裁剪。构造几何图形与指定包络线矩形的交集
←	ClipDense	裁剪。构造几何图形与指定包络线矩形的交集；在输出结果中，将裁剪包络线矩形贡献的那部分线加密
←	ConstructUnion	将同一维度的几何图形的枚举合并到单个几何图形中。该方法在合并多个几何图形时，与重复调用联合操作相比更高效
←	ConvexHull	构造当前几何图形的凸包
←	Cut	分割。通过分割线将当前几何图形分割为左右两部分
←	Difference	差。构造包含此几何图形中的点而不包含其他几何图形中的点的几何图形

续表

	方法及属性	功能
◄—	Intersect	相交。构造输入几何图形的集合论交集的几何图形。使用不同的维度参数值生成不同维度的结果
■—	IsKnownSimple	指示当前几何图形在拓扑上是否已知(或假定)正确
■—	IsSimple	指示在明确确定此几何图形是否已知(或假定)为简单几何图形后，该几何图形是否已知(或假定)为拓扑正确
◄—	QueryClipped	通过几何图形与裁剪包络线矩形的交集重构几何图形。重构的几何图形类型与当前几何图形一致
◄—	QueryClippedDense	通过当前几何图形与裁剪包络线矩形的交集重构几何图形。重构的几何图形类型与当前几何图形一致，并将裁剪包络线矩形贡献的那部分线加密
◄—	Simplify	使当前几何图形拓扑正确
◄—	SymmetricDifference	对称差异。同一维度的两个几何体之间的对称差异是这些几何体的并集减去这些几何体的交集
◄—	Union	并。构造输入几何图形的并集

【代码 5.6】 缓冲区查询

(参见本书配套代码 App.SQ.QueryByBuffer 工程中的 Form_Main.cs)

```
private void Form_Main_Load(object sender, EventArgs e)
{
  //在 axToolbarControl1 控件中条件自定义工具 tlSelectByPointBuffer
  axToolbarControl1.AddItem(new tlSelectByPointBuffer(), -1, -1, true, 0,
              esriCommandStyles.esriCommandStyleIconAndText);
   string path = Application.StartupPath + "\\HNShape\\";
   axMapControl1.AddShapeFile(path, "TestPT.shp");
}

//自定义工具 tlSelectByPointBuffer.cs 中重写 OnMouseDown 事件的方法
public override void OnMouseDown(int Button, int Shift, int X, int Y)
{
     // TODO: Add tlSelectByPointBuffer.OnMouseDown implementation
     IActiveView pActiveView = m_hookHelper.ActiveView;
     IMap pMap = m_hookHelper.FocusMap;
     pMap.ClearSelection();
     IFeatureLayer pFeatureLayer=pMap.get_Layer(0) as IFeatureLayer;
     IFeatureClass pFeatureClass=pFeatureLayer.FeatureClass;

     //获取当前鼠标点击位置
     IPoint pPoint = pActiveView.ScreenDisplay.DisplayTransformation.ToMapPoint(X, Y);
     //调用 frmBufferSetWin 对话框，设置缓冲区距离
```

```
frmBufferSetWin frmBufferSW = new frmBufferSetWin();
if (frmBufferSW.ShowDialog() == DialogResult.OK)
{
    //MessageBox.Show(pPoint.X.ToString() + "," + pPoint.Y.ToString());
    ITopologicalOperator   pTopo;              //  定义 ITopologicalOperator 接口变量
    pTopo = pPoint as ITopologicalOperator;    //接口查询
    double bDis=frmBufferSW.BufDis;            //获得设置的缓冲区距离
    IGeometry   pBuffer;
    pBuffer = pTopo.Buffer(bDis);              //根据设置的缓冲区距离，创建缓冲区
    IGeometry pGeometry=pBuffer.Envelope;
    ISpatialFilter pSpatialFilter;
    pSpatialFilter = new SpatialFilterClass();   //创建空间过滤器
    pSpatialFilter.Geometry = pGeometry;         //设置空间过滤器 Geometry 属性
    switch(pFeatureClass.ShapeType)
    {
        //目标图层为点图层时，设置 SpatialRel 属性为 esriSpatialRelContains
        case esriGeometryType.esriGeometryPoint:
            pSpatialFilter.SpatialRel=esriSpatialRelEnum.esriSpatialRelContains;
            break;
        //目标图层为线图层时，设置 SpatialRel 属性为 esriSpatialRelCrosses
        case esriGeometryType.esriGeometryPolyline:
            pSpatialFilter.SpatialRel = esriSpatialRelEnum.esriSpatialRelCrosses;
            break;
        //目标图层为面图层时，设置 SpatialRel 属性为 esriSpatialRelIntersects
        case esriGeometryType.esriGeometryPolygon:
            pSpatialFilter.SpatialRel = esriSpatialRelEnum.esriSpatialRelIntersects;
            break;
    }
    IFeatureSelection pFeatureSelection;
    pFeatureSelection = pFeatureLayer as IFeatureSelection;
    //创建选择集
     pFeatureSelection.SelectFeatures(pSpatialFilter,      esriSelectionResultEnum.esriSelectionResultNew,
          false);
    IFeatureCursor pFCursor = pFeatureClass.Search(pSpatialFilter, true);
    IFeature pDestFeature;
    pDestFeature = pFCursor.NextFeature();
    while (pDestFeature != null)
    {
        pFeatureSelection.Add(pDestFeature);  //将选中要素添加至选择集
        pDestFeature = pFCursor.NextFeature();
```

```
        }
        pActiveView.PartialRefresh(esriViewDrawPhase.esriViewGeography, null, null);
    }
    else
    {
        MessageBox.Show("操作取消！");
    }
}
```

缓冲区查询运行结果如图 5.11 所示。

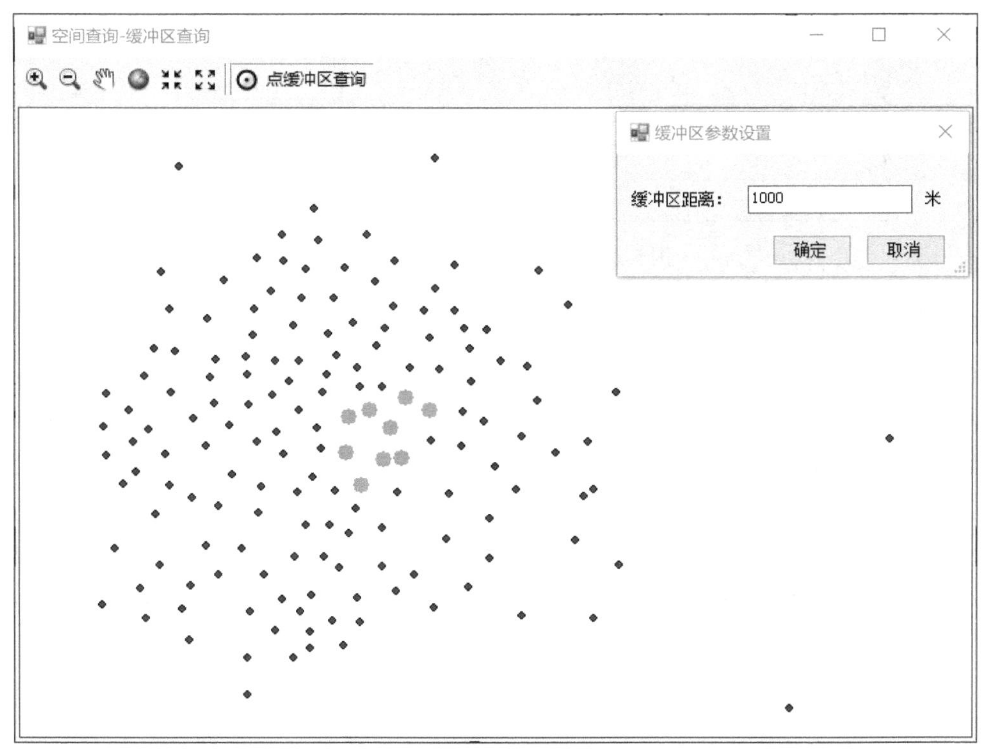

图 5.11　缓冲区查询运行结果

5.4　交互式空间查询

交互式空间查询是以鼠标交互方式，实现空间查询的目的。通过设计四个继承自 BaseTool 的交互式工具，分别实现点查询、线查询、矩形查询和多边形查询，实现过程中，主要涉及 IRubberBand 接口的 TrackNew 方法和 IMap 接口的 SelectByShape 方法。

TrackNew 方法是在当前屏幕显示范围内通过鼠标跟踪的方式创建点、线或多边形的方法。SelectByShape 方法是选择地图区域中的和指定的几何图形相交的所有图层，当 IFeatureLayer 接口的 Selectable 属性设置为 true 时，图层就会被搜索，并将查询到的结果高亮显示，查询运行结果如图 5.12 所示。

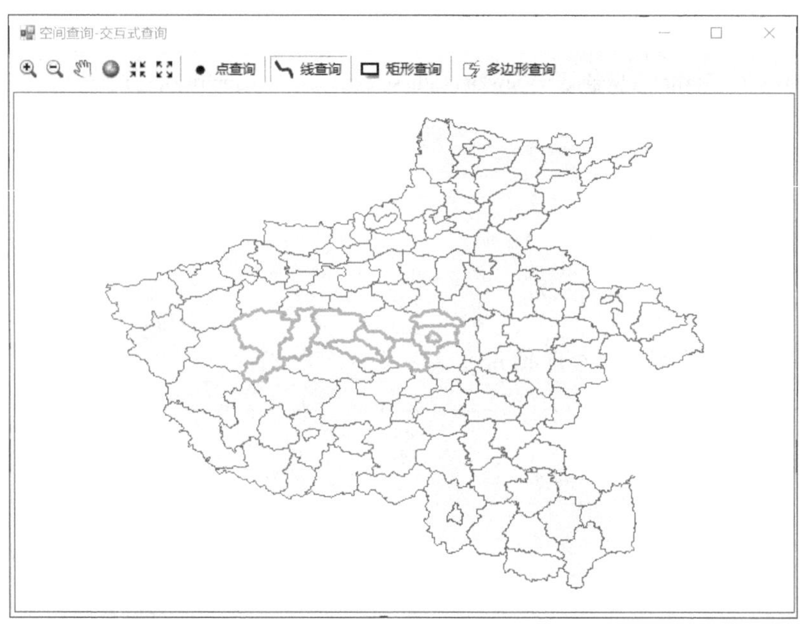

图 5.12　交互式空间查询运行结果

5.4.1　点查询

本节通过一个例子程序介绍交互式点查询：根据鼠标跟踪绘制点，与地图中包含的点、线、面图层进行相交操作。例子程序中包含 MapControl 控件、自定义点查询工具按钮和地图操作工具按钮等。程序在执行过程中，以鼠标点击绘制点的方式，在地图区域选择与当前鼠标绘制点相交的要素，并高亮显示。

【代码 5.7】　点查询

(参见本书配套代码 App.SQ.InteractiveQuery 工程中的 tlQueryByPoint.cs)

```
/// <summary>
///自定义点查询工具，tlQueryByPoint.cs
/// </summary>
public override void OnMouseDown(int Button, int Shift, int X, int Y)
{
    // TODO:   Add tlQueryByPoint.OnMouseDown implementation
    IMap pMap = m_hookHelper.FocusMap;
    IActiveView pActiveView = m_hookHelper.ActiveView;
    if (pActiveView == null)
        return;
    IScreenDisplay screenDisplay = pActiveView.ScreenDisplay;
    //定义 IRubberBand 接口变量，并通过 new 方法进行初始化，类型为点
    IRubberBand rubberBand = new RubberPointClass();
    //鼠标跟踪绘制点
    IGeometry geometry = rubberBand.TrackNew(screenDisplay, null);
    if (geometry != null)
```

```
        {
            //通过 IMap 的 SelectByShape 方法选择与 geometry 相交的要素
            pMap.SelectByShape(geometry, null, false);
        }
        else
        {
            return;
        }
        pActiveView.PartialRefresh(esriViewDrawPhase.esriViewGeography, null, null);
}
```

5.4.2 线查询

本节通过一个例子程序介绍交互式线查询：根据鼠标点击绘制线，与地图中的点、线、面图层进行相交操作。例子程序中包含 MapControl 控件、自定义线查询工具按钮和地图操作工具按钮等。程序在执行过程中，以鼠标点击绘制线的方式，在地图区域选择与绘制线相交的要素，并高亮显示。

【代码 5.8】 线查询
(参见本书配套代码 App.SQ.InteractiveQuery 工程中的 tlQueryByLine.cs)

```
/// <summary>
///自定义线查询工具
/// </summary>
public override void OnMouseDown(int Button, int Shift, int X, int Y)
{
    // TODO:   Add tlQueryByLine.OnMouseDown implementation
    IMap pMap = m_hookHelper.FocusMap;
    IActiveView pActiveView = m_hookHelper.ActiveView;
    if (pActiveView == null)
    {
        return;
    }
    IScreenDisplay screenDisplay = pActiveView.ScreenDisplay;
    //定义 IRubberBand 接口变量，并通过 new 方法进行初始化，类型为线
    IRubberBand rubberBand = new RubberLineClass();
    //鼠标跟踪绘制线
    IGeometry geometry = rubberBand.TrackNew(screenDisplay, null);
    if (geometry != null)
    {
        //通过 IMap 的 SelectByShape 方法选择与 geometry 相交的要素
    pMap.SelectByShape(geometry, null, false);
    }
```

```
    else
    {
        return;
    }
    pActiveView.PartialRefresh(esriViewDrawPhase.esriViewGeography, null, null);
}
```

5.4.3 矩形查询

本节通过一个例子程序介绍交互式矩形查询：通过鼠标跟踪绘制矩形，与地图中的点、线、面图层进行相交操作。例子程序中包含 MapControl 控件、自定义矩形查询工具按钮和地图操作工具按钮等。程序在执行过程中，以鼠标跟踪绘制矩形的方式，在地图区域选择与矩形相交的要素，并高亮显示。

【代码 5.9】 矩形查询
(参见本书配套代码 App.SQ.InteractiveQuery 工程中的 tlQueryByRec.cs)

```
/// <summary>
///自定义矩形查询工具
/// </summary>
public override void OnMouseDown(int Button, int Shift, int X, int Y)
{
    // TODO:   Add tlQueryByRec.OnMouseDown implementation
    IMap pMap = m_hookHelper.FocusMap;
    IActiveView pActiveView = m_hookHelper.ActiveView;
    if (pActiveView == null)
        return;
    IScreenDisplay screenDisplay = pActiveView.ScreenDisplay;
    //定义 IRubberBand 接口变量，并通过 new 方法进行初始化，类型为矩形
    IRubberBand rubberBand = new RubberEnvelopeClass();
    //鼠标跟踪绘制矩形
    IGeometry geometry = rubberBand.TrackNew(screenDisplay,null);
    if (geometry != null)
    {
        //通过 IMap 的 SelectByShape 方法选择与 geometry 相交的要素
        pMap.SelectByShape(geometry,null,false);
    }
    else
    {
        return;
    }
    pActiveView.PartialRefresh(esriViewDrawPhase.esriViewGeography, null, null);
}
```

5.4.4　多边形查询

本节通过一个例子程序介绍交互式多边形查询：通过鼠标跟踪绘制多边形，与地图中的点、线、面图层进行相交操作。例子程序中包含 MapControl 控件、自定义多边形查询工具按钮和地图操作工具按钮等。程序在执行过程中，以鼠标跟踪绘制多边形的方式，在地图区域选择与多边形相交的要素，并高亮显示。

【代码 5.10】　多边形查询

(参见本书配套代码 App.SQ.InteractiveQuery 工程中的 tlQueryByPolygon.cs)

```
/// <summary>
///自定义多边形查询工具
/// </summary>
public override void OnMouseDown(int Button, int Shift, int X, int Y)
{
    // TODO:   Add tlQueryByPolygon.OnMouseDown implementation
    IMap pMap = m_hookHelper.FocusMap;
    IActiveView pActiveView = m_hookHelper.ActiveView;
    if (pActiveView == null)
    {
        return;
    }
    IScreenDisplay screenDisplay = pActiveView.ScreenDisplay;
    //定义 IRubberBand 接口变量，并通过 new 方法进行初始化，类型为多边形
    IRubberBand rubberBand = new RubberPolygonClass();
    //鼠标跟踪绘制多边形
    IGeometry geometry = rubberBand.TrackNew(screenDisplay, null);
    if (geometry != null)
    {
        //通过 IMap 的 SelectByShape 方法选择与 geometry 相交的要素
    pMap.SelectByShape(geometry, null, false);
    }
    else
    {
        return;
    }
    pActiveView.PartialRefresh(esriViewDrawPhase.esriViewGeography, null, null);
}
```

第6章 地理处理

6.1 地理空间分析模型与GP框架

6.1.1 地理空间分析模型

模型是依据某种科学研究目的，在一定的限定条件或前提假设下，用物质、思维等形式再现研究客体的本质特征，如研究客体的功能、结构、关联关系、特征属性、过程等。人们通过研究客体的模型，来认知客体性质或某种规律。一般常用实物模型、语言文字、数学公式、形状符号、表格图形来描述事物的内部特征、变化过程、与外部世界的联系，这种描述过程即建模。

模型有四种常见形式：①物理模型，是对客体按照一定比例处理所得的实物模型，或者是按照某种规律对客体进行的推演、比拟。②数学模型，即用数学方法来近似地描述客观世界，一般由字母、数字以及数学符号组成，表现为用于描述研究客体数量规律的数学图形、算法、数学公式等。③结构模型，用于反映事物内部结构特点和因果关系的模型。④仿真模型，依据一定的数学公式，利用计算机对客观世界进行仿真、模拟和预测。

地理空间分析模型是在地理空间数据基础上建立的，用于研究物体空间位置、形状、分布、关联关系的分析模型。在地理空间分析与建模领域，数学模型是最基本、最深刻的模型，是其他模型的基础，如结构模型可以通过用数学语言描述空间对象结构来转化，而仿真模型则是利用可视化及虚拟现实技术在计算机上实现对地理世界的程序表达。

因此，地理空间分析模型是一种适合于在计算机上进行建模、求解、表达的数学模型，用于提取和传输地理空间信息。地理空间分析模型主要有如下特征。

(1) 空间定位特征，指地理空间分析模型的输入和输出都是具有空间定位特征的空间目标，同时地理空间分析模型的内部处理过程是在特定的空间基准(空间参考)框架下进行的，因此地理空间分析模型具有空间定位特征。

(2) 空间关联关系特征。它是地理空间现象和空间过程的本质特征，主要体现在地理空间对象之间所具有的空间拓扑、空间距离、空间邻域、空间聚集与分散、空间层次等关联关系方面。

(3) 可视化特征。地理空间分析模型是在 GIS 支持下对地理科学及其他应用领域空间实体、现象之间的关系与规律进行分析。借助 GIS 强大的可视化能力，地理空间分析模型的分析结果往往在二、三维场景中进行直观的表达，这便是地理空间分析模型的可视化特征。

(4) 多尺度特征。由于地理空间对象具有多种时空特征，对其进行描述、表达、认知的地理空间分析模型也具有多尺度时空特征，为了认知复杂的地理空间现象与规律，必须针对不同的时空尺度建立相应的分析模型。

对地理空间分析模型的分类有诸多的研究成果。总结起来，大多从如下几个视角对其进行划分：①按照应用领域对模型进行分类，如交通模型、水文模型、作战模型、人口模型等。

②按照建模数学方法对模型进行分类，如几何模型、微分模型、积分模型、统计模型、运筹模型等。③按照模型的表现特征分类，如静态模型和动态模型、解析模型和数值模型、离散模型和连续模型、确定性模型和随机性模型。④按照建模的目的进行分类，如评估分析模型、预测分析模型、规划分析模型等。

上述分类方法多是从地理学及数学的角度对地理空间分析模型进行分类，随着 GIS 产业的发展与大众化，GIS 同国土、资源、环境、电力、交通、军事等各种行业应用结合得越来越紧密，GIS 提供的基础地理空间分析能力也很自然地与应用领域的专业模型相集成，成为一种新的、面向业务领域的地理空间分析模型。这样，地理空间分析模型就突破了最原始的含义，即面向地学框架的、用于解决地学问题的地理处理模型。“地理”的含义不再仅仅局限于地学领域，而是围绕不同行业需求的、面向应用的、基于地理空间位置的领域分析模型。

因此，本书在研究面向行业与业务领域的地理空间分析与应用建模问题时，将地理空间分析模型划分为通用地理空间分析模型与领域地理空间分析模型更加合适。通用地理空间分析模型是指地学框架下最基本的地理分析模型，包括位置特征分析、分布特征分析、形态特征分析、关联关系特征分析和空间统计分析等内容，如地理数据可视化模型、邻域分析模型、空间聚类模型、空间回归模型、拓扑分析模型、网络规划模型等。领域地理空间分析模型即应用型地理空间分析模型，具有鲜明的领域特性，是通用地理空间分析模型与行业领域的专题模型和业务算法通过相应的技术手段集成而建立的地理空间分析模型。领域地理空间分析模型是由若干个基本模型单元通过顺序结构、分支结构、循环结构或层次结构组织起来而形成的，各模型单元都有一定的地理空间分析需求，如经济区位分析模型、流域演化模型、地下水沉降模型、人口扩散与聚集模型等。由上可知，通用地理空间分析模型与领域地理空间分析模型是对地理空间分析模型不同层次的描述，通用地理空间分析模型为复杂地理空间分析提供了最基本、最通用的空间分析工具；领域地理空间分析模型则是在实践与应用基础上逐渐发展而来的，是地理空间分析模型在各种领域应用的扩展。

6.1.2 流程化地理处理与 GP 框架

1. 基本概念

随着地理信息应用的日益深入，各个行业领域中涉及的复杂空间分析与处理过程越来越多。这些空间分析与处理过程由一系列基本地理空间数据处理操作(如数据变换与投影、数据提取、数据缓存、数据转换、数据编辑、数据打包等)和基本地理空间分析模型(如网络分析、拓扑分析、缓冲区分析、坡度坡向分析等)组成，而且基本地理空间数据处理操作与基本地理空间分析模型之间通过顺序、分支、循环、串联、并联、层次等方式组成具有整体结构与先后次序的处理流程，这种地理空间分析与建模的方式即为流程化地理空间处理(streamlined geospatial processing)，也称流程化地理处理。图 6.1 为流程化地理空间处理的一个典型案例。

地理处理，实际上是对空间数据的处理，在 ArcGIS 中，它是构建地理空间分析模型的基本手段和方法。ArcGIS 的地理处理包括了所有空间分析的结合。通过地理处理，我们能够建立非常复杂的模型，如最佳选址分析、森林火灾的扩散模型分析等，都需要用到大量的空间分析步骤和数据，整个过程可称为流程化地理空间处理。

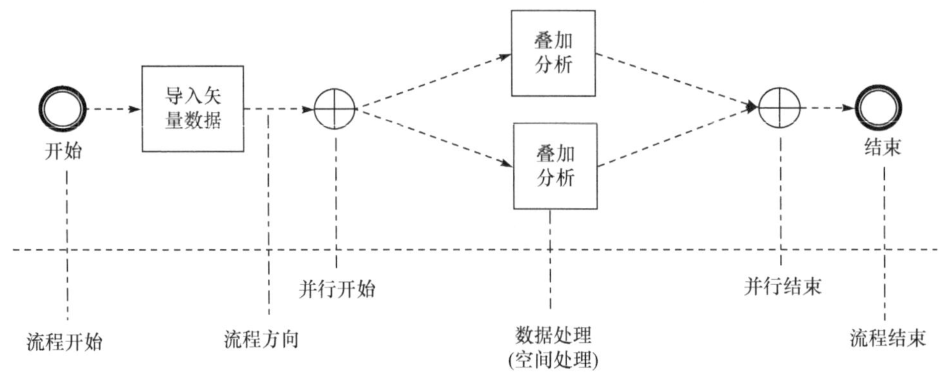

图 6.1　流程化地理空间处理

流程化地理空间处理由地理处理活动(geoprocess action)、过程处理数据(procedure data)和关系流(relation flow)三种要素组成。地理处理活动是基本地理空间数据处理操作或基本地理空间分析模型的集合，由地理处理原子活动构成，是流程化地理空间处理过程的执行核心。地理处理活动的执行逻辑构成流程化地理空间处理的操作流及控制流，它们统称关系流。过程处理数据是地理处理活动的操作对象，它既是前驱地理处理活动的结果输出，也是后继地理处理活动的数据输入，过程处理数据在地理处理活动的执行逻辑驱动下的流动就构成流程化地理空间处理的数据流。由上可知，关系流是连接地理处理活动与过程处理数据的桥梁，它的方向描述了控制流和数据流的流向。

地理处理活动模型如图 6.2 所示。

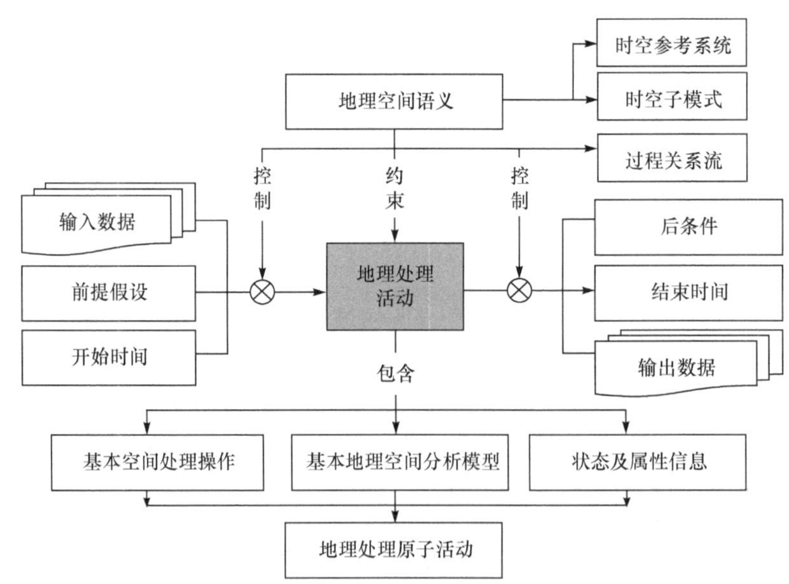

图 6.2　地理处理活动模型图

地理处理活动由一组地理处理原子活动构成，地理处理原子活动是构成复杂地理空间处理与分析的最基本、不可再分的地理空间数据操作与分析模型，任何复杂的地理空间分析模型最终都可以分解为地理处理原子活动。地理处理原子活动由基本地理空间数据处理操作(或基本地理空间分析模型)及状态属性信息组成。地理处理活动及关系流都受到地理空间语义的约束。

流程化地理空间处理过程可以用有向图进行形式化定义，具体内容如下：

$GP=(A,D,F)$ 是一个三元组，A 为地理处理活动集合，D 为过程处理数据集合，F 为 A 与 D 的有向关系集，且①地理处理活动和过程处理数据是不同的两个元素，即 $A\cap D=\varnothing$。②GP 中至少有一个元素，即 $A\cup D\neq\varnothing$。③ $F\subseteq A\times D\cup(D\times A)$，是由 A 和 D 构造的关系流集合。④ $\mathrm{dom}(F)\cup\mathrm{cod}(F)=A\cup D$，其中，$\mathrm{dom}(F)=\{x\mid y:(x,y)\in F\}$ 分别是 F 所包含有序偶的第一、二个元素组成的集合，表示 F 的定义域及值域。⑤地理处理活动 A、过程处理数据 D 及关系流 F 都受空间语义约束，具有空间关联特性，单独的地理处理活动与过程处理数据没有现实意义，必须通过关系流的连接才能形成有机整体。

2. ArcGIS 的 GP 框架

实际上地理处理并不是一个新的概念，在 ESRI 的产品线发展过程中，地理处理一直应用比较深入，集中体现在 ArcGIS 的 GP 框架中。GP 框架实质是 ArcGIS 地理空间数据的集成处理框架与工具集，包含了地理处理中从接收输入数据到产生输出的所有操作，包括四个方面的内容(图 6.3)：①提供一套基本地理空间分析与地理空间数据处理模型，其实质为用 COM 组件封装的地理处理活动集合。②提供一个完整的可视化地理空间建模分析工具，用于流程化地理空间处理，即 Model Builder，其特点可总结为：自定义、流程化、所见即所得。使用者只需将基本空间分析模型与数据处理工具拖到建模场景中，就可建立复杂的地理空间分析任务的一个固定、有序的处理过程。③提供了灵活、弹性较强的地理处理脚本开发环境，这是为借助于脚本的过程处理能力对可视化建模工具进行有效扩展，其实现为 Arc Python(Python 脚本及一个地理处理函数库)。④提供了多种地理处理共享方式，如文件方式共享、基于地理数据库的共享、基于 Web 服务的共享等。以上四个方面构成了 ESRI 地理空间处理框架的完整体系。

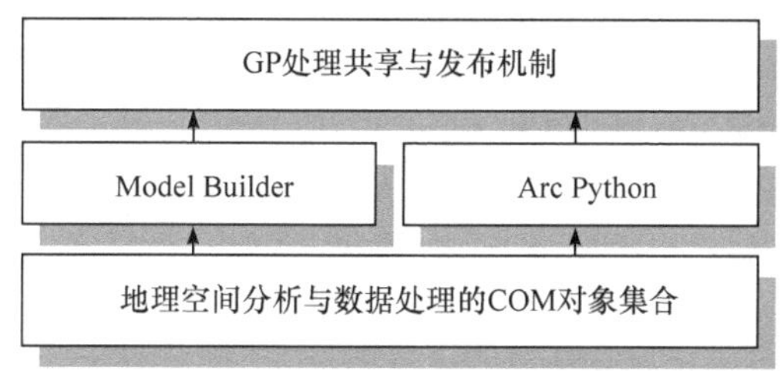

图 6.3 ESRI ArcGIS 的流程化地理空间处理框架(GP 框架)

6.2 GeoProcessor 与 GP 执行方式

6.2.1 GeoProcessor 与 IGPProcess

ArcGIS Engine 中提供了 GeoProcessor 对象，它是地理处理的执行中枢，其功能是用来调用 ESRI 地理处理对象库，执行地理分析工具和模型。GeoProcessor 对象是在 ArcGIS 中执行任何地理分析工具、模型的入口，所有在 ArcToolbox 中的功能，都可以用 GeoProcessor 编程实现。GeoProcessor 类可以向 ArcToolbox 中增加工具模型、移除工具模型，设置环境参数、模型参数、执行工具等。其类定义如下：

```
public class GeoProcessor
{
    //默认构造函数
    public GeoProcessor();

    //设置模型执行结果是否添加到地图中显示
    public bool AddOutputsToMap { get; set; }

    //获取 IGeoProcessor 接口的 COM 对象
    public IGeoProcessor IGeoProcessor { get; }

    //返回最后一个工具执行过程中的消息数量
    public int MessageCount { get; }

    // 设置模型处理的输出结果是否可以覆盖
    public bool OverwriteOutput { get; set; }

    //模型参数数量
    public int ParameterCount { get; }

    //消息事件：当执行的工具模型切换时触发该事件
    public event EventHandler<EventArgs> ToolboxChanged;
    //消息事件：工具执行完成后触发该事件
    public event EventHandler<ToolExecutedEventArgs> ToolExecuted;
    //消息事件：工具开始执行时触发该事件
    public event EventHandler<ToolExecutingEventArgs> ToolExecuting;

    //消息函数
    public void AddError(string error);
    public void AddMessage(string message);
    public void AddReturnMessage(int index);
    public void AddWarning(string message);
    public void ClearMessages();
    public string GetMessage(int index);

    //向当前地理处理会话中增加一个工具箱
    public void AddToolbox(string toolbox);
```

```
//在当前 GP 会话中执行一个工具，该工具实现了 IGPProcess 接口
public object Execute(IGPProcess process, ITrackCancel trackCancel);

//在当前 GP 会话中执行一个工具
public object Execute(string name, IVariantArray parameters,
    ITrackCancel trackCancel);

//异步执行工具
public IGeoProcessorResult ExecuteAsync(IGPProcess process);
public IGeoProcessorResult ExecuteAsync(string toolName, IVariantArray parameters);

//获取环境参数
public object GetEnvironmentValue(string environmentName);

//列举当前工作空间中的数据集
public IGpEnumList ListDatasets(string wildCard, string datasetType);

//列举当前 GP 会话中的环境参数
public IGpEnumList ListEnvironments(string wildCard);

//列举当前工作空间中的要素类
public IGpEnumList ListFeatureClasses(string wildCard, string featureType,
    string dataset);

//打开/加载一个对象，如打开一个.Shp 文件，可以返回一个 FeatureClass
public object Open(object Value);

//注册/反注册事件
public void RegisterGeoProcessorEvents(IGeoProcessorEvents geoProcessorEvents);
public void UnRegisterGeoProcessorEvents(IGeoProcessorEvents geoProcessorEvents);

//移除工具箱
public void RemoveToolbox(string Toolbox);
//
//重置 GP 环境参数
public void ResetEnvironments();

//设置环境参数
public void SetEnvironmentValue(string environmentName, object Value);
public void SetParameterValue(int Index, object Value);
```

```
        //验证当前 GP 会话的工具参数是否合法
        public IGPMessages Validate(IGPProcess process, bool updateValues);
        public IGPMessages Validate(string name, IVariantArray values, bool updateValues);
}
```

GeoProcessor 类是地理空间分析模型的执行者，用于执行各种工具。每个地理数据处理操作或空间分析模型都可以称为工具，都实现了 ***IGPProcess*** 接口，该接口定义了工具的名称、别名、参数、所在工具箱的名称、路径等信息。

```
public interface IGPProcess
{
    string Alias { get; }
    object[] ParameterInfo { get; }
    string ToolboxDirectory { get; }
    string ToolboxName { get; }
    string ToolName { get; }
}
```

以缓冲区分析为例，该对象定义如下：

```
namespace ESRI.ArcGIS.AnalysisTools
{
    public class Buffer : IGPProcess//缓冲区分析对象实现了 IGPProcess 接口
    {
        public Buffer();//默认构造函数

        //带参数的构造函数，参数含义如下：
        //in_features:输入用于计算缓冲区的点、线、面要素
        //out_feature_class:输出结果
        //buffer_distance_or_field:缓冲区长度或缓冲区长度的字段名称
        public Buffer(object in_features, object out_feature_class,
            object buffer_distance_or_field);

        public string Alias { get; }//别名

        //缓冲区长度或缓冲区长度的字段名称
        public object buffer_distance_or_field { get; set; }

        public object dissolve_field { get; set; }//融合字段

        public object in_features { get; set; }//输入要素类
        public object out_feature_class { get; set; }//输出要素类
```

```
            public object[] ParameterInfo { get; }
            public string ToolboxDirectory { get; set; }
            public string ToolboxName { get; }
            public string ToolName { get; }
        }
    }
```

6.2.2　GP 同步与异步执行

GP 的执行有两种方式：同步执行方式和异步执行方式。

1. 同步执行

同步执行是指 GeoProcessor 在执行某个工具期间，若执行过程需要一段时间才能返回信息，那么 GeoProcessor 将一直等待下去，直到该工具模型执行完毕，收到返回信息才能继续执行。

GeoProcessor 类的 Execute 方法，用于同步执行一个工具模型，它有两种重载：①Execute (IGPProcess, ITrackCancel)；②Execute(string, IVariantArray, ITrackCancel)。

下面给出一个 GP 同步执行缓冲区分析的例子(图 6.4)，代码如下。

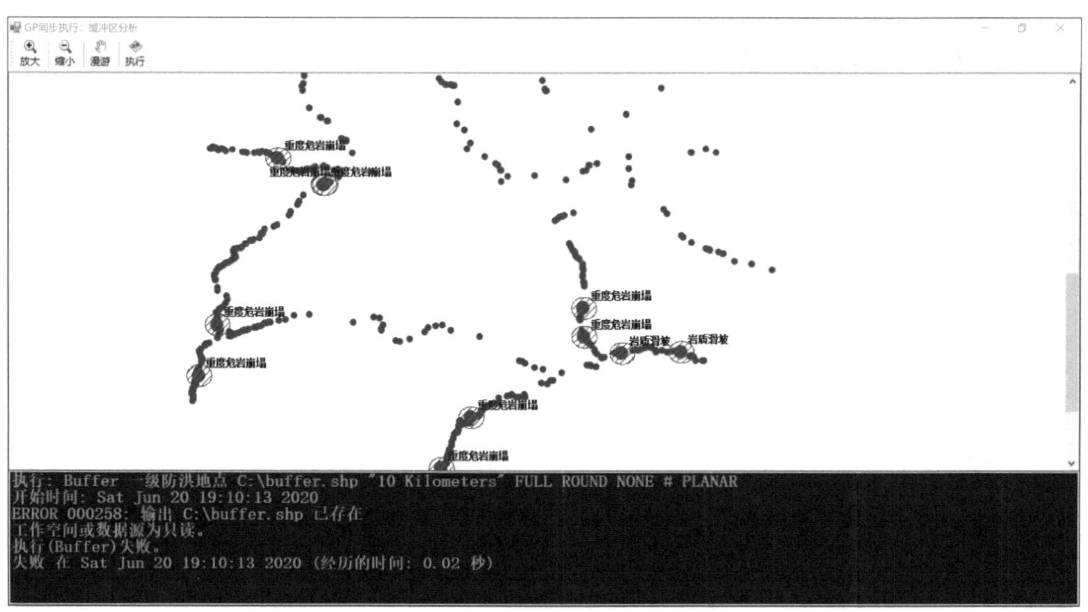

图 6.4　GP 同步执行缓冲区分析

【代码 6.1】　GeoProcessor 同步执行缓冲区分析
(参见本书配套代码 App.GP.Execute 工程中的 Form_Main.cs)

```
void Excute_Buffer()
{
    //设置参数
    ESRI.ArcGIS.AnalysisTools.Buffer pBuffer = new ESRI.ArcGIS.AnalysisTools.Buffer();
```

```
    pBuffer.in_features = axMapControl_Main.get_Layer(0);
    pBuffer.out_feature_class = "C:\\buffer.shp";
    pBuffer.buffer_distance_or_field = "10 Kilometers";

    //执行 Buffer 工具
    CGPHelper.GetInstance().ExecuteTool(pBuffer);

    //获得缓冲区分析的执行消息，显示在 ListBox 中
    List<string> pMsgs = CGPHelper.GetInstance().GetRetMsg();
    for (int i = 0; i < pMsgs.Count; i++)
    {
        listBox_Info.Items.Add(pMsgs[i]);
    }

    //将缓冲区分析结果增加至地图中
    IFeatureClass pFC = CGPHelper.GetInstance().Open("C:\\buffer.shp");
    IFeatureLayer pFeatureLayer = new FeatureLayer();
    pFeatureLayer.Name = "缓冲区";
    pFeatureLayer.FeatureClass = pFC;
    axMapControl_Main.AddLayer(pFeatureLayer as ILayer);

    //对缓冲区结果(面图层)进行渲染
    Shared.Base.CFeatureLayerRenderHelper.GetInstance().SetSimpleRenderer(
        pFeatureLayer as IGeoFeatureLayer,
        ESRI.ArcGIS.Display.esriSimpleFillStyle.esriSFSBackwardDiagonal,
        CColorHelper.GetRGBColor(0, 0, 255),
        CColorHelper.GetRGBColor(255, 0, 0),
        "缓冲区",
        "缓冲区");
    axMapControl_Main.Refresh();
}
```

上述代码中，调用了 CGPHelper 类的函数 ExecuteTool，CGPHelper 类用于同步执行一个工具模型，并对执行返回的消息进行管理，代码如下。

【代码 6.2】　CGPHelper 类，用于 GP 同步执行
(参见本书配套代码 Shared.Base 工程中的 CGPHelper.cs)

```
public class CGPHelper
{
    private volatile static CGPHelper _pInstance = null;
    private static readonly object _pLockHelper = new object();
    private GeoProcessor _pGeoProcessor = null;//地理处理器
```

```
private List<string> _pRetMsgs = null;//返回消息列表

//私有构造函数，初始化 GeoProcessor 和消息列表
private CGPHelper()
{
    _pGeoProcessor = new Geoprocessor();
    _pRetMsgs = new List<string>();
}

public static CGPHelper GetInstance()
{
    if (_pInstance == null)
    {
        lock(_pLockHelper)
        {
            if (_pInstance == null)
                _pInstance = new CGPHelper();
        }
    }
    return _pInstance;
}

//同步执行工具模型
public void ExecuteTool(IGPProcess pProcess)
{
    //覆盖同名输出
    _pGeoProcessor.OverwriteOutput = true;

    try
    {

        _pGeoProcessor.Execute(pProcess, null);//执行工具模型
        ReturnMessages();//获得返回消息列表


    }
    catch (Exception err)
    {
        CLog.LOG(err.Message);
        ReturnMessages();
    }
```

```
    }

    private void ReturnMessages()
    {
        _pRetMsgs.Clear();

        if (_pGeoProcessor.MessageCount > 0)
        {
            for (int i = 0; i <= _pGeoProcessor.MessageCount - 1; i++)
            {
                string sz = _pGeoProcessor.GetMessage(i);
                _pRetMsgs.Add(sz);
            }
        }
    }

    //获得返回消息列表
    public List<string> GetRetMsg()
    {
        return _pRetMsgs;
    }

    //打开 Shp 文件，返回一个要素类
    public IFeatureClass Open(string szShpFile)
    {
        return _pGeoProcessor.Open(szShpFile) as IFeatureClass;
    }

    //获取地理处理器
    public GeoProcessor GetGP()
    {
        return _pGeoProcessor;
    }
}
```

2. 异步执行

异步执行是指执行某个 GP 工具模型的过程中 GeoProcessor 不需要一直等下去，而是继续执行下面的操作，不管工具模型的执行情况，当有 GP 消息返回时，系统会通过事件通知 GeoProcessor 进行处理。最直观的反应是：异步执行 GP 操作时，主界面 UI 线程不被阻塞，仍然可以进行交互操作(如缩放、漫游等)，这样可以提高执行效率，提升用户体验效果。

```
public IGeoProcessorResult ExecuteAsync(IGPProcess process);
```

GeoProcessor 类的 ExecuteAsync 方法，用于异步执行一个工具模型，它有两种重载：①GeoProcessorResult ExecuteAsync(IGPProcess process)；②IGeoProcessorResult ExecuteAsync (string toolName, IVariantArray parameters)。

GP 异步执行编程的过程中，最重要的是对 GP 执行过程中的回调事件进行处理，常用的事件有：①public event EventHandler<MessagesCreatedEventArgs> MessagesCreated;(GP 消息被创建时触发该事件，用于获取 GP 执行过程中的各种消息)。②public event EventHandler<ProgressChangedEventArgs> ProgressChanged;(GP 执行过程状态发生改变时触发该事件)。③public event EventHandler<EventArgs> ToolboxChanged;(更换 GP 工具箱时触发该事件)。④public event EventHandler<ToolExecutedEventArgs> ToolExecuted;(GP 工具执行完毕后触发该事件)。⑤public event EventHandler<ToolExecutingEventArgs> ToolExecuting;(GP 工具开始执行时，首先触发该事件)。

下面给出一个 GP 异步执行的例子，其操作结果如图 6.5 所示。

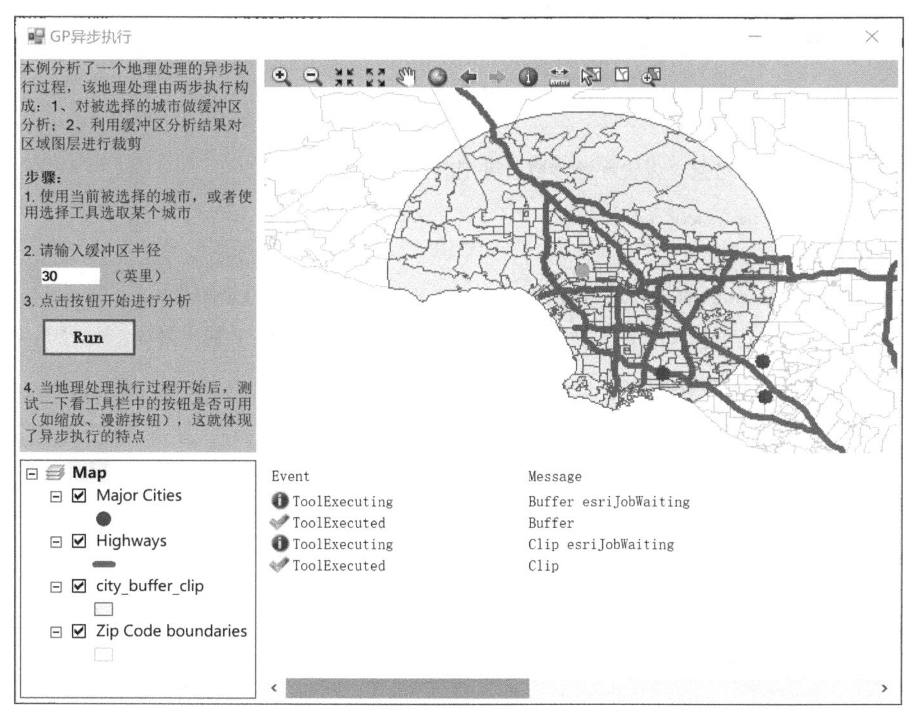

图 6.5 GP 异步执行操作结果

【代码 6.3】 GeoProcessor 异步执行

(参见本书配套代码 App.GP.ExecuteAsync 工程中的 Form_Main.cs)

本例分析了地理处理异步执行方法。该地理处理由两个 GP 工具的执行过程构成：①对被选择的城市做缓冲区分析；②利用缓冲区分析结果对区域图层进行裁剪。

```
public partial class RunGPForm : Form
{
    private GeoProcessor _pGeoprocessor = null;//定义 GP 对象
```

```
private Dictionary<string, IFeatureLayer> _pLayersDict =
    new Dictionary<string, IFeatureLayer>();//图层字典
private List<IFeatureLayer> _pResultsList = new List<IFeatureLayer>();//输出图层列表
private Queue<IGPProcess> _pGPToolsToExecute =
    new Queue<IGPProcess>();//GP 执行逻辑的队列(需要执行的 GP 工具队列)
public RunGPForm()
{
  InitializeComponent();

  //初始化消息列表控件(listView_Result)
  listView_Result.Columns.Add("Event", 200, HorizontalAlignment.Left);
  listView_Result.Columns.Add("Message", 1000, HorizontalAlignment.Left);
  //设置 listView 控件的图像列表，该 imageList 有四个图像：
  //0-Error 1-Information 2-Warning 3-Success，用于标识不同状态的消息
  listView_Result.SmallImageList = imageList_Main;

  //创建 GeoProcessor 对象，设置环境参数，绑定事件
  _pGeoProcessor = new Geoprocessor();
  string outputDir =
    System.Environment.GetEnvironmentVariable("TEMP");//获取临时目录的路径
  _pGeoProcessor.SetEnvironmentValue("workspace", outputDir);//设置 GP 输出路径
  _pGeoProcessor.OverwriteOutput = true;
  //绑定事件 ToolExecuted(GP 工具执行完成后触发)
  _pGeoProcessor.ToolExecuted += new
    EventHandler<ToolExecutedEventArgs> (_gp_ToolExecuted);
  //绑定 ProgressChanged 事件
  _pGeoProcessor.ProgressChanged +=
    new EventHandler<ESRI.ArcGIS.Geoprocessor.ProgressChangedEventArgs>
    (_gp_ProgressChanged);
  //绑定 MessagesCreated 事件(GP 消息产生后触发)
  _pGeoProcessor.MessagesCreated += new
    EventHandler<MessagesCreatedEventArgs>(_gp_MessagesCreated);
  //绑定 ToolExecuting 事件(GP 工具执行时触发)
  _pGeoProcessor.ToolExecuting += new
    EventHandler<ToolExecutingEventArgs>(_gp_ToolExecuting);

  //初始化地图数据
  SetupMap();
}
```

```
//异步执行 GP 工具
private void btnRunGP_Click(object sender, EventArgs e)
{
  try
  {
    //清除消息列表
    listView_Result.Items.Clear();

    //移除地图控件中历史 GP 操作的输出图层
    IMapLayers mapLayers = axMapControl_Main.Map as IMapLayers;
    foreach (IFeatureLayer resultLayer in _pResultsList)
    {
      mapLayers.DeleteLayer(resultLayer);
    }

    axTOCControl_Main.Update();

    //清空_pResultsList
    _pResultsList.Clear();

    //清空 GP 执行队列
    _pGPToolsToExecute.Clear();

    //对选择的城市做缓冲区分析
    ESRI.ArcGIS.AnalysisTools.Buffer bufferTool = new
        ESRI.ArcGIS.AnalysisTools.Buffer();
    bufferTool.in_features = _pLayersDict["Cities"];//设置缓冲区分析的输入图层
    bufferTool.buffer_distance_or_field = txtBufferDistance.Text + " Miles";//缓冲区半径
    bufferTool.out_feature_class = "city_buffer.shp";//设置缓冲区分析输出图层

    //利用缓冲区分析结果对 US_ZipCodes 图层进行裁剪
    ESRI.ArcGIS.AnalysisTools.Clip clipTool = new ESRI.ArcGIS.AnalysisTools.Clip();
    clipTool.in_features = _pLayersDict["ZipCodes"];//设置输入图层
    clipTool.clip_features = bufferTool.out_feature_class;//设置裁剪要素类
    clipTool.out_feature_class = "city_buffer_clip.shp";//设置输入要素类

    //GP 工具分步骤异步执行时，第一步执行的缓冲区分析结果作为第二步裁剪操作
      //的输入。因此，代码中采用执行队列_pGPToolsToExecute 存储 GP 工具。第一个
      //工具(缓冲区分析)执行完成后，触发 ToolExecuted 事件，之后开始执行第二个
```

```
        //GP 工具(裁剪)，如果有更多的 GP 工具需要执行，采用相同的方法即可
        _pGPToolsToExecute.Enqueue(bufferTool);
        _pGPToolsToExecute.Enqueue(clipTool);
        _pGeoProcessor.ExecuteAsync(_pGPToolsToExecute.Dequeue());
    }
    catch (Exception ex)
    {
        listView_Result.Items.Add(new ListViewItem(new string[2] { "N/A", ex.Message },
            "error"));
    }
}

// 处理 ProgressChanged 事件
void _gp_ProgressChanged(object sender,
    ESRI.ArcGIS.GeoProcessor.ProgressChangedEventArgs e)
{
    IGeoProcessorResult2 gpResult = (IGeoProcessorResult2)e.GPResult;
    if (e.ProgressChangedType == ProgressChangedType.Message)
    {
        listView_Result.Items.Add(new ListViewItem(new string[2] {"ProgressChanged",
            e.Message}, "information"));
    }
}

//处理 ToolExecuting 事件，所有 GP 工具开始执行时首先触发该事件
void _gp_ToolExecuting(object sender, ToolExecutingEventArgs e)
{
    IGeoProcessorResult2 gpResult = (IGeoProcessorResult2)e.GPResult;
    listView_Result.Items.Add(new ListViewItem(new string[2] { "ToolExecuting",
        gpResult.Process.Tool.Name + " " + gpResult.Status.ToString() }, "information"));
}

//GP 工具执行完成后触发该事件
void _gp_ToolExecuted(object sender, ToolExecutedEventArgs e)
{
    IGeoProcessorResult2 gpResult = (IGeoProcessorResult2)e.GPResult;

    try
    {
        //第一个 GP 执行完成后,如果执行成功，则执行剩余的 GP 工具
```

```
        if (gpResult.Status == esriJobStatus.esriJobSucceeded)
        {
            listView_Result.Items.Add(new ListViewItem(new string[2] { "ToolExecuted",
                gpResult.Process.Tool.Name }, "success"));

            //执行 GP 队列中的下一个工具
            if (_pGPToolsToExecute.Count > 0)
            {
                _pGeoProcessor.ExecuteAsync(_pGPToolsToExecute.Dequeue());
            }
            else//如果所有的 GP 操作执行完毕，执行下述代码
            {
                IFeatureClass resultFClass = _pGeoProcessor.Open(gpResult.ReturnValue)
                    as IFeatureClass;//获取前一个操作的输出要素类
                //构造输出图层
                IFeatureLayer resultLayer = new FeatureLayerClass();
                resultLayer.FeatureClass = resultFClass;
                resultLayer.Name = resultFClass.AliasName;

                //将输出图层增加至地图中
                axMapControl_Main.AddLayer((ILayer)resultLayer, 2);
                axTOCControl_Main.Update();

                //将输出图层增加至 resultLayer 输出图层列表
                _pResultsList.Add(resultLayer);
            }
        }
        //如果前一个 GP 工具执行失败，不再执行后续 GP 操作
        else if (gpResult.Status == esriJobStatus.esriJobFailed)
        {
            listView_Result.Items.Add(new ListViewItem(new string[2] { "ToolExecuted",
                gpResult.Process.Tool.Name +
                " failed, any remaining processes will not be executed." }, "error"));
            //清空 GP 执行队列
            _pGPToolsToExecute.Clear();
        }
    }
    catch (Exception ex)
    {
        listView_Result.Items.Add(new ListViewItem(new string[2] { "ToolExecuted",
```

```
            ex.Message }, "error"));
    }
}

//当 GP 消息创建后触发该事件，在该事件中，将消息增加至 listView_Result 中，
//每个 GP 消息是一列
void _gp_MessagesCreated(object sender, MessagesCreatedEventArgs e)
{
    IGPMessages gpMsgs = e.GPMessages;//得到 GP 消息

    if (gpMsgs.Count > 0)
    {
        //循环处理每条 GP 消息，根据消息类型设置不同的图标
        //并增加至 listView_Result
        for (int count = 0; count < gpMsgs.Count; count++)
        {
            IGPMessage msg = gpMsgs.GetMessage(count);
            string imageToShow = "information";

            switch (msg.Type)
            {
                case esriGPMessageType.esriGPMessageTypeAbort:
                    imageToShow = "warning";
                    break;
                case esriGPMessageType.esriGPMessageTypeEmpty:
                    imageToShow = "information";
                    break;
                case esriGPMessageType.esriGPMessageTypeError:
                    imageToShow = "error";
                    break;
                case esriGPMessageType.esriGPMessageTypeGDBError:
                    imageToShow = "error";
                    break;
                case esriGPMessageType.esriGPMessageTypeInformative:
                    imageToShow = "information";
                    break;
                case esriGPMessageType.esriGPMessageTypeProcessDefinition:
                    imageToShow = "information";
                    break;
                case esriGPMessageType.esriGPMessageTypeProcessStart:
```

```
                imageToShow = "information";
                break;
            case esriGPMessageType.esriGPMessageTypeProcessStop:
                imageToShow = "information";
                break;
            case esriGPMessageType.esriGPMessageTypeWarning:
                imageToShow = "warning";
                break;
            default:
                break;
        }

        listView_Result.Items.Add(new ListViewItem(new string[2]{"MessagesCreated",
            msg.Description}, imageToShow));
    }
  }
}

//初始化地图数据
private void SetupMap()
{
  try
  {
    string dirPath = @".\USZipCodeData";//数据相对路径

    //加载 ZipCode_Boundaries_US_Major_Cities 图层
    IFeatureClass cities = _pGeoprocessor.Open(dirPath +
        @"\ZipCode_Boundaries_US_Major_Cities.shp") as IFeatureClass;
    IFeatureLayer citiesLayer = new FeatureLayerClass();
    citiesLayer.FeatureClass = cities;
    citiesLayer.Name = "Major Cities";

    //加载 US_ZipCodes 图层
    IFeatureClass zipBndrys = _pGeoprocessor.Open(dirPath + @"\US_ZipCodes.shp")
        as IFeatureClass;
    IFeatureLayer zipBndrysLayer = new FeatureLayerClass();
    zipBndrysLayer.FeatureClass = zipBndrys;
    zipBndrysLayer.Name = "Zip Code boundaries";

    //加载 usa_major_highways 图层
```

```
IFeatureClass highways = _pGeoprocessor.Open(
    dirPath + @"\usa_major_highways.shp") as IFeatureClass;
IFeatureLayer highwaysLayer = new FeatureLayerClass();
highwaysLayer.FeatureClass = highways;
highwaysLayer.Name = "Highways";

//将三个图层加入图层列表字典_pLayersDict
_pLayersDict.Add("ZipCodes", zipBndrysLayer);
_pLayersDict.Add("Highways", highwaysLayer);
_pLayersDict.Add("Cities", citiesLayer);

#region 设置三个图层的其他属性并对其进行渲染
//设置 ZipCode_Boundaries_US_Major_Cities 图层属性，并进行符号化
citiesLayer.Selectable = true;
citiesLayer.ShowTips = true;
ISimpleMarkerSymbol markerSym = CreateSimpleMarkerSymbol(
    CreateRGBColor(0, 92, 230), esriSimpleMarkerStyle.esriSMSCircle);
markerSym.Size = 9;
ISimpleRenderer simpleRend = new SimpleRendererClass();
simpleRend.Symbol = (ISymbol)markerSym;
((IGeoFeatureLayer)citiesLayer).Renderer = (IFeatureRenderer)simpleRend;

//设置 US_ZipCodes 图层属性，并进行符号化
zipBndrysLayer.Selectable = false;
ISimpleFillSymbol fillSym = CreateSimpleFillSymbol(
    CreateRGBColor(0, 0, 0), esriSimpleFillStyle.esriSFSHollow,
    CreateRGBColor(204, 204, 204), esriSimpleLineStyle.esriSLSSolid, 0.5);
ISimpleRenderer simpleRend2 = new SimpleRendererClass();
simpleRend2.Symbol = (ISymbol)fillSym;
((IGeoFeatureLayer)zipBndrysLayer).Renderer = (IFeatureRenderer)simpleRend2;

//设置 usa_major_highways 图层属性，并进行符号化
highwaysLayer.Selectable = false;
ISimpleLineSymbol lineSym = CreateSimpleLineSymbol(
    CreateRGBColor(250, 52, 17), 3.4, esriSimpleLineStyle.esriSLSSolid);
ISimpleRenderer simpleRend3 = new SimpleRendererClass();
simpleRend3.Symbol = (ISymbol)lineSym;
((IGeoFeatureLayer)highwaysLayer).Renderer = (IFeatureRenderer)simpleRend3;
#endregion
//将三个图层加载到地图控件中
```

```
            foreach (IFeatureLayer layer in _pLayersDict.Values)
            {
                axMapControl_Main.AddLayer((ILayer)layer);
            }

            #region 选择城市，并设置地图范围
            //选择并缩放至 Los Angeles
            IQueryFilter qf = new QueryFilterClass();
            qf.WhereClause = "NAME='Los Angeles'";
            IFeatureSelection citiesLayerSelection = (IFeatureSelection)citiesLayer;
            citiesLayerSelection.SelectFeatures(qf,
                    esriSelectionResultEnum.esriSelectionResultNew, true);
            IFeature laFeature = cities.GetFeature(citiesLayerSelection.SelectionSet.IDs.Next());
            IEnvelope env = laFeature.Shape.Envelope;
            env.Expand(0.5, 0.5, false);
            axMapControl_Main.Extent = env;
            axMapControl_Main.Refresh();
            axTOCControl_Main.Update();
            #endregion

            btnRunGP.Enabled = true;
        }
        catch (Exception ex)
        {
            MessageBox.Show("数据加载及设置错误: " + ex.Message);
        }
    }

    //创建简单填充符号对象
    public ESRI.ArcGIS.Display.ISimpleFillSymbol CreateSimpleFillSymbol(
            ESRI.ArcGIS.Display.IRgbColor fillColor,
            ESRI.ArcGIS.Display.esriSimpleFillStyle fillStyle,
            ESRI.ArcGIS.Display.IRgbColor borderColor,
            ESRI.ArcGIS.Display.esriSimpleLineStyle borderStyle,
            System.Double borderWidth)
    {
        ESRI.ArcGIS.Display.ISimpleLineSymbol simpleLineSymbol =
            new ESRI.ArcGIS.Display.SimpleLineSymbolClass();
        simpleLineSymbol.Width = borderWidth;
        simpleLineSymbol.Color = borderColor;
```

```
    simpleLineSymbol.Style = borderStyle;

    ESRI.ArcGIS.Display.ISimpleFillSymbol simpleFillSymbol =
      new ESRI.ArcGIS.Display.SimpleFillSymbolClass();
    simpleFillSymbol.Outline = simpleLineSymbol;
    simpleFillSymbol.Style = fillStyle;
    simpleFillSymbol.Color = fillColor;

    return simpleFillSymbol;
}

//创建简单线符号对象
public ESRI.ArcGIS.Display.ISimpleLineSymbol CreateSimpleLineSymbol(
      ESRI.ArcGIS.Display.IRgbColor rgbColor,
      System.Double inWidth, ESRI.ArcGIS.Display.esriSimpleLineStyle inStyle)
{
    if (rgbColor == null)
    {
      return null;
    }

    ESRI.ArcGIS.Display.ISimpleLineSymbol simpleLineSymbol =
      new ESRI.ArcGIS.Display.SimpleLineSymbolClass();
    simpleLineSymbol.Style = inStyle;
    simpleLineSymbol.Color = rgbColor;
    simpleLineSymbol.Width = inWidth;

    return simpleLineSymbol;
}

//创建简单点符号对象
public ESRI.ArcGIS.Display.ISimpleMarkerSymbol CreateSimpleMarkerSymbol(
      ESRI.ArcGIS.Display.IRgbColor rgbColor,
      ESRI.ArcGIS.Display.esriSimpleMarkerStyle inputStyle)
{

    ESRI.ArcGIS.Display.ISimpleMarkerSymbol simpleMarkerSymbol =
      new ESRI.ArcGIS.Display.SimpleMarkerSymbolClass();
    simpleMarkerSymbol.Color = rgbColor;
    simpleMarkerSymbol.Style = inputStyle;
```

```
    return simpleMarkerSymbol;
}

//创建 RGB 颜色对象
public ESRI.ArcGIS.Display.IRgbColor CreateRGBColor(System.Byte myRed,
      System.Byte myGreen, System.Byte myBlue)
{
    ESRI.ArcGIS.Display.IRgbColor rgbColor = new ESRI.ArcGIS.Display.RgbColorClass();
    rgbColor.Red = myRed;
    rgbColor.Green = myGreen;
    rgbColor.Blue = myBlue;
    rgbColor.UseWindowsDithering = true;
    return rgbColor;
}

//txtBufferDistance 中输入的缓冲区半径改变时触发该事件
private void txtBufferDistance_TextChanged(object sender, EventArgs e)
{
    string txtToCheck = txtBufferDistance.Text;

    //保证缓冲区半径是整数或双精度数，且值不为零
    if (((IsDecimal(txtToCheck)) | (IsInteger(txtToCheck))) && (txtToCheck != "0"))
    {
      btnRunGP.Enabled = true;
    }
    else
    {
      btnRunGP.Enabled = false;
    }
}

//判断输入字符串是否能转换为双精度数
private bool IsDecimal(string theValue)
{
    try
    {
      Convert.ToDouble(theValue);
      return true;
    }
```

```
        catch
        {
            return false;
        }
    }

    //判断输入字符串是否能转换为整型数
    private bool IsInteger(string theValue)
    {
        try
        {
            Convert.ToInt32(theValue);
            return true;
        }
        catch
        {
            return false;
        }
    }
}
```

本例中，需要注意如下几点：

(1) GP 处理的异步执行，是通过调用 GeoProcessor 的 ExecuteAsync()方法来完成的，异步执行能够避免阻塞主窗体的界面线程，即在进行 GP 处理的同时可以进行放大、缩小、漫游等交互操作；而 GP 同步执行的情况下，不得不耐心等待 GP 处理完毕，无法同时处理其他功能和用户的交互。

(2) GP 处理的异步执行，必须通过注册事件来向用户反馈 GP 执行的状态、消息以及结果等信息，这些事件提供了用户控制 GP 处理过程的途径。

(3) 对于由多个 GP 工具组合而成的执行逻辑，可以通过队列对其进行管理，队列是先进先出的数据结构，因此可以依据执行的先后顺序逐个入列。在执行的过程中，要保证当前 GP 工具的输出是下一个 GP 工具的输入，将前后的执行逻辑联系起来。

6.3　使用 Model Builder 进行地理处理

6.3.1　模型构建器简介

模型构建器(Model Builder)是一个用来创建、编辑和管理地理处理模型的应用程序，它采用工作流思想，将一系列基本空间分析模型和空间数据处理操作组织成功能更强大、结构更复杂的地理模型。它可以将 ArcToolbox 中的一个工具的输出作为另一个工具的输入。我们也可以将模型构建器看成是用于构建基于复杂地理处理模型的可视化编程环境。模型构建器除了有助于构造和执行简单工作流外，还能通过创建模型并将其共享为工具来提供扩展 ArcGIS

功能的高级方法，模型构建器的优势如下：

(1) 模型构建器是一个简单易用的应用程序，用于创建和运行包含一系列工具的工作流。

(2) 可以使用模型构建器创建自己的工具，使用模型构建器创建的工具可在 Python 脚本和其他模型中使用。

(3) 结合使用模型构建器和脚本可将 ArcGIS 与用户开发的应用程序进行集成。

新建一个模型，主要流程如下：①新建一个模型构建器。在指定工具箱中单击右键，“新建”→“模型”，如图 6.6 所示。②在模型构建器中拖入模型，并设置输入输出参数。在模型构建器中拖入一个缓冲区模型，单击右键“模型”，“获取变量”→“从参数”→“输入要素”，单击右键“输入要素”，选择“模型参数”，如图 6.7 所示。

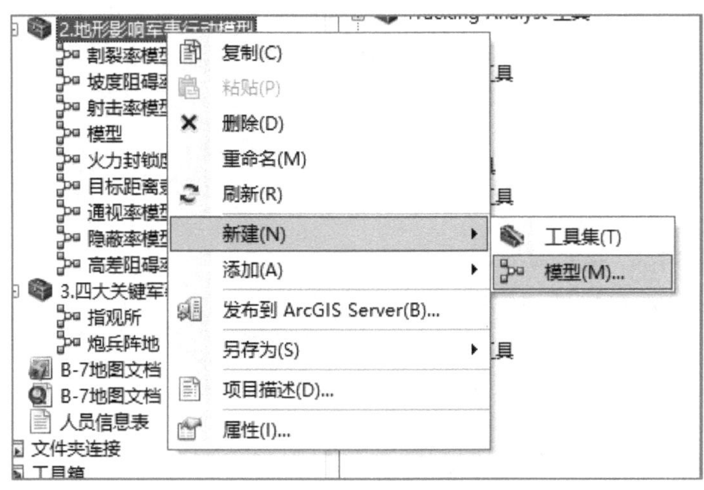

图 6.6 新建模型

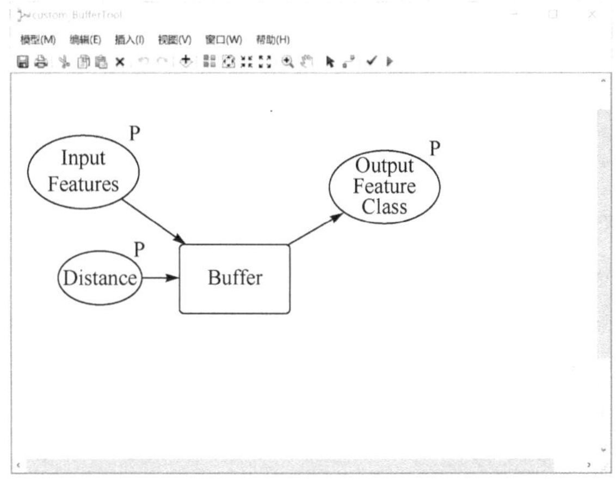

图 6.7 设置模型参数

6.3.2 ArcGIS Engine 中调用 Model Builder

ArcGIS Engine 调用 Model Builder 的方法与调用 GP 工具方法类似，主要包括以下五步：①添加 ESRI.ArcGIS.Geoprocessing 引用。②创建 GeoProcessor 对象。③调用自定义工具，添加自定义工具箱的路径。④创建 IVariantArray 对象，用于存放工具参数。⑤调用 GeoProcessor 的 Execute 方法。

【代码 6.4】 ArcGIS Engine 调用 Model Builder 模型
(参见本书配套代码 APP.Base.ModelBuilder 工程中的 Form_Main.cs)

```
public partial class Form_Main : Form
{
    string FileGDBPath;
    string tbxPath;
    public Form_Main()
    {
        InitializeComponent();
        FileGDBPath = Application.StartupPath + "\\test.gdb";
        tbxPath = Application.StartupPath + "\\mytoolbox.tbx";
    }

    private void gP_ToolStripMenuItem_Click(object sender, EventArgs e)
    {
        IGeoProcessor2 gp = new GeoProcessorClass();
        gp.OverwriteOutput = true;

        IGeoProcessorResult result = new GeoProcessorResultClass();

        // 创建一个变量数组来保存参数值
        IVariantArray parameters = new VarArrayClass();

        object sev = null;

        try
        {
            // 用参数值填充变量数组
            parameters.Add(FileGDBPath + "\\LotIds");
            parameters.Add(FileGDBPath + "\\LotIds_BufferArray");
            parameters.Add("100 Feet");

            //执行工具
            result = gp.Execute("Buffer_analysis", parameters, null);

            IFeatureClass dealFclss = gp.Open(result.ReturnValue) as IFeatureClass;
            IFeatureLayer pFeaturelayer = new FeatureLayer();
            pFeaturelayer.FeatureClass = dealFclss;
            ILayer pFeature = pFeaturelayer as ILayer;
            axMapControl1.AddLayer(pFeature);
```

```
            // 打印地理处理消息
            Console.WriteLine(gp.GetMessages(ref sev));
        }

        catch (Exception ex)
        {
            // 打印一般异常消息
            Console.WriteLine(ex.Message);
            // 打印地理处理执行错误消息
            Console.WriteLine(gp.GetMessages(ref sev));
        }
    }
}
```

6.4　使用 Python 进行地理处理

Python 是一种跨平台的开源编程语言，它功能强大且简单易学，得到了广泛应用和支持。Python 最早是由 Guidovan Rossum 在 20 世纪 80 年代末构想并于 1991 年提出的，它具备简洁易读、语法清晰、支持动态定型等特点，拥有大量标准库和第三方库。Python 的主要优势如下：

(1) 易于学习，既适合初学者，也适合高级别的专家使用。Python 的定位是“优雅”“明确”“简单”，采用缩进来标识代码块，减少了无用的大括号，去除了末句的分号，使程序可读性显著提高，可以让我们更侧重于如何解决问题而不是编程语言的语法和结构。

(2) 可伸缩程度高，适于大型项目或小型的一次性程序(称为脚本)。Python 有非常强大的第三方库，基本上计算机能实现的任何功能，Python 官方库里都有相应的模块支持，直接下载调用后，在基础库的基础上再进行开发，可适用于面向各层次的项目系统。

(3) 可移植，跨平台。由于 Python 自身的开源属性，它已经被移植到很多平台上，如果在使用过程中避免调用依赖系统的特性，所有的 Python 程序无须修改就几乎可以在市场上所有的系统平台上运行。

(4) 可嵌入(使 ArcGIS 可脚本化)。一方面，如果希望工程的核心代码运行得更快或者不希望算法公开，那么可以将该部分程序用 C 或者 C++来编写，然后用 Python 调用它们，ArcGIS 中，几乎所有的任务都可以通过 Python 脚本来调用。另一方面，可以把 Python 嵌入 C/C++程序中，从而向程序提供脚本功能，本章将重点讨论该问题。

(5) 稳定成熟。Python 自 1991 年推出以来，Python 社区提供了大量的第三方模块，功能涵盖科学计算、人工智能、机器学习、Web 开发、数据库接口、图形系统等多个领域，可以实现系统管理、网络通信、文本处理、数据库、图形系统、XML 处理等多种功能。

(6) 用户规模大。到目前为止，Python 是用户增长速度最快的一门语言，是全球三大语言之一，2018 年 9 月，取代“Visual FoxPro”成为全国计算机二级考试的科目之一。

ESRI 公司 ArcGIS 9.0 产品中引入了 Python，此后 Python 被视为可供地理处理用户选择的脚本语言并得以不断发展，每个版本都不断增强 Python 体验，使其功能更多、更丰富、更友好。Python 拓展了 ArcGIS 的功能，成为一种用于进行数据分析、数据转换、数据管理和地图自动化处理的编程语言，有助于提高我们的工作效率。

Python 与 ArcGIS Engine 集成有三种模式，分别是：①利用 Python 调用 AE 编写脚本；②利用 Python 调用 AE 创建 GUI 程序；③在 AE 程序中调用 Python 脚本。表 6.1 对这三种方式进行了详细比较。其中，在 ArcGIS Engine 程序中调用 Python 是本书要重点讨论的情况，编写 Python 脚本能充分发挥 Python 语言的优势：简洁、高效，将大量的 Python 功能模型在 ArcGIS Engine 中调用，极大拓展了 ArcToolbox 的功能。

表 6.1 Python 与 ArcGIS Engine 集成模式比较

项目	开发难易	资源	应用范围	推荐
利用 Python 调用 AE 编写脚本	☆	☆☆☆	☆☆☆	☆☆☆☆
利用 Python 调用 AE 创建 GUI 程序	☆☆☆	☆	☆	☆
在 AE 程序中调用 Python	☆	☆☆	☆☆☆	☆☆☆

6.4.1 准备 Python 脚本

将如下脚本复制到一个记事本文件中，并将记事本文件另存为后缀名为.py 的文件，命名为 InsertPoint.py。

```
import arcpy
dataResource=arcpy.GetParameterAsText(0)
jd = arcpy.GetParameterAsText(1)
wd = arcpy.GetParameterAsText(2)
name=arcpy.GetParameterAsText(3)
cur = arcpy.InsertCursor(dataResource)
# pnt = arcpy.Point(jd,wd)
pnt = arcpy.Point(jd,wd)
row = cur.newRow()
row.shape = pnt
row.Name=name
cur.insertRow(row)
```

6.4.2 制作 GP 工具

在 ArcCatalog 中选中存放文件夹，点击鼠标右键：“新建工具箱”，选择“工具箱”，点击鼠标右键添加脚本，如图 6.8 所示。

选择 InsertPoint.py，设置输入输出参数。框中选择参数类型：输入还是输出，这里都是输入参数，点击“完成”(图 6.9)。

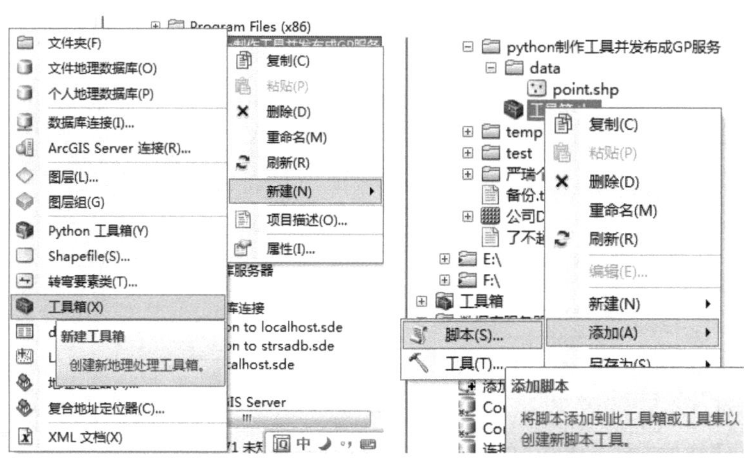

图 6.8 新建工具箱添加脚本

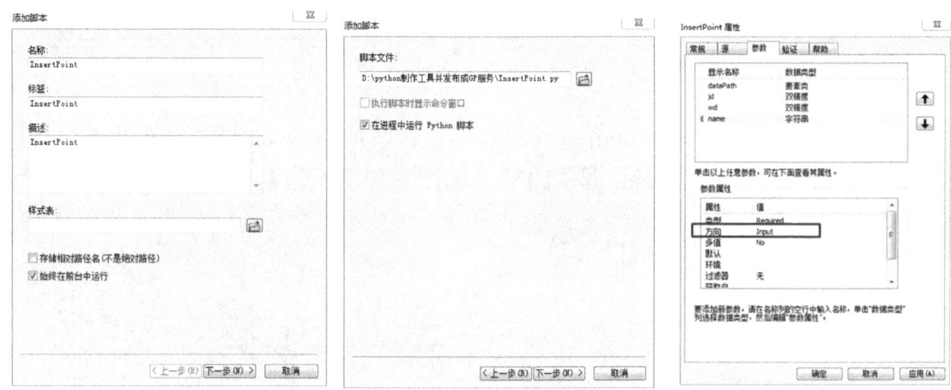

图 6.9 选择脚本设置输入输出参数

6.4.3 GP 工具测试

双击上一步制作好的工具，并输入参数，点击“确定”，执行成功如图 6.10 所示；打开 point 图层的属性表，查看新添加进去的数据。

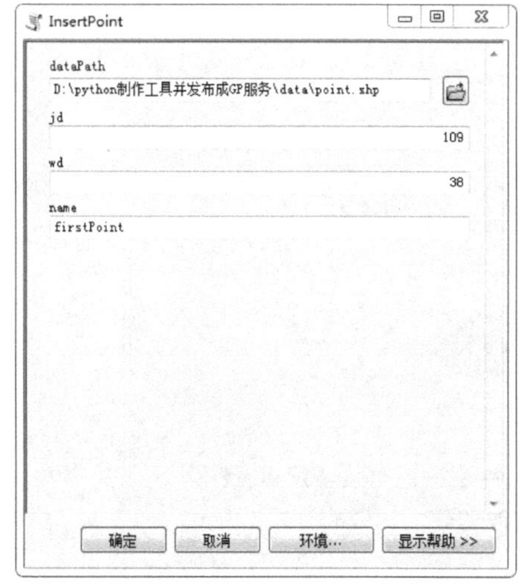

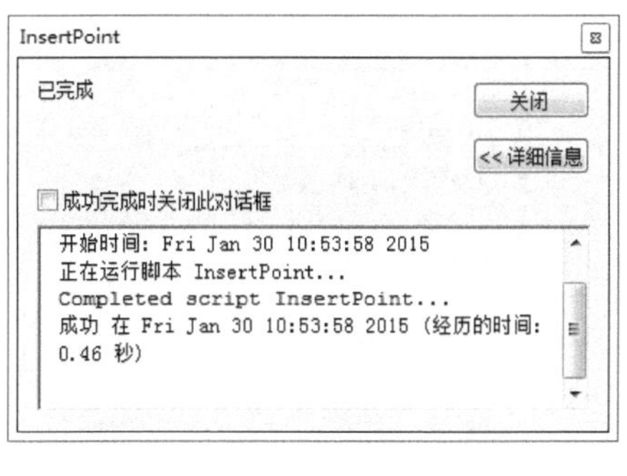

图 6.10 测试脚本功能

6.4.4 制作模型

在 ArcCatalog 中，选择工具箱，鼠标右键新建模型(图 6.11)，将上面制作的 InsertPoint 工具拖入模型中。

图 6.11 新建模型

点击 InsertPoint 工具，鼠标点击右键获取参数；获取第一个参数“dataPath”；设置输入参数，双击“dataPath”，设置 point 图层路径，如图 6.12 所示。

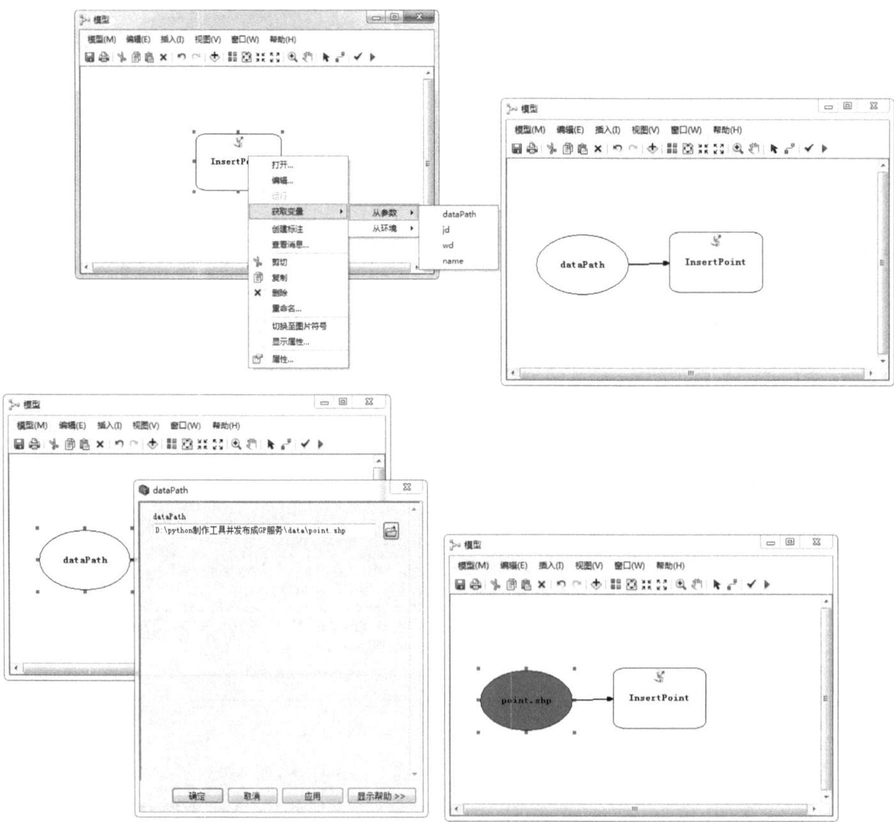

图 6.12 获取参数

以同样的方式获取其他参数 jd、wd、name，如图 6.13 所示。

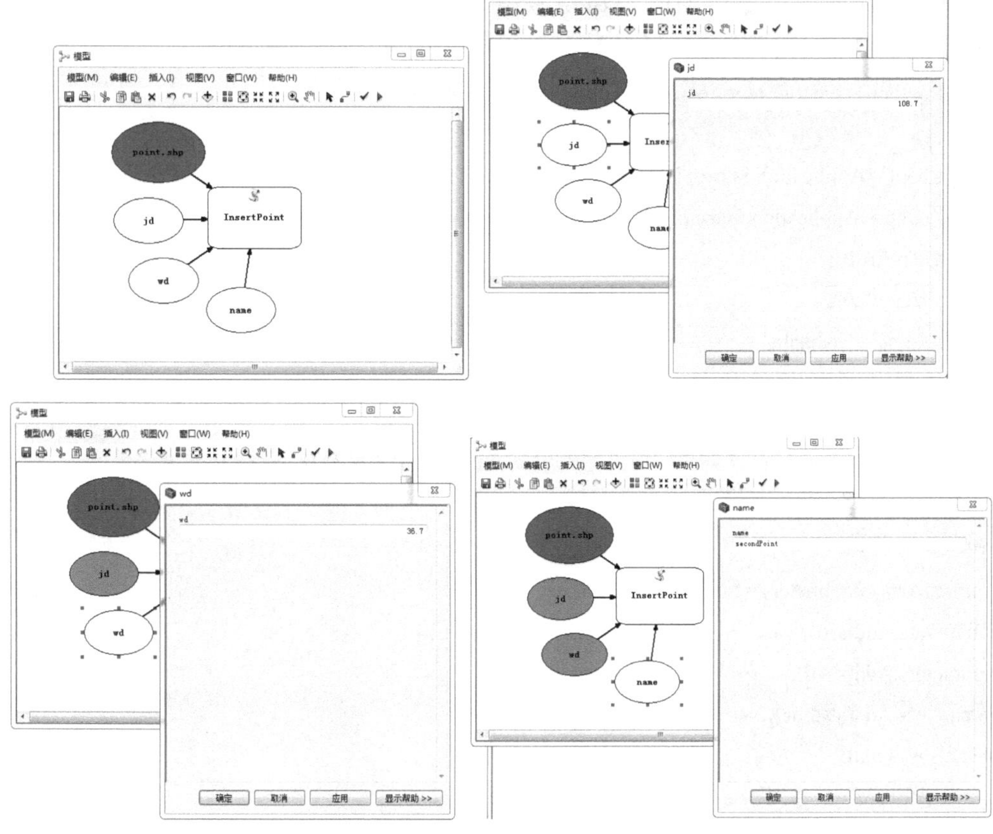

图 6.13　获取 jd、wd、name 参数

点击“确定”，接下来对模型设置输入参数：这里设置 jd、wd、name(point 作为固定数据，不设置)，选择 jd，右键点击“模型参数”，以此类推，设置 wd、name，如图 6.14 所示，保存模型。

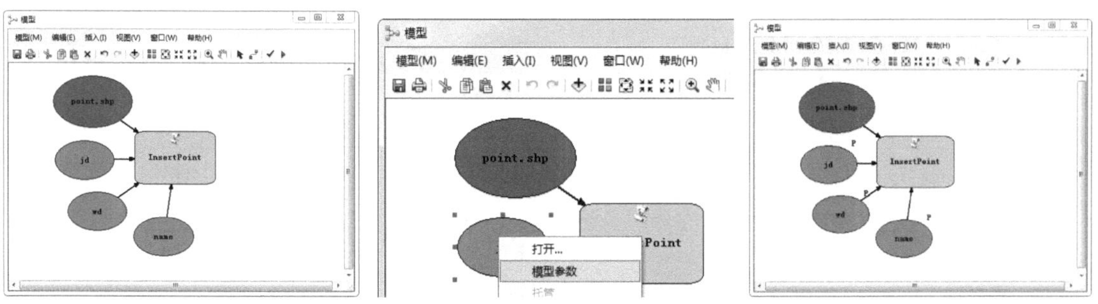

图 6.14　设置模型参数

6.4.5　ArcGIS Engine 中调用

此处调用与 6.3.2 节调用方法及思路类似：①添加 ESRI.ArcGIS.GeoProcessing 引用。②创建 GeoProcessor 对象。③调用自定义工具，添加自定义工具箱的路径。④创建 IVariantArray 对象，用于存放工具参数。⑤调用 Geoprocessor 的 Execute 方法。

【代码 6.5】　ArcGIS Engine 调用 Python 模型
(参见本书配套代码 App.GP.InvokingPython 工程中的 Form_Main.cs)

```
private void pythonToolStripMenuItem_Click(object sender, EventArgs e)
{
    string sTool = Application.StartupPath + "\\tool.tbx";
    //string sShp = Application.StartupPath + "\\point\\point.shp";
    string sJd = "100";
    string sWd = "20";
    string sName = "hahahha";

    Geoprocessor GP = new Geoprocessor();//创建 Geoprocessor 对象
    GP.OverwriteOutput = true; //如果此项为 false，则 output 的值不能与现有要素名重复
    GP.AddToolbox(sTool);//向工具箱中增加模型
    //模型参数赋值
    IVariantArray parameters = new VarArrayClass();
    parameters.Add(sJd);
    parameters.Add(sWd);
    parameters.Add(sName);
    object sev = null;
    try
    {
        GP.Execute("模型", parameters, null);//执行模型
    }
    catch (Exception ex)
    {
        // 打印一般异常消息
        Console.WriteLine(ex.Message);
        // 打印地理处理执行错误消息
        Console.WriteLine(GP.GetMessages(ref sev));
    }
}
```

第7章 插件技术

7.1 插件技术概述

在 GIS 应用项目开发过程中，经常会遇到应用系统(平台)已经交付用户使用，但用户又提出新需求的情况，这种情况下，需要从源程序上进行修改和增加，再重新发布新的版本进行部署。这对系统的维护而言，代价是相当大的。那么，有没有一种方法，可使得原有的主体应用系统和新增加的用户业务功能相分离？答案当然是肯定的，这就是插件技术。

插件技术是在软件的设计和开发过程中，将整个应用程序划分为宿主程序和插件对象两部分，宿主程序能够调用插件对象，插件对象能够在宿主程序上实现自己的逻辑，而两者的交互基于一种公共的通信契约。宿主程序可以独立于插件对象存在，即使没有任何插件对象，宿主程序的运行也不受影响，因此，可以在避免改变宿主程序的情况下通过增减插件或修改插件的方式来增加或调整功能。插件技术可以很好地解决平台的扩展问题，其实质是在不修改程序主体的情况下对软件功能进行加强。“平台+插件”的结构可以让我们实现一个具有良好扩展性和定制能力的 GIS 应用系统。

从插件技术的概念，我们可以知道插件技术的主要思想是将系统功能以插件对象的形式通过宿主程序统一管理。基于插件的应用系统包括插件对象、宿主程序和通信规范(协议)三部分，如图 7.1 所示。

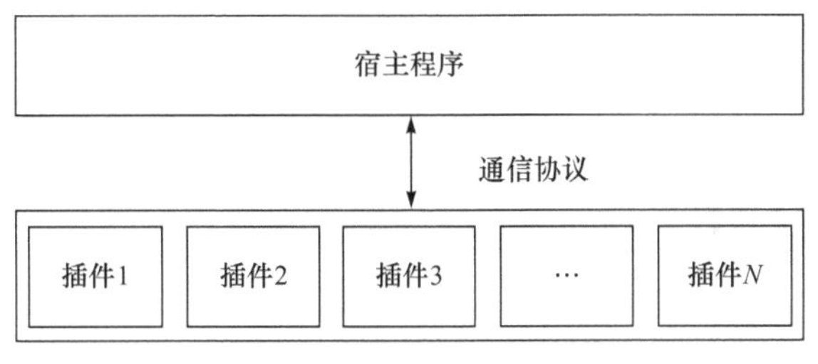

图 7.1 基于插件的应用系统

(1) 插件对象。插件是为了对应用程序的功能进行扩展而按一定规范编写的，能集成到已有系统中的程序模块。插件对象保存在插件程序集中，一般是一个遵循了某些特定规则(通常表现为接口)的动态链接库(DLL)文件，能够被宿主程序调用和解析，是插件式框架具体功能的承载者。

(2) 宿主程序。宿主程序即主程序部分，提供程序的主体框架，它是插件运行的环境，负责插件的加载管理以及插件间的协同工作等任务。宿主程序一般以可执行文件形式存在，它解析插件对象并将插件对象生成各种相应的按钮、工具等可视化界面对象。

(3) 通信规范(协议)。在插件式应用框架中，宿主程序在编译时并不知道它将要处理哪些插件对象，无法静态地将插件链接进来，只能在运行时动态获得插件的相关类型信息(RTTI，运行时类型识别)并加载到平台中，这就要求插件必须遵守统一的通信规范(协议)，也就是说，通信规范是预先定义好的、宿主和插件间的通信协议，即确定了宿主能够解析什么内容，以及插件需要实现什么内容。规范一旦确定并公布，任何人都可以按照规范开发出宿主能够解析的插件。宿主与插件是相对独立的部分，它们之间的信息交互是十分关键的一环。

7.2　ArcGIS Engine 的插件框架

ArcGIS Engine 提供了一个完整的插件框架，包含有命令(ICommand)、工具(ITool)、菜单(IMenu)、工具条(Toolbar)等，只要按照 ArcGIS Engine 的插件规范开发用户自己的插件，就可以方便地对宿主程序的功能进行扩展。

7.2.1　Command

Command 即命令按钮，它可以加载到 ArcGIS Engine 内置的 Toolbar 上，当用户点击命令按钮时，执行相应的功能逻辑。通常情况下，所有的命令插件都派生自 ArcGIS Engine 提供的 BaseCommand 类，该类规定了命令插件的行为和属性特征。BaseCommand 接口定义如下：

```
public abstract class BaseCommand : ICommand
{
    protected Bitmap m_bitmap;//位图对象，表示命令按钮(Command)的图标
    protected string m_caption;//命令按钮的标题
    protected string m_category;//命令按钮所属的类别
    protected bool m_checked;//命令按钮是否选中
    protected bool m_enabled;//命令按钮是否可用
    protected string m_helpFile;//帮助文件的路径
    //帮助文档的 Topic ID，同帮助文件中的某个特定的帮助主题相关联
    protected int m_helpID;
    protected string m_message;//状态栏上显示的该命令按钮的消息文字
    protected string m_name;//命令按钮的名称
    protected string m_toolTip;//命令按钮的提示

    protected BaseCommand();//默认构造函数
    protected BaseCommand(Bitmap bitmap, string caption,
        string category, int helpContextId,
        string helpFile, string message,
        string name, string toolTip);//带参构造函数

    public virtual int Bitmap { get; }//只读属性，获取命令按钮的图标
    public virtual string Caption { get; }//只读属性，获取命令按钮的标题
    public virtual string Category { get; }//只读属性，获取命令按钮的类别
    public virtual bool Checked { get; }//只读属性，获取命令按钮是否选中
```

```
    public virtual bool Enabled { get; }//只读属性，获取命令按钮
    public virtual int HelpContextID { get; }//只读属性，获取帮助文档的 Topic ID
    public virtual string HelpFile { get; }
    public virtual string Message { get; }
    public virtual string Name { get; }
    public virtual string Tooltip { get; }
    public virtual void OnClick();//命令按钮的 OnClick 事件，单击触发
    //命令按钮载入 ToolbarControl 时触发该事件，用于将 Hook 对象传进来
    public abstract void OnCreate(object hook);
    public void UpdateBitmap(Bitmap bitmap);//更新命令按钮的位图
}
```

实际上，BaseCommand 是一个抽象类，它不能被实例化，它本身实现了 ICommand 接口。BaseCommand 类简化了创建用户自定义命令的过程，只要继承自 BaseCommand 类，就可以很方便地创建用户自定义命令对象，开发者需要做的工作只是重载 OnClick()函数，在该函数中编写用户的程序代码。

7.2.2 Tool

通常情况下，所有的工具插件(Tool)都派生自 ArcGIS Engine 提供的 BaseTool 类，该类规定了工具插件的行为和属性特征。BaseTool 接口定义如下：

```
public abstract class BaseTool : BaseCommand, ITool
{
    protected Cursor m_cursor; //光标
    protected bool m_deactivate; //工具处于激活/没有激活状态
    protected BaseTool();//默认构造函数

    //带参构造函数
    protected BaseTool(Bitmap bitmap,
        string caption, string category,
        Cursor cursor, int helpContextId,
        string helpFile, string message,
        string name, string toolTip);

    public virtual int Cursor { get; }//光标
    public virtual bool Deactivate();//取消激活状态
    public virtual bool OnContextMenu(int X, int Y);
    public virtual void OnDblClick();//双击事件
    public virtual void OnKeyDown(int keyCode, int Shift); //键盘按下事件
    public virtual void OnKeyUp(int keyCode, int Shift); //键盘松开事件
    public virtual void OnMouseDown(int Button, int Shift, int X, int Y); //鼠标按下事件
    public virtual void OnMouseMove(int Button, int Shift, int X, int Y); //鼠标移动事件
```

```
        public virtual void OnMouseUp(int Button, int Shift, int X, int Y); //松开鼠标按键事件
      public virtual void Refresh(int hDC);
  }
```

本质上，Tool 是另一种形式的 Command，它继承自 BaseCommand 抽象类，同时又实现了 ITool 接口，它在 Command 的基础上，增加了对键盘、双击以及鼠标事件的响应机制。用户创建自定义的工具插件，只需要继承 BaseTool 抽象类，重载其中的虚函数即可。这些虚函数包括：双击鼠标事件(OnDblClick)、按下键盘事件(OnKeyDown)、松开键盘事件(OnKeyUp)、鼠标落下事件(OnMouseDown)、鼠标移动事件(OnMouseMove)、鼠标抬起事件(OnMouseUp)等。

7.2.3 Toolbar 和 Menu

Toolbar(工具栏)和 Menu(菜单)都是命令项(包括上文中的 Tool 和 Command)的容器，因此它们具有共同的特征，这个特征就是都继承自 BaseCommandBar 这个抽象类。BaseCommandBar 这个抽象类定义了命令项容器的特征和行为，定义如下：

```
public abstract class BaseCommandBar
{
    protected string m_barCaption;//标题
    protected string m_barID;//CommandBar 的 ID
    protected BaseCommandBar();//构造函数
    protected void AddItem(Guid itemGuid);//根据 Guid 增加命令项(见附注的解释)
    protected void AddItem(string itemID);//根据插件类名的全称增加命令项
    protected void AddItem(Type itemType);//根据插件类型增加命令项
    protected void AddItem(UID itemUID); //根据 UID 增加命令项(见附注的解释)
    protected void AddItem(Guid itemGuid, int subtype);
    protected void AddItem(string itemID, int subtype);
    protected void AddItem(Type itemType, int subtype);
    protected void BeginGroup();
}
```

对于工具栏插件来说，除了继承自 BaseCommandBar 抽象类，同时又实现了 IToolBarDef 接口，该接口定义如下：

```
public abstract class BaseToolbar : BaseCommandBar, IToolBarDef
{
    protected BaseToolbar();
    public virtual string Caption { get; }//工具栏标题
    public int ItemCount { get; }//命令项的个数
    public virtual string Name { get; }//工具栏名称
    public void GetItemInfo(int pos, IItemDef  itemDef);
}
```

对于菜单插件来说，除了继承自 BaseCommandBar 抽象类，同时又实现了 IMenuDef 接口，该接口定义如下：

```
public abstract class BaseMenu : BaseCommandBar, IMenuDef
{
    protected BaseMenu();
    public virtual string Caption { get; }//菜单标题
    public int ItemCount { get; }//菜单命令项个数
    public virtual string Name { get; }//菜单名称
    public void GetItemInfo(int pos, IItemDef itemDef);
}
```

附注：关于 UID 和 Guid 的区别

上面 BaseCommandBar 的代码中有两个函数：AddItem(Guid itemGuid)和 AddItem(UID itemUID)，这里简单介绍一下 Guid 和 UID 的区别。首先要明确的是，每个命令项(Tool 或 Command)都是一个 COM 对象，为了唯一标识一个 COM 对象，需要用全球唯一的标识码进行标识，这个标识码就是 UID(也称 UUID，universally unique identifier，通用唯一标识码)，它是分配给 COM 对象的标识符，是通过一种复杂的算法生成的，该算法保证所有的 COM 对象都有唯一的 ID，而不会出现名字冲突。UUID 是一个由 4 个连字号(-)将 32 个字节长的字符串分隔后生成的字符串，总共 36 个字节长。例如，IFeatureLayer 的 UID 是 40A9E885-5533-11d0-98BE-0080 5F7CED2′。UUID 同时也是开放软件基金会(OSF)制定的计算标准(用到了以太网卡地址、纳秒级时间、芯片 ID 码和许多可能的数字)，既然是一个标准，它就有不同的实现方法，而 Guid 就是微软对 UUID 这个标准的实现。Guid 是一个 128 位长的数字，一般用 16 进制表示，理论上讲，如果一台机器每秒产生 10000000 个 Guid，则可以保证(概率意义上)3240 年不重复。

再说 Toolbar 和 Menu 插件，用户自定义的工具栏一般继承自 BaseToolbar，Toolbar 插件不但继承了 BaseCommandBar 抽象类，而且实现了 IToolBarDef 接口。

7.3　插件的开发

插件的开发，实际上就是实现相应的接口函数，为了开发方便，ArcGIS Engine 提供了针对 Visual Studio 平台的模板，进一步降低了插件开发的难度。

下面通过实现一个查看图层信息的自定义命令(Command)和绘制折线的自定义工具(Tool)，讨论 Command 和 Tool 这两类最常用插件的开发。

7.3.1　自定义 Command 开发

本例将实现一个自定义命令插件 LayersInfo 的开发。本插件的功能比较简单，主要用来获得地图中所有矢量要素图层的名称、数据源、地理范围等基本信息，并用一个 MessageBox 弹出提示，过程如下。

(1) 在解决方案“AEBook”中新建工程“App.Plugins.Custom.LayersInfo”，需要注意的是，该工程不是 Windows Form 窗体应用程序，而是一个类库(图 7.2)，其编译后的输出结果是一个动态链接库(App.Plugins.Custom. LayersInfo.dll)文件。

图 7.2　解决方案中新建类库工程

(2) 在工程“App.Plugins.Custom.LayersInfo”中添加新项，选择“ArcGIS”→“Extending ArcObjects”，添加一个“Base Command”，将代码文件名称设置为“LayersInfo.cs”，如图 7.3 所示。

图 7.3　添加 Base Command 插件

(3) 在工程中添加 ArcGIS Engine 的动态链接库引用，将“Engine(Core)”和“Engine Extension”中的所有动态链接库都添加到工程中去(图 7.4)。

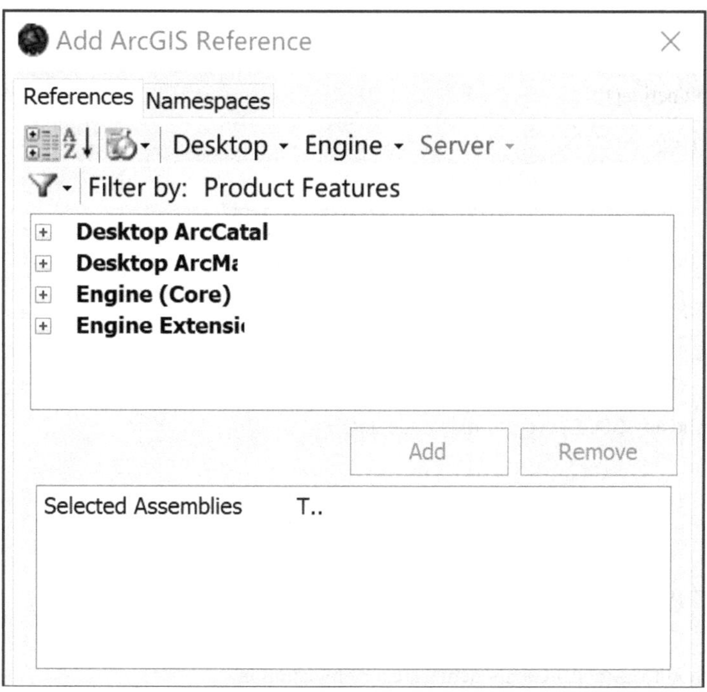

图 7.4　添加 AE 动态链接库引用

上述工作完成之后，ArcGIS Engine 的插件开发模板在工程中自动生成了两个文件，分别是“LayersInfo.cs”和“LayersInfo.bmp”，其中，“LayersInfo.bmp”是插件的图标文件，而“LayersInfo.cs”则是插件的代码文件。插件开发，就是在插件代码文件中实现插件通信协议规定的插件接口函数。

【代码 7.1】　LayersInfo 命令插件代码
(参见本书配套代码 App.Plugins.Custom. LayersInfo 工程中的 LayersInfo.cs)

```
[Guid("42237d14-495c-4167-8386-2ce2cbacf1ff")]
[ClassInterface(ClassInterfaceType.None)]
[ProgId("App.Plugins.Custom.LayersInfo.LayersInfo")]
public sealed class LayersInfo : BaseCommand
{
    #region COM Registration Function(s)
    [ComRegisterFunction()]
    [ComVisible(false)]
    static void RegisterFunction(Type registerType)
    {
        // Required for ArcGIS Component Category Registrar support
        ArcGISCategoryRegistration(registerType);

        //
        // TODO: Add any COM registration code here
        //
    }

    [ComUnregisterFunction()]
    [ComVisible(false)]
    static void UnregisterFunction(Type registerType)
    {
        // Required for ArcGIS Component Category Registrar support
        ArcGISCategoryUnregistration(registerType);

        //
        // TODO: Add any COM unregistration code here
        //
    }

    #region ArcGIS Component Category Registrar generated code
    /// <summary>
    /// Required method for ArcGIS Component Category registration -
    /// Do not modify the contents of this method with the code editor.
```

```
/// </summary>
private static void ArcGISCategoryRegistration(Type registerType)
{
    string regKey = string.Format("HKEY_CLASSES_ROOT\\CLSID\\{{{0}}}",
        registerType.GUID);
    ControlsCommands.Register(regKey);

}
/// <summary>
/// Required method for ArcGIS Component Category unregistration -
/// Do not modify the contents of this method with the code editor.
/// </summary>
private static void ArcGISCategoryUnregistration(Type registerType)
{
    string regKey = string.Format("HKEY_CLASSES_ROOT\\CLSID\\{{{0}}}",
        registerType.GUID);
    ControlsCommands.Unregister(regKey);

}

#endregion
#endregion

private IHookHelper m_hookHelper;

public LayersInfo()
{
    //
    // TODO: Define values for the public properties
    //
    base.m_category = ""; //localizable text
    base.m_caption = "图层信息";   //localizable text
    base.m_message = "";   //localizable text
    base.m_toolTip = "图层信息";   //localizable text
    base.m_name = "LayersInfo";
    try
    {
        //
        // TODO: change bitmap name if necessary
        //
```

```
            string bitmapResourceName = GetType().Name + ".bmp";
            base.m_bitmap = new Bitmap(GetType(), bitmapResourceName);
        }
        catch (Exception ex)
        {
            System.Diagnostics.Trace.WriteLine(ex.Message, "Invalid Bitmap");
        }
    }

    #region Overridden Class Methods

    /// <summary>
    /// Occurs when this command is created
    /// </summary>
    /// <param name="hook">Instance of the application</param>
    public override void OnCreate(object hook)
    {
        if (hook == null)
            return;

        if (m_hookHelper == null)
            m_hookHelper = new HookHelperClass();

        m_hookHelper.Hook = hook;

        // TODO:  Add other initialization code
    }

    /// <summary>
    /// Occurs when this command is clicked
    /// </summary>
    public override void OnClick()
    {
        // TODO: Add LayersInfo.OnClick implementation
        int N = m_hookHelper.FocusMap.LayerCount;//得到地图中的所有图层个数

        #region 遍历所有图层获取每个图层的信息，构造字符串并弹出提示框
        string sz = "";
        for (int i = 0; i < N; i++)
        {
```

```
            ILayer pLayer = m_hookHelper.FocusMap.get_Layer(i);
            IFeatureLayer pFeatureLayer = pLayer as IFeatureLayer;

            //如果 pFeatureLayer 为空，则说明该图层不是要素图层，不做处理
            if (pFeatureLayer == null)
                continue;
            sz = sz + "图层名称:" + pLayer.Name + ",数据源类型:"
                + pFeatureLayer.DataSourceType + "\n";
            string szRange = string.Format(
                "地理范围:【经度{0:F2}至{1:F2},纬度{2:F2}至{3:F2}】\n",
                pLayer.AreaOfInterest.XMin,
                pLayer.AreaOfInterest.XMax,
                pLayer.AreaOfInterest.YMin,
                 pLayer.AreaOfInterest.YMax);
            sz += szRange + "\n";
        }
        MessageBox.Show(sz, "提示信息",
             System.Windows.Forms.MessageBoxButtons.OKCancel,
             System.Windows.Forms.MessageBoxIcon.Information);
        #endregion
    }

    #endregion
}
```

对上述代码进行几点说明：

(1) ArcGIS Engine 的插件开发框架生成了一个密封类 LayersInfo，该类派生于 BaseCommand。BaseCommand 实质上是定义了命令按钮和宿主程序的通信协议，通过重载基类 BaseCommand 中的虚函数，用户可以实现自己的功能。

(2) ArcGIS Engine 的插件开发框架自动生成了 Guid 和 ProgID，COM 组件注册时将 Guid 写入注册表中。同时，还生成了用于将插件注册为 COM 组件的注册函数和反注册函数，其中，***RegisterFunction()***是注册函数，它内部调用了 ***ControlsCommands.Register()***函数，利用 Guid 把插件 CLSID 注册到注册表“***HKEY_CLASSES_ROOT\CLSID***”下面；***UnregisterFunction()***是反注册函数，它内部调用了 ***ControlsCommands.Unregister()***函数，实现 COM 组件卸载。

(3) ArcGIS Engine 的插件开发框架自动生成了插件的默认构造函数 ***LayersInfo()***，构造函数中对插件的类别、标题、消息、Tooltip 提示信息、图标文件等进行了初始化。

(4) ArcGIS Engine 的插件框架还生成了一个非常重要的函数 ***OnCreate(object hook)***，这个函数之所以重要，**是因为它是插件本身和宿主程序之间沟通的桥梁**。该函数中传进来一个 object 类型的参数 ***hook***，可以把它想象成一个钩子，这个钩子把宿主程序中的焦点地图(FocusMap)、活动视图(ActiveView)以及布局(PageLayout)等对象接口勾到了插件中，这样在

开发中就可以随心所欲地对各种图层、要素类、地理实体、图形元素等进行操作，可以说，理解 ***OnCreate()***函数的机制是理解 AE 插件体系的关键。

(5) ArcGIS Engine 的插件框架生成了一个 ***OnClick()***函数，实现图层信息查看的代码就写在该函数里，通过重载这个虚函数就实现了插件的功能。代码的功能比较简单，在上文代码注释中已有详尽解释，不再赘述。

(6) 工程编译后生成一个动态链接库文件“App.Plugins.Custom. LayersInfo.dll”，这个就是开发好的插件，插件如何使用、如何加载到宿主程序中，7.4.2 节将进行具体介绍。

7.3.2　自定义 Tool 开发

工具(Tool)插件的开发和命令插件的开发基本类似，区别主要在于：对命令插件来说，用户的交互只是单击命令插件本身，触发命令插件的功能；而工具插件则还需要处理用户和地图区域的交互，如用户在地图某个位置按下鼠标、拖动地图到一个新的位置、鼠标在地图区域移动等操作。因此，Tool 插件的开发除了需要响应 *OnClick()*事件之外，还需要重载三个鼠标函数，分别是 *OnMouseDown()*、*OnMouseMove()*和 *OnMouseUp()*。

本例将实现一个自定义工具插件 DrawPolyline 的开发，本插件主要用来实现折线的绘制，过程如下。

(1) 在解决方案“AEBook”中新建工程“App.Plugins.Custom.DrawPolyline”，同样，该工程不是 Windows Form 窗体应用程序，而是一个类库，其编译后的输出结果是一个动态链接库(App.Plugins.Custom. DrawPolyline.dll)文件。

(2) 在工程“App.Plugins.Custom.DrawPolyline”中添加新项，选择“ArcGIS”→“Extending ArcObjects”，添加一个“Base Tool”，将代码文件名称设置为“DrawPolyline.cs”，如图 7.5 所示。

图 7.5　添加 Base Tool 插件

(3) 在工程中添加 ArcGIS Engine 的动态链接库引用，将“Engine(Core)”和“Engine Extension”中的所有动态链接库都添加到工程中去。

上述工作完成之后，ArcGIS Engine 的插件开发模板在工程中自动生成了三个文件，分别是“DrawPolyline.cs”、“DrawPolyline.bmp”和“DrawPolyline.cur”，其中，“DrawPolyline.bmp”是插件的图标文件，“DrawPolyline.cur”是插件的光标文件，“DrawPolyline.cs”则是插件的代码文件，下面对代码文件进行分析。

【代码 7.2】　DrawPolyline 工具插件代码

(参见本书配套代码 App.Plugins.Custom. DrawPolyline 工程中的 DrawPolyline.cs)

```
public sealed class DrawPolyline : BaseTool
{
    private IHookHelper m_hookHelper;

    //INewLineFeedback 接口，用于交互式创建折线
    INewLineFeedback m_pLineFeedBack = null;

    //构造函数
    public DrawPolyline()
    {
        base.m_category = ""; //localizable text
        base.m_caption = "绘制折线";    //localizable text
        base.m_message = "";    //localizable text
        base.m_toolTip = "";    //localizable text
        base.m_name = "DrawPolyline";
        try
        {
            string bitmapResourceName = GetType().Name + ".bmp";
            base.m_bitmap = new Bitmap(GetType(), bitmapResourceName);
            base.m_cursor = new System.Windows.Forms.Cursor(GetType(),
                GetType().Name + ".cur");
        }
        catch (Exception ex)
        {
            System.Diagnostics.Trace.WriteLine(ex.Message, "Invalid Bitmap");
        }
    }

    public override void OnCreate(object hook)
    {
        if (m_hookHelper == null)
```

```
        m_hookHelper = new HookHelperClass();

    m_hookHelper.Hook = hook;

    // TODO:  Add DrawPolyline.OnCreate implementation
}

public override void OnClick()
{
    // TODO: Add DrawPolyline.OnClick implementation
}

public override void OnMouseDown(int Button, int Shift, int X, int Y)
{
    // TODO:  Add Tool_Polyline.OnMouseDown implementation
    //得到鼠标点的地图坐标
    IPoint pPoint = m_hookHelper.ActiveView.ScreenDisplay.DisplayTransformation.
        ToMapPoint(X, Y);

    if (Button == 1)//按下鼠标左键
    {
        if (m_pLineFeedBack == null)//开始绘制折线
        {
            //创建交互式绘制折线的回调对象
            m_pLineFeedBack = new NewLineFeedbackClass();
            //设置屏幕显示对象
            m_pLineFeedBack.Display = m_hookHelper.ActiveView.ScreenDisplay;
            m_pLineFeedBack.Start(pPoint);//增加第一个点
        }
        else//绘制折线的过程中增加节点
        {
            m_pLineFeedBack.AddPoint(pPoint);//增加折线中间节点
        }
    }
    if (Button == 2)//按下鼠标右键，结束折线绘制
    {
        m_pLineFeedBack.AddPoint(pPoint);//增加最后一个点
        IPolyline pPolyline = m_pLineFeedBack.Stop();//结束折线绘制，得到几何实体
        ILineElement pLineElement = new LineElementClass();//创建线图元对象
        IElement pElement = pLineElement as IElement;//QI 至 IElement
```

```
                //创建简单线符号
                ISimpleLineSymbol pSimpleLineSymbol = new SimpleLineSymbolClass();
                pSimpleLineSymbol.Color = ESRI.ArcGIS.ADF.Connection.Local.Converter.
                    ToRGBColor(Color.Red) as IColor;//设置符号颜色为红色
                pSimpleLineSymbol.Width = 2;//设置符号宽度
                //设置符号样式为实线
                pSimpleLineSymbol.Style = esriSimpleLineStyle.esriSLSSolid;

                pLineElement.Symbol = pSimpleLineSymbol;//设置线图元的符号
                pElement.Geometry = pPolyline;//设置线图元的几何位置
                //增加线图元
                m_hookHelper.ActiveView.GraphicsContainer.AddElement(pElement, 0);
                m_hookHelper.ActiveView.PartialRefresh(
                     esriViewDrawPhase.esriViewGraphics, null, null);//地图局部刷新


                m_pLineFeedBack = null;
            }
        }

        public override void OnMouseMove(int Button, int Shift, int X, int Y)
        {
            // TODO:   Add Tool_Polyline.OnMouseMove implementation
            if (m_pLineFeedBack != null)
            {
                //将鼠标移动经过的屏幕点(X,Y)，转换为地图坐标
                IPoint pPoint =m_hookHelper.ActiveView.ScreenDisplay.DisplayTransformation.
                    ToMapPoint(X, Y);
                m_pLineFeedBack.MoveTo(pPoint);//移动至当前点位

            }
        }

        public override void OnMouseUp(int Button, int Shift, int X, int Y)
        {
            // TODO:   Add Tool_Polyline.OnMouseUp implementation
        }
}
```

上述代码重载了抽象类 BaseTool 的 ***OnMouseDown()***和 ***OnMouseMove()***两个函数，实现了在地图上绘制折线的功能，其代码逻辑比较简单，上面已有详细注释，不再赘述。工程编译后生成一个动态链接库文件“App.Plugins.Custom.DrawPolyline.dll”，这个就是开发好的插件，下面详细讨论如何构建插件宿主程序，实现插件动态链接库的自动加载和调用。

7.4　反射机制与插件宿主的实现

7.4.1　反射

反射(reflection)的概念最早于 1982 年提出，是指程序能够访问、检测、修改自身状态或行为的一种能力。反射是.Net 中的一种重要机制，利用反射机制我们可以在运行时动态获得某个 dll 文件中定义的类，并能创建该类的对象，即使这个对象的类型在编译时我们并不知道(图 7.6)。

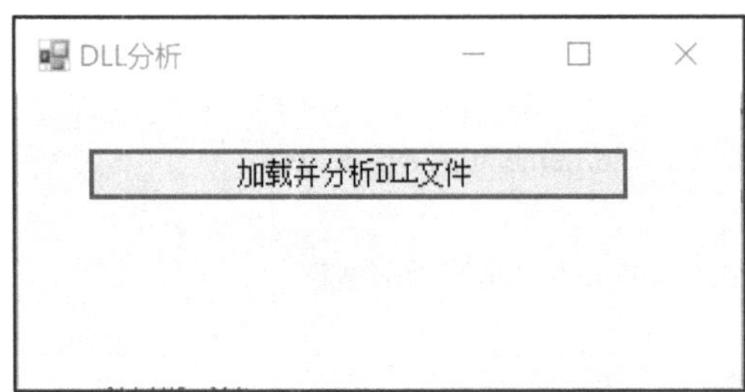

图 7.6　反射机制原理：获取 dll 中定义的类型

反射的基本原理如下：C#的编译器在生成动态链接库(.dll 文件)或可执行程序(.exe 文件)时，生成的模块被打包成一个程序集(Assembly)。程序集里包括了中间语言代码(IL Code)、元数据(Meta Data)、清单(List)和资源(Resource)。值得注意的是，通过程序集中的元数据，我们可以知道每一个动态链接库或可执行程序中所定义的类、结构、委托、接口、枚举，还可以更深入地知道每个类型的成员(属性、方法、事件等)和成员信息(参数个数、类型)。由于元数据和代码在编译时一起嵌入到程序集中，因而可以直接从程序集中读取元数据来获得这些信息，有了这些元数据信息就可以随心所欲地动态创建各种对象了。因此，反射技术的本质是分析程序集中的元数据表的过程。

下面通过实例来分析反射机制的原理。

【代码 7.3】　反射机制

(参见本书配套代码 App.Plugins. Reflection 工程中的 Form_Main.cs)

```
namespace App.Plugins.Reflection
{
    public partial class Form_Main : Form
    {
        public Form_Main()
        {
            InitializeComponent();
        }

        private void button_OK_Click(object sender, EventArgs e)
        {
            OpenFileDialog pDialog = new OpenFileDialog();
```

```
pDialog.InitialDirectory = Application.StartupPath + "\\Plugins";
pDialog.Filter = "*.dll|*.dll";
if (pDialog.ShowDialog() == System.Windows.Forms.DialogResult.OK)
{
    //定义程序集 pAssembly，并加载 dll 文件
    System.Reflection.Assembly pAssembly =
        Assembly.LoadFile(pDialog.FileName);
    //得到该程序集中定义了哪些类，存入数组 pTypes 中
    Type[] pTypes = pAssembly.GetTypes();
    string sz1 = "";
    string sz2 = "";

    //对动态链接库中定义的每一种类型进行循环
    for (int i = 0; i < pTypes.Length; i++)
    {
        if (pTypes[i] == null || pTypes[i].BaseType == null)
            continue;

        string sz = pTypes[i].ToString();//得到该类型的名称
        //得到该类型的父类的名称
        string szBase = pTypes[i].BaseType.ToString();

        //如果该类型的父类中包含有"BaseCommand"，说明该类型是一个
        //命令插件，因为所有的命令插件都派生于抽象类 BaseCommand
        if (szBase.Contains("BaseCommand"))
        {
            sz1 += sz + "\n";
        }

        //如果该类型的父类中包含有"BaseTool"，说明该类型是一个工具
        //插件，因为所有的工具插件都派生于抽象类 BaseTool
        if (szBase.Contains("BaseTool"))
        {
            sz2 += sz + "\n";
        }
    }

    if (sz1.Trim() == "")
        sz1 = "无";
    if (sz2.Trim() == "")
```

```
                sz2 = "无";

            MessageBox.Show("该动态链接库中定义的插件有：\n
                命令按钮(Command)：" + sz1 + "\n
                命令工具插件(Tool)：" + sz2);
        }
    }
  }
}
```

上述代码中，首先利用 Assembly 对象的 LoadFile 函数加载动态链接库文件，然后通过 GetTypes 方法得到动态链接库中定义的所有的类，循环遍历每一个类，看看该类的基类是 BaseCommand 还是 BaseTool，如果是 BaseCommand，则是一个命令插件，如果是 BaseTool 则是一个工具插件。

7.4.2　插件宿主的实现

根据前面对.Net 反射机制的阐述，**插件宿主程序的开发就是利用反射机制获得 GIS 插件类型信息，动态创建 Command 或 Tool 的过程**。流程如下：

(1) 利用反射机制在运行时加载插件程序集(上两例中编译成的 App.Plugins.Custom. LayersInfo.dll 和 App.Plugins.Custom. DrawPolyline.dll)。

(2) 通过程序集的元数据信息动态创建插件对象(如上面两例中的 Command 对象 LayersInfo 和 Tool 对象 DrawPolyline)。

(3) 利用程序代码动态生成插件的 UI 界面。

(4) 绑定事件执行代码。

下面通过实例来分析插件宿主的实现过程。

首先是插件宿主主窗体界面的设计，其过程比较简单，如图 7.7 所示，需要注意的是"插

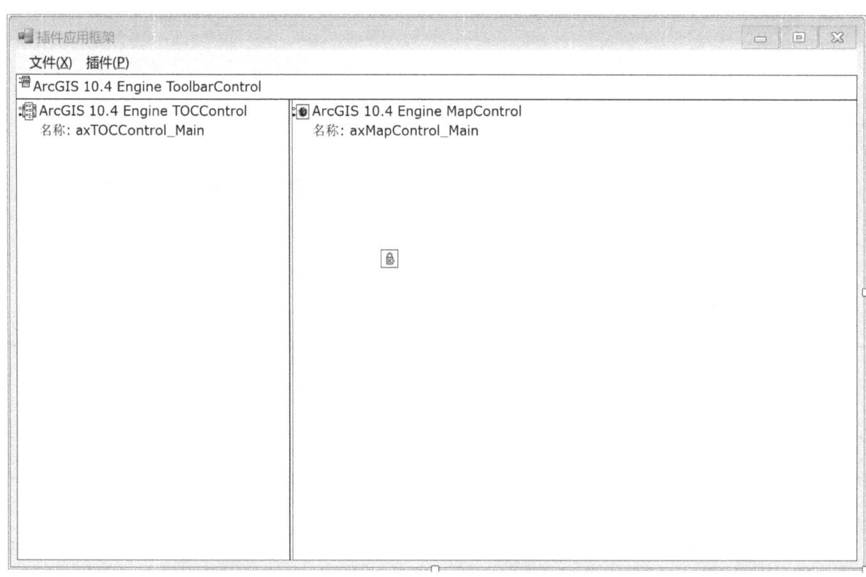

图 7.7　插件宿主程序的主窗体界面设计

件”这个菜单。插件宿主程序运行时，将会扫描插件动态链接库文件所在的目录，创建插件对象，同时还会在“插件”菜单下创建子菜单项。插件宿主程序的主窗体代码如【代码 7.4】所示。

【代码 7.4】　插件宿主程序的主窗体代码
(参见本书配套代码 App.Plugins.Framework 工程中的 Form_Main.cs)

```
namespace App.Plugins.Framework
{
    public partial class Form_Main : Form
    {
        //定义插件解析对象
        CCommandHelper_Plugins _pCommandHelperPlugins = null;

        public Form_Main()
        {
            InitializeComponent();

            //创建插件解析对象，分配内存，传递参数
            _pCommandHelperPlugins = new
                CCommandHelper_Plugins(axMapControl_Main);

            //动态创建插件对象和界面
            _pCommandHelperPlugins.InitMenuItems(ToolStripMenuItem_Plugins);

        }

        private void Form_Main_Load(object sender, EventArgs e)
        {
            //加载地图
            axMapControl_Main.LoadMxFile(Application.StartupPath + "\\DEM 地图.mxd");
        }

        private void ToolStripMenuItem_Exit_Click(object sender, EventArgs e)
        {
            Close();
        }
    }
}
```

上述代码创建了 CCommandHelper_Plugins 类的实例_pCommandHelperPlugins，在对其进行初始化时，将地图控件 axMapControl_Main 作为参数传递进去，随后通过调用

CCommandHelper_Plugins 类的 InitMenuItems 方法动态创建并生成插件界面。可见，上述代码中 CCommandHelper_Plugins 类就是用来对插件进行管理的，下面继续分析该类代码。

【代码 7.5】 插件管理类 CCommandHelper_Plugins
(参见本书配套代码 App.Plugins.Framework 工程中的 CCommandHelper_Plugins.cs)

```
//CCommandHelper_Plugins 类用于 GIS 插件对象解析、界面创建及事件关联
public class CCommandHelper_Plugins
{
    //定义命令池对象，用于缓存动态创建的 Command 和 Tool
    ICommandPool _pCommandPool = null;
    ICommandPoolEdit _pCommandPoolEdit = null;//命令池对象编辑接口
    AxMapControl _pAxMap = null;//地图控件

    //构造函数，用于初始化命令池对象
    public CCommandHelper_Plugins(AxMapControl axMap)
    {
        _pAxMap = axMap;
        _pCommandPool = new CommandPoolClass();
        _pCommandPoolEdit = _pCommandPool as ICommandPoolEdit;
    }

    //该函数是本类最重要的函数，用于加载插件 dll，创建插件对象和界面，关联事件代码
    public void InitMenuItems(ToolStripMenuItem pMenuItemParent, string szDir)
    {
        //得到插件目录(编译好的插件动态链接库都要放在该目录下面)
        System.IO.DirectoryInfo pDir = new System.IO.DirectoryInfo(szDir);
        //扫描得到插件目录下的所有动态链接库
        System.IO.FileInfo[] pFiles = pDir.GetFiles("*.dll");

        //循环遍历每一个动态链接库文件
        for (int i = 0; i < pFiles.Length; i++)
        {
            System.IO.FileInfo pFileInfo = pFiles[i];
            try
            {
                //利用反射机制加载动态链接库
                System.Reflection.Assembly pAssembly = Assembly.LoadFrom
                    (pFileInfo.FullName);
                Type[] pTypes = pAssembly.GetTypes();//得到所有的类型

                //遍历每一种类型
```

```
for (int j = 0; j < pTypes.Length; j++)
{
    #region
    try
    {
        if (pTypes[j] == null || pTypes[j].BaseType == null)
            continue;

        string szClassName = pTypes[j].ToString();//得到类型名称
        //得到父类名称
        string szBaseClassName = pTypes[j].BaseType.ToString();

        //判断其是否是命令按钮或工具按钮
        if (szBaseClassName.Contains("BaseCommand") ||
            szBaseClassName.Contains("BaseTool"))
        {
            ICommand pCommand = null;
            //得到插件类型
            Type pType = pAssembly.GetType(szClassName);
            //利用插件的类型，调用 Activator.CreateInstance 方法
            //动态创建插件对象，并 QI 至 ICommand 接口
            pCommand = Activator.CreateInstance(pType) as ICommand;

            //创建插件的菜单项界面
            ToolStripMenuItem pMenuItem = new ToolStripMenuItem();
            //菜单项的文本是插件的标题
            pMenuItem.Text = pCommand.Caption;
            //菜单项的 Tag 设置为插件名称
            pMenuItem.Tag = pCommand.Name;

            //设置菜单项的图标
            string szImg = szDir + "\\" + szClassName + ".PNG";
            if (System.IO.File.Exists(szImg))
                pMenuItem.Image = System.Drawing.Image.
                    FromFile(szImg);

            //判断命令池中是否有该类型的命令
            //如果没有就新创建一个
            bool bFlag = IsCommandExist(pCommand.Name);
            if (!bFlag)
```

```
                        {
                            pCommand.OnCreate(_pAxMap.Object);
                            _pCommandPoolEdit.AddCommand(pCommand, null);
                        }

                        //关联事件代码
                        pMenuItem.Click += new EventHandler(
                            CommonCommandsClick);
                        //在“插件”下新增刚创建的菜单项
                        pMenuItemParent.DropDownItems.Add(pMenuItem);
                    }
                }
                catch
                {
                    continue;
                }
                #endregion
            }
        }
        catch
        {
            continue;
        }
    }
}

//判断命令池 CommandPool 中是否已经存在该类型的插件
bool IsCommandExist(string szCmdName)
{
    //遍历命令池中的插件，根据 szCmdName 比对是否已存在该类型插件
    for (int i = 0; i < _pCommandPool.Count; i++)
    {
        ICommand pCommand = _pCommandPool.get_Command(i);
        string sz = pCommand.Name;

        if (sz.Contains(szCmdName))
        {
            return true;
        }
    }
```

```
        return false;
    }

    //将菜单项界面和插件的执行逻辑关联起来
    private void CommonCommandsClick(object sender, EventArgs e)
    {
        ToolStripMenuItem pMenuItem = sender as ToolStripMenuItem;
        if (pMenuItem == null)
            return;
        if (pMenuItem.Tag == null)
            return;

        string szCmdName = pMenuItem.Tag.ToString();
        SetCurrentMapTool(szCmdName);
    }

    //遍历命令池，找出 szCmdName 对应的插件
    //如果是 Command 对象，调用插件的 OnClick 函数
    //如果是 Tool 对象，则将地图控件的当前工具设为该 Tool
    public void SetCurrentMapTool(string szCmdName)
    {
        _pAxMap.CurrentTool = null;
        for (int i = 0; i < _pCommandPool.Count; i++)
        {
            ICommand pCommand = _pCommandPool.get_Command(i);
            string sz = pCommand.Name;
            if (sz.Contains(szCmdName))
            {
                ITool pTool = pCommand as ITool;
                if (pTool == null)
                    pCommand.OnClick();//Command 插件，调用 OnClick 函数
                else
                    _pAxMap.CurrentTool = pTool;//Tool 插件，设置为地图控件当前工具
                break;
            }
        }
    }
}
```

上述 CCommandHelper_Plugins 类的代码实现了插件的管理：

(1) 通过命令池对象 CommandPool 的使用，对插件进行缓存，保证每种类型的插件在命

令池中只有一个，节省内存，减少系统开销。

(2) 在 InitMenuItems 函数中，扫描插件目录，利用反射机制创建插件对象，并动态生成插件界面 UI。

(3) CommonCommandsClick 函数中自动关联插件界面 UI 的 Click 事件。如果插件是 Command 对象，调用插件的 OnClick 函数；如果是 Tool 对象，则将地图控件的当前工具设为该 Tool。

(4) 插件宿主程序运行前，需要将上节两个插件开发实例编译生成的动态链接库 App.Plugins.Custom. LayersInfo.dll 和 App.Plugins.Custom. DrawPolyline.dll 拷贝至插件目录“Plugins”下(图 7.8)。宿主程序执行后，动态加载了两个插件(图 7.9)，两个插件的执行结果如图 7.10 所示。

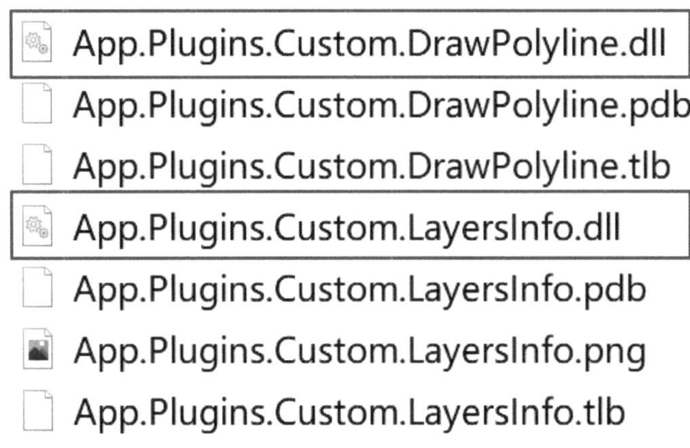

图 7.8　将插件动态链接库拷贝至插件目录

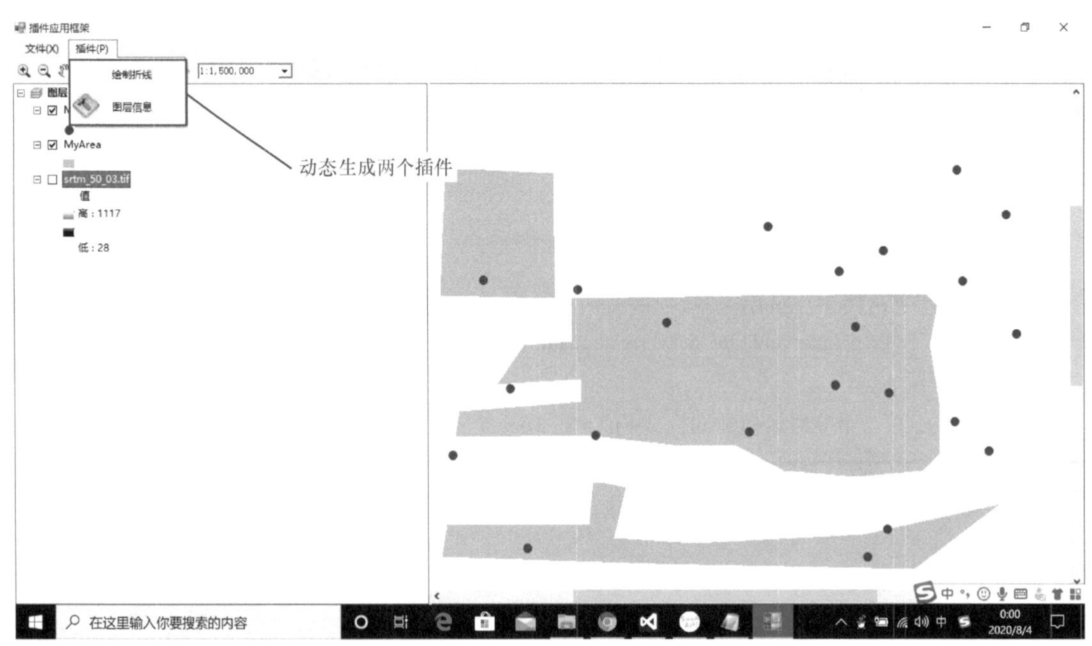

图 7.9　插件宿主执行后动态加载了两个插件

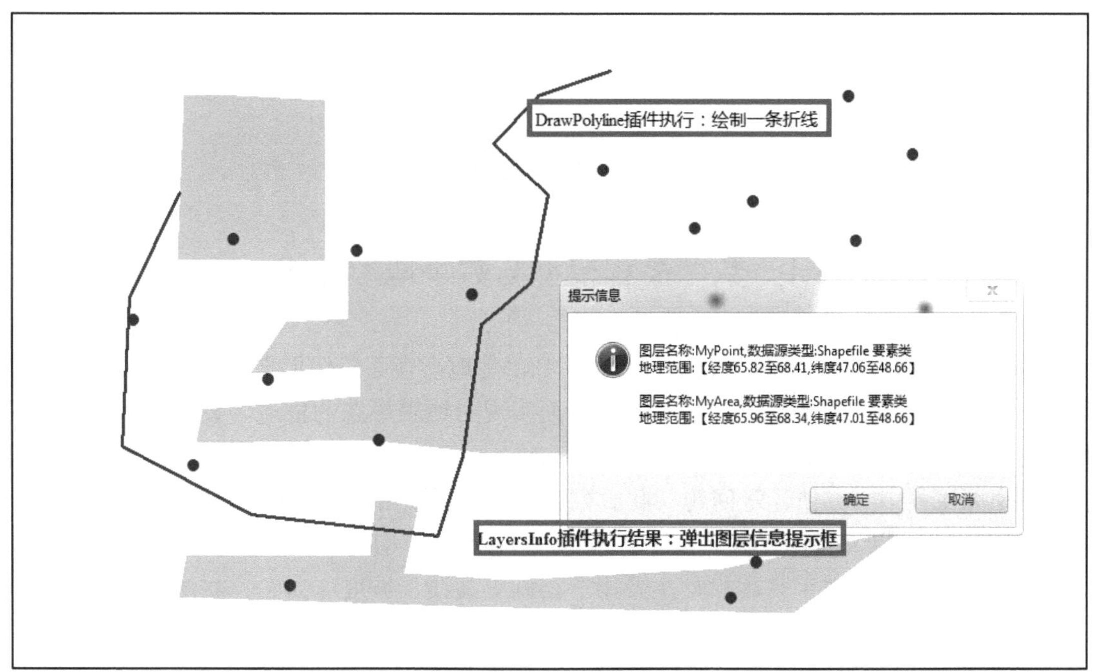

图 7.10 两个插件的执行结果

第 8 章　数字地形分析

8.1　数字高程模型与数字地形分析

数字高程模型(digital elevation model，DEM)是地形表面起伏形态的数字化表达，它通过地形高程数据实现对地形曲面的模拟，进而实现对地表形态的描述。数字高程模型是美国麻省理工学院摄影测量实验室主任米勒(C.L.Miller)于 20 世纪 50 年代提出的，他用其成功解决了道路工程中土方估算等问题。此后数字高程模型被用于各种线路选线(铁路、公路、输电线等)的设计以及各种工程的面积、体积、坡度计算，任意两点间的通视判断即任意断面图绘制。在测绘中数字高程模型主要用于绘制等高线、坡度坡向图、立体透视图，制作正射影像图以及地图的修测。

数字高程模型有以下几种：①离散点数据模型，用离散点的方式存储每个点的平面坐标和高程值。②不规则三角网(TIN)模型，包括组成不规则三角形的点、线、面。③等高线数据模型，以等高线的方式记录高程位置信息。④规则格网 DEM 数据模型，以行列的方式记录每个点的三维坐标值。⑤混合式 DEM 数据模型，主要在已有的格网 DEM 基础上增加地形特征线和特殊范围线。

数字地形分析(digital terrain analysis，DTA)，是指在数字高程模型上进行地形属性计算和特征提取的数字信息处理技术，数字地形分析技术是各种与地形因素相关的空间模拟技术的基础。数字地形分析技术在军事中的应用非常广泛。利用数字地形分析技术，可以进行制高点分析、作战通道分析、障碍区和通达区分析、指挥观察所选址、地形匹配导航等应用。在数字地形分析中，应用最多的是规则格网 DEM 数据，它是在一定范围内通过规则格网点描述地面高程信息的数据集，用于反映区域地貌形态的空间分布。目前，我国已建成覆盖全国陆地范围的 1∶100 万、1∶25 万、1∶5 万规则格网 DEM 数据库。

本章将以规则格网 DEM 数据为例，利用 ArcGIS Engine 实现高程计算、坡度分析、通视分析、剖面分析等常见功能插件。

8.2　点 位 分 析

点位分析是最常见的地形分析功能，具体内容是：当用户单击某一个位置时，可以快速计算该点位的**高程、坡度和坡向**。

(1) 高程(elevation)。高程是某点沿铅垂线方向到绝对基面(即大地水准面)的距离，也称绝对高程。如果是某点沿铅垂线方向到某假定水准基面的距离，则称假定高程(图 8.1)。

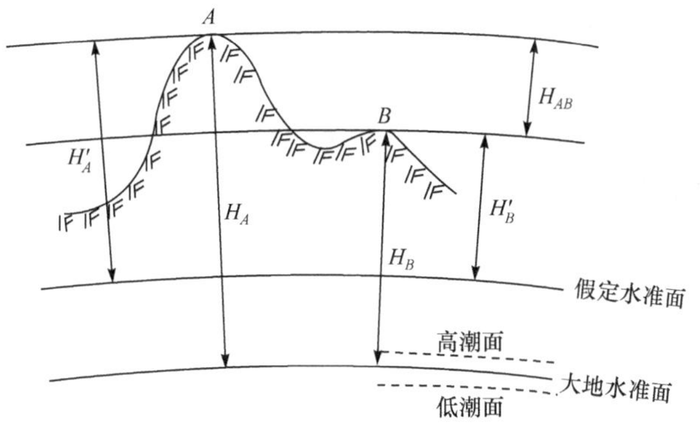

图 8.1　高程

(2) 坡度(slope)。坡度用来表示地表单元陡缓的程度，地表面上任一点的坡度是指过该点的切平面与水平地面的夹角(图 8.2)。坡度是一种常见的微观坡面因子，反映了坡面的倾斜程度。

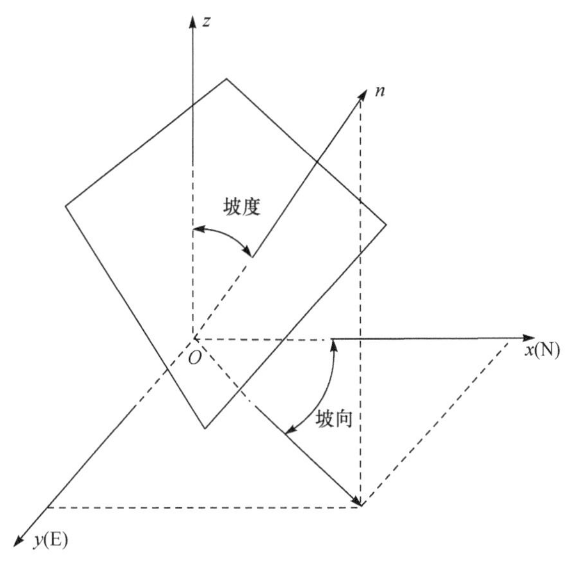

图 8.2　坡度和坡向

坡度的常用表示方法有两种。①百分比法，表示坡度最为常用的方法，即两点的高程差与其水平距离的百分比，计算公式为：坡度=(高程差/水平距离)×100%。②度数法(用度数来表示坡度)，利用反三角函数计算而得，公式为：tan slope(坡度)= 高程差/水平距离。

(3) 坡向。坡向反映了地表坡面的倾斜方向，地表面上任一点的坡向是指该点正北方向顺时针旋转到过该点切平面的法线矢量在水平面投影位置所转过的角度(图 8.2)。

坡向的计算公式为

$$\text{Aspect} = \arctan\left(\frac{f_y}{f_x}\right)$$

式中，f_y 为该点切平面的法线矢量在水平面投影的 y 坐标；f_x 为该点切平面的法线矢量在水平面投影的 x 坐标。

下面通过自定义工具(Tool)，实现点位分析的功能，过程如下：

(1) 在解决方案“AEBook”中新建工程“App.Plugins.Custom.ToolCoord”，需要注意的是，该工程不是 Windows Form 窗体应用程序，而是一个类库(图 8.3)，其编译后的输出结果是一个动态链接库(App.Plugins.Custom.ToolCoord.dll)文件。

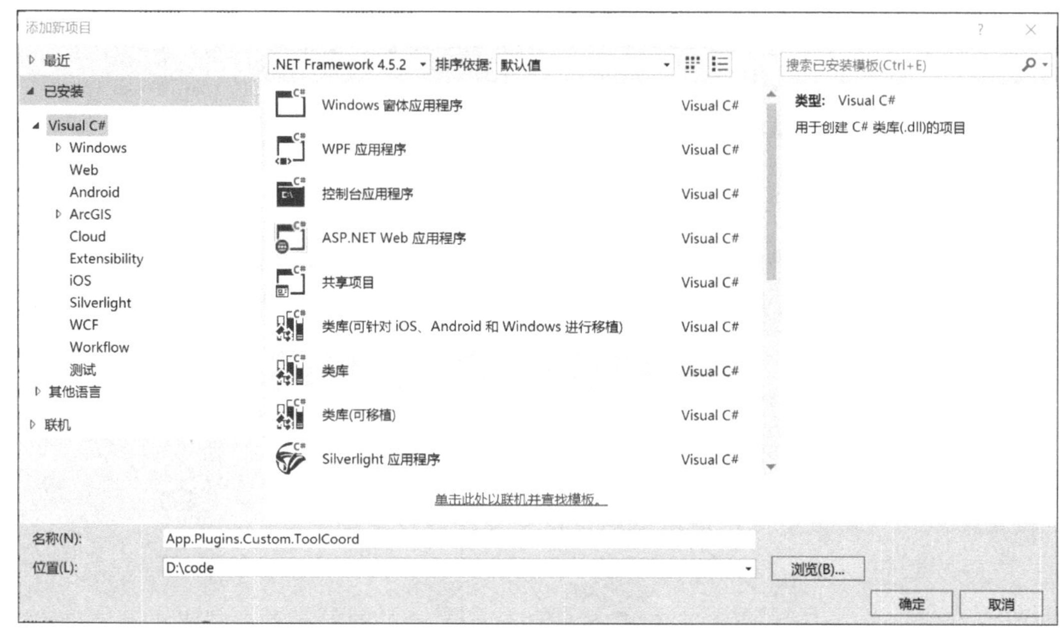

图 8.3 新建类库工程

(2) 自定义工具是一个插件，不能独立执行，需要用一个宿主程序加载该插件。这里还是使用在第 7 章中编写调试的插件框架(见配套代码中的 App.Plugins.Framework 工程)，因此，需要设置工程“App.Plugins.Custom.ToolCoord”的输出目录为插件框架可执行程序“App.Plugins.Framework.exe”所在文件夹下的“Plugins”(图 8.4)。

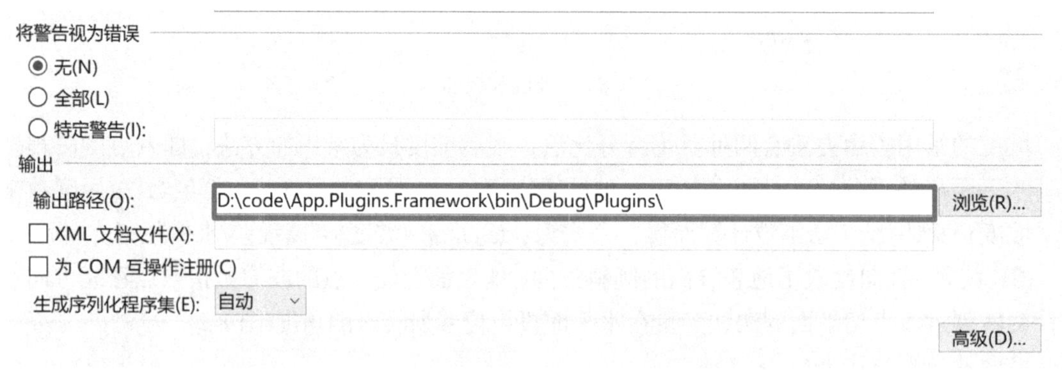

图 8.4 将输出路径设置为宿主程序的插件目录(一)

(3) 在工程“App.Plugins.Custom.ToolCoord”中添加新项，选择“ArcGIS”→“Extending ArcObjects”，添加一个“Base Tool”，将代码文件名称设置为“ToolCoord.cs”(图 8.5)。

图 8.5　添加 Base Tool

(4) 点位分析的功能代码主要在“ToolCoord.cs”文件中。在该代码文件中重载 OnMouseDown 事件，先获得 DEM 图层，通过坐标转换将屏幕坐标转换至地图坐标，再利用 ISurface 接口的函数实现对点位高程、坡度、坡向的计算分析，具体分析见【代码 8.1】。

【代码 8.1】　点位分析

(参见本书配套代码 App.Plugins.Custom.ToolCoord 工程中的 ToolCoord.cs)

```
//重载 OnMouseDown 事件，获得鼠标单击点位的高程、坡度和坡向
public override void OnMouseDown(int Button, int Shift, int X, int Y)
{
    IActiveView pView = m_hookHelper.ActiveView;//获得活动视图
    IGraphicsContainer pContainer = pView.GraphicsContainer;//获得图形容器
    IScreenDisplay pDisplay = pView.ScreenDisplay;//获得活动视图的屏幕显示对象
    //转换至 IDisplayTransformation 接口
    IDisplayTransformation pTrans = pDisplay.DisplayTransformation;

    IPoint pPoint = null;
    //获得鼠标所点击位置的地理坐标(屏幕坐标转换至地图坐标)
    pPoint = pTrans.ToMapPoint(X, Y);
    //定义变量用于存储高程、坡度和坡向
    double dbElevation = -1, dbAspect = -1, dbSlope = -1;

    ILayer pLayer = m_hookHelper.FocusMap.get_Layer(2);//获得 DEM 图层
    if (pLayer == null) return;
    IRasterLayer pRasterLayer = pLayer as IRasterLayer;//QI 至 IRasterLayer 接口
    if (pRasterLayer == null) return;
```

```
    ESRI.ArcGIS.Analyst3D.IRasterSurface pRasterSurf = new
        ESRI.ArcGIS.Analyst3D.RasterSurfaceClass();//创建 RasterSurface 对象
    pRasterSurf.PutRaster(pRasterLayer.Raster, 0);//设置栅格对象的表面数据
    ISurface pSurface = pRasterSurf as ISurface;//转换为 ISurface 接口

    if (pSurface == null) return;
    dbElevation = pSurface.GetElevation(pPoint);//获得点位高程
    dbAspect = pSurface.GetAspectDegrees(pPoint);//获得点位坡向
    dbSlope = pSurface.GetSlopeDegrees(pPoint);//获得点位坡度

    string sz = string.Format("高度【{0:F3}】米
        \n 坡度【{1:F3}】度
        \n 坡向【{2:F3}】度                                   ",
        dbElevation,
        dbSlope,
        dbAspect);
    System.Windows.Forms.MessageBox.Show(sz, "地形分析统计-坡度统计",
        System.Windows.Forms.MessageBoxButtons.OKCancel,
        System.Windows.Forms.MessageBoxIcon.Information);
}
```

点位分析运行结果如图 8.6 所示。

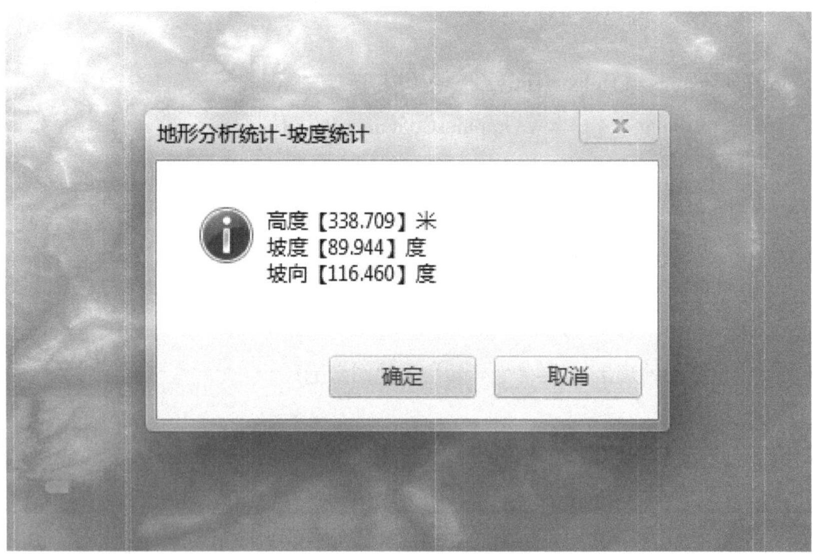

图 8.6　点位分析运行结果

8.3　剖 面 分 析

剖面分析(profile analyst)表示**沿地表某一方向垂直切开地形的断面图形，用以表示剖面线**

上地表起伏的形势。通过剖面分析，可以直观地看出剖面线上地面的起伏和坡度的陡缓，并且有助于了解野外考察时观察点的透视情况。剖面分析的结果是地形剖面图，它是绘制地质剖面图、土壤剖面图、植被剖面图、综合剖面图等各种剖面图的基础。

下面通过自定义工具(Tool)，实现剖面分析的功能，过程如下：

(1) 在解决方案“AEBook”中新建工程“App.Plugins.Custom. ToolProfile”，同样，该工程不是 Windows Form 窗体应用程序，而是一个类库，其编译后的输出结果也是一个动态链接库(App.Plugins.Custom.ToolProfile.dll)文件。

(2) 自定义工具是一个插件，不能独立执行，需要用一个宿主程序加载该插件。这里还是使用第 7 章中编写调试的插件框架(见配套代码中的 App.Plugins.Framework 工程)，因此，需要设置工程“App.Plugins.Custom. ToolProfile”的输出目录为插件框架可执行程序“App.Plugins.Framework.exe”所在文件夹下的“Plugins”(图 8.7)。

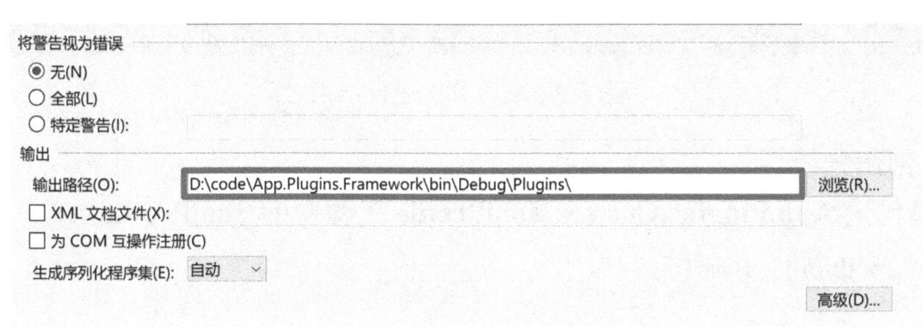

图 8.7　将输出路径设置为宿主程序的插件目录(二)

(3) 在工程“App.Plugins.Custom.ToolProfile”中添加新建项，选择“ArcGIS”→“Extending ArcObjects”，添加一个 Base Tool，将代码文件名称设置为“ToolProfile.cs”。

(4) 剖面分析的功能代码主要在“ToolProfile.cs”文件中，代码的逻辑流程如图 8.8 所示，程序运行结果如图 8.9 所示，具体代码分析见【代码 8.2】。

图 8.8　剖面分析代码逻辑

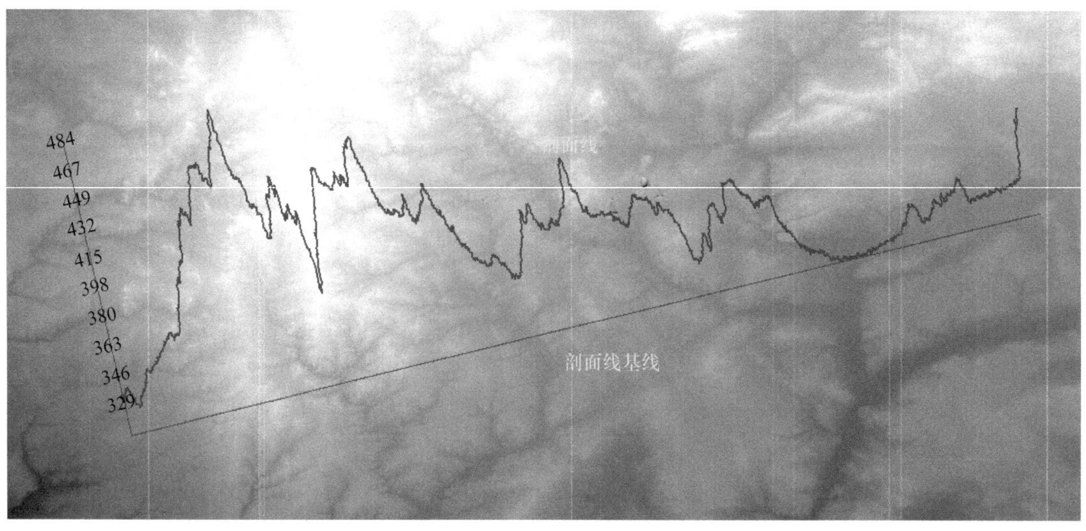

图 8.9　剖面分析运行结果

【代码 8.2】　剖面分析

(参见本书配套代码 App.Plugins.Custom.ToolProfile 工程中的 ToolProfile.cs)

```
public sealed class ToolProfile : BaseTool
{
    private IHookHelper m_hookHelper;
    IActiveView _pActiveView = null;//活动视图对象
    ESRI.ArcGIS.Geometry.IPoint _pPointStart;//剖面线基线起点
    ESRI.ArcGIS.Geometry.IPoint _pPointMoveTo;//剖面线基线终点

    //INewLineFeedback 接口，用于交互式创建剖面线基线
    INewLineFeedback _pFeedbackLine;

    public ToolProfile()
    {
        //
        // TODO: Define values for the public properties
        //
        base.m_category = ""; //localizable text
        base.m_caption = "剖面分析工具";   //localizable text
        base.m_message = "";   //localizable text
        base.m_toolTip = "";   //localizable text
        base.m_name = "ToolProfile";
        try
        {
            //
            // TODO: change resource name if necessary
```

```
            //
            string bitmapResourceName = GetType().Name + ".bmp";
            base.m_bitmap = new Bitmap(GetType(), bitmapResourceName);
            base.m_cursor = new System.Windows.Forms.Cursor(GetType(),
                GetType().Name + ".cur");
        }
        catch (Exception ex)
        {
            System.Diagnostics.Trace.WriteLine(ex.Message, "Invalid Bitmap");
        }
    }

    #region Overridden Class Methods
    public override void OnCreate(object hook)
    {
        if (m_hookHelper == null)
            m_hookHelper = new HookHelperClass();

        m_hookHelper.Hook = hook;
    }

    public override void OnClick()
    {
        // TODO: Add ToolProfile.OnClick implementation

    }

    //鼠标按下函数
    public override void OnMouseDown(int Button, int Shift, int X, int Y)
    {
        // 得到活动视图
        _pActiveView = m_hookHelper.ActiveView;
        //释放未被释放的资源
        Shared.Base.CCommonUtils.GetInstance().DisposeComObj(_pFeedbackLine);
        //获得起始点
        _pPointStart = _pActiveView.ScreenDisplay.DisplayTransformation.ToMapPoint(X, Y);
    }

    //鼠标移动函数
    public override void OnMouseMove(int Button, int Shift, int X, int Y)
```

```
{
    if (Button == 1)//在鼠标移动过程中，鼠标处于左键按下的状态
    {
        if (_pFeedbackLine == null)//判断_pFeedbackLine 是否为空
        {
            _pFeedbackLine = new NewLineFeedbackClass();//创建_pFeedbackLine

            //设置_pFeedbackLine 的屏幕显示对象
            _pFeedbackLine.Display = _pActiveView.ScreenDisplay;

            //获得起始点
            _pPointStart = _pActiveView.ScreenDisplay.DisplayTransformation.
                ToMapPoint(X, Y);
            _pFeedbackLine.Start(_pPointStart);//启动剖面线基线绘制
        }

        //将鼠标移动经过的屏幕点(X,Y)转换为地图坐标
        _pPointMoveTo = _pActiveView.ScreenDisplay.DisplayTransformation.
            ToMapPoint(X, Y);
        _pFeedbackLine.MoveTo(_pPointMoveTo);//剖面线基线移动至当前点
    }
}

//鼠标按键松开
public override void OnMouseUp(int Button, int Shift, int X, int Y)
{
    // TODO:   Add ToolProfile.OnMouseUp implementation
    try
    {
        if (_pFeedbackLine != null)
        {
            //记录下剖面线基线终点
            _pPointMoveTo = _pActiveView.ScreenDisplay.DisplayTransformation.
                ToMapPoint(X, Y);
            _pFeedbackLine.Stop(); //结束交互式绘制
            ILayer pLayer = m_hookHelper.FocusMap.get_Layer(2);//获得 DEM 图层

            //进行坡度分析，返回值为布尔型变量
            bool b = ProfileAnalyst(m_hookHelper.ActiveView,
```

```
                pLayer,
                _pPointStart,
                _pPointMoveTo);

            if (!b)
                MessageBox.Show("地形分析出现异常！！");

            //释放资源，注销 Feedback 拖线
            Shared.Base.CCommonUtils.GetInstance().DisposeComObj(_pPointStart);
            Shared.Base.CCommonUtils.GetInstance().DisposeComObj(
                _pPointMoveTo);
            Shared.Base.CCommonUtils.GetInstance().DisposeComObj(
                _pFeedbackLine);
            _pFeedbackLine = null;
        }
    }
    catch
    {
        //释放资源，注销 Feedback 拖线
        Shared.Base.CCommonUtils.GetInstance().DisposeComObj(_pPointStart);
        Shared.Base.CCommonUtils.GetInstance().DisposeComObj(_pPointMoveTo);
        Shared.Base.CCommonUtils.GetInstance().DisposeComObj(_pFeedbackLine);
        _pFeedbackLine = null;
    }
    finally
    {
        _pActiveView.Refresh();
    }
}
#endregion

//剖面分析
public bool ProfileAnalyst(IActiveView pView,//活动视图
    ILayer pLayer,//DEM 图层
    IPoint pStartPoint,//剖面线基线起点
    IPoint pEndPoint //剖面线基线终点
    )
{
    try
    {
```

```
int nYAxisWidth = 200;//定义 Y 轴的高度为 200
int nYStep = 20;//Y 方向的步长为 20
int nYCount = 10;

//获取相关 COM 接口
IScreenDisplay pScreenDisplay = pView.ScreenDisplay;
IDisplayTransformation pDisplayTrans = pScreenDisplay.DisplayTransformation;
IGraphicsContainer pContainer = pView.GraphicsContainer;

//得到画的直线(剖面线基线)
IPolyline pPolyline = new PolylineClass();
pPolyline.FromPoint = pStartPoint;
pPolyline.ToPoint = pEndPoint;
ILine pLine = new LineClass();
pLine.FromPoint = pStartPoint;
pLine.ToPoint = pEndPoint;

object pMiss = Type.Missing;//默认参数
//创建临时目录
string szDir = System.Windows.Forms.Application.StartupPath + "\\TempFiles";
if (!System.IO.Directory.Exists(szDir))
    System.IO.Directory.CreateDirectory(szDir);

//构造 FeatureClass 名称
string szFileTime = System.DateTime.Now.ToFileTime().ToString();
string szFileName = "PA_" + szFileTime;

//创建要素类，该要素类中只有剖面线基线这一个地理要素
IFeatureClass pFeatureClass = CShapeFileHelper.CreateShapeFileByOneFeature(
    szDir,
    pView.FocusMap.SpatialReference as ISpatialReference2,
    pPolyline,
    szFileName,
    esriGeometryType.esriGeometryPolyline
);

if (pFeatureClass == null)
    return false;

//QI 至 IGeoDataset 接口
```

```
IGeoDataset pFeatureGeoDataset = pFeatureClass as IGeoDataset;
if (pFeatureGeoDataset == null)
    return false;

if (pLayer == null)
    return false;

//得到栅格图层接口(DEM 图层)
IRasterLayer pRasterLayer = pLayer as IRasterLayer;
if (pRasterLayer == null)
    return false;
IGeoDataset pGeoDataset = pRasterLayer as IGeoDataset;//QI 至 IGeoDataset
if (pGeoDataset == null)
    return false;
IEnvelope pEnv = pGeoDataset.Extent;//得到 DEM 图层的地理范围

//判断剖面线基线是否超过 DEM 图层的地理范围
if (!CSpatialRelationOperator.IsFirstGeometryContainsSecond(pEnv, pPolyline))
{
    System.Windows.Forms.MessageBox.Show("该区域不存在 DEM 数据，
        分析失败！ ", "地形分析提示信息");
    return false;
}

//利用剖面线基线所在的地理范围，从 DEM 图层中裁剪出待分析的区域
string szFileNameRaster = "RasClip_" + szFileTime + ".tif";
bool b = CAGSGeoAnalyst.ClipRasterDataset(pGeoDataset, pFeatureGeoDataset,
    szDir + "\\" + szFileNameRaster);
if (!b)
    return false;

//打开刚刚裁剪出来的栅格数据集
IRasterWorkspace2 pRasterWks = null;
b = CWorkspaceHelper.OpenWorkspace_Raster(szDir, ref pRasterWks);
if (!b)
    return false;
IRasterDataset pRasterDataset =
    pRasterWks.OpenRasterDataset(szFileNameRaster);
if (pRasterDataset == null)
    return false;
```

```
//创建 RasterSurfaceClass 对象
ESRI.ArcGIS.Analyst3D.IRasterSurface pRasterSurf = new
    ESRI.ArcGIS.Analyst3D.RasterSurfaceClass();
//设置栅格对象的表面数据
pRasterSurf.PutRaster(pRasterDataset.CreateDefaultRaster(), 0);
ISurface pSurface = pRasterSurf as ISurface;//转换为 ISurface 接口
if (pSurface == null)
    return false;

#region 用 ISurface 的 InterpolateShape 方法，对剖面线基线 pPolyline 插值
IGeometry pOutShape;//定义存放内插结果的 Geometry
object pSize = new object();

//插值，获取剖面线基线上采样点的高程值
//其输出结果为 pOutShape，pOutShape 对 pPolyline 进行了离散采样
//通过插值，获得了每个采样点的 Z 值
pSurface.InterpolateShape(pPolyline, out pOutShape, ref pSize);
IPointCollection pPointCollection = pOutShape as IPointCollection;
#endregion

Color pColorAxis = Color.Red;//坐标轴的颜色
Color pColorCurve = Color.Yellow;//剖面线的颜色
Color pColorText = Color.Red;//纵坐标轴注记的颜色

#region 绘制横坐标轴
IElement pElement = new LineElementClass();
pElement.Geometry = pPolyline;
ILineElement pLineElement = pElement as ILineElement;
ISimpleLineSymbol pSymbol = new SimpleLineSymbolClass();
pSymbol.Style = esriSimpleLineStyle.esriSLSSolid;
pSymbol.Color = Shared.Base.CColorHelper.GetRGBColor(pColorAxis.R,
    pColorAxis.G,
    pColorAxis.B);
pSymbol.Width = 1;
pLineElement.Symbol = pSymbol;
pContainer.AddElement(pElement, 0);
#endregion

#region 绘制纵坐标轴
```

```
double fAngle = pLine.Angle;
int nX0, nY0, nX2, nY2;
IEnvelope pEnvOutShape = pOutShape.Envelope;
double zMax = pEnvOutShape.ZMax;
double zMin = pEnvOutShape.ZMin;
double H = zMax - zMin;//最低点和最高点的高差
double fOneMeterPixel = nYAxisWidth / H;

//计算纵坐标轴终点
//起点坐标转换为屏幕坐标
pDisplayTrans.FromMapPoint(pStartPoint, out nX0, out nY0);
nX2 = nX0;
nY2 = nY0 - nYAxisWidth;
IPoint pPointYAxisEnd = pDisplayTrans.ToMapPoint(nX2, nY2);

//绘制纵坐标轴
IPolyline pPolylineYAxis = new PolylineClass();
pPolylineYAxis.FromPoint = pStartPoint;
pPolylineYAxis.ToPoint = pPointYAxisEnd;
IElement pElementYAxis = new LineElementClass();
pElementYAxis.Geometry = pPolylineYAxis;
ILineElement pLineElementYAxis = pElement as ILineElement;
ISimpleLineSymbol pSymbolYAxis = new SimpleLineSymbolClass();
pSymbolYAxis.Style = esriSimpleLineStyle.esriSLSSolid;
pSymbolYAxis.Color = Shared.Base.CColorHelper.GetRGBColor(
    pColorAxis.R,
    pColorAxis.G,
    pColorAxis.B);
pSymbolYAxis.Width = 1;
pLineElementYAxis.Symbol = pSymbolYAxis;
ITransform2D pTransYAxis = pElementYAxis as ITransform2D;
//旋转纵坐标轴，保持其和横坐标轴垂直
pTransYAxis.Rotate(pStartPoint, pLine.Angle);
pContainer.AddElement(pElementYAxis, 0);

//绘制纵坐标轴的刻度注记
for (int i = 0; i <= nYCount; i++)
{
    int nXi = nX0;
    int nYi = nY0 - nYAxisWidth * i / nYCount;
```

```
        double h = nYStep * i * (zMax - zMin) / nYAxisWidth + zMin;

        IPoint pPointYAxisText = pDisplayTrans.ToMapPoint(nXi, nYi);
        string szTxt = string.Format("{0}", (int)(h + 0.5));
        IElement pEleme = GetTextElement(pPointYAxisText,
            szTxt, 9.0f, pColorText,
            "黑体", System.Drawing.FontStyle.Bold,
            esriTextHorizontalAlignment.esriTHACenter,
            esriTextVerticalAlignment.esriTVABaseline, "") as IElement;
        ITransform2D pTrans = pEleme as ITransform2D;
        pTrans.Rotate(pStartPoint, pLine.Angle);
        pContainer.AddElement(pEleme, 1);
        Shared.Base.CCommonUtils.GetInstance().DisposeComObj(
            pPointYAxisText);
        pPointYAxisText = null;
        Shared.Base.CCommonUtils.GetInstance().DisposeComObj(pEleme);
        Shared.Base.CCommonUtils.GetInstance().DisposeComObj(pTrans);
    }

#endregion

#region 绘制剖面线

IPolyline pPolyCurve = new PolylineClass();//创建剖面线对象
//QI 至 IPointCollection4 接口
IPointCollection4 pPointsCurve = pPolyCurve as IPointCollection4;
//pPointCollection 是剖面线基线上的采样点经过插值后带有高程值的点集合
int nCount = pPointCollection.PointCount;

for (int i = 0; i < nCount; ++i)
{
    IPoint pPointTemp = pPointCollection.get_Point(i);//得到第 i 个点

    //高程值为零，则丢弃不处理
    if (pPointTemp.Z == 0)
    {
        Shared.Base.CCommonUtils.GetInstance().DisposeComObj(
            pPointTemp);
        pPointTemp = null;
        continue;
```

```
        }

        if (i != 0 && pPointTemp.X == pStartPoint.X
            && pPointTemp.Y == pStartPoint.Y)
        {
            Shared.Base.CCommonUtils.GetInstance().DisposeComObj(
                pPointTemp);
            pPointTemp = null;
            continue;
        }

        //计算剖面线基线上第 i 个采样点在地图上的坐标,
        //并将其增加至 pPointsCurve 中
        IPoint pSource = new PointClass();
        pSource.X = pPointTemp.X;
        pSource.Y = pPointTemp.Y;
        int nDeltaH = (int)((pPointTemp.Z - zMin) * fOneMeterPixel);
        int x, y;
        pDisplayTrans.FromMapPoint(pPointTemp, out x, out y);
        y -= nDeltaH;
        IPoint pPointH = pDisplayTrans.ToMapPoint(x, y);
        IClone pCloneGeometryH = pPointH as IClone;
        IGeometry pGeometryCopyH = (IGeometry)pCloneGeometryH.Clone();
        ITransform2D pTrans2DH = (ITransform2D)pGeometryCopyH;
        pTrans2DH.Rotate(pSource, fAngle);
        IPoint pPointHAfterTrans = pGeometryCopyH as IPoint;
        pPointsCurve.AddPoint(pPointHAfterTrans, ref pMiss, ref pMiss);

        Shared.Base.CCommonUtils.GetInstance().DisposeComObj(pPointTemp);
        pPointTemp = null;
        Shared.Base.CCommonUtils.GetInstance().DisposeComObj(pSource);
        pSource = null;
        Shared.Base.CCommonUtils.GetInstance().DisposeComObj(pPointH);
        pPointH = null;
    }

    //绘制剖面线
    IElement pElementCurve = new LineElementClass();
    pElementCurve.Geometry = pPolyCurve;
    ILineElement pLineElementCurve = pElementCurve as ILineElement;
```

```
ISimpleLineSymbol pSymbolCurve = new SimpleLineSymbolClass();
pSymbolCurve.Style = esriSimpleLineStyle.esriSLSSolid;
pSymbolCurve.Color = Shared.Base.CColorHelper.GetRGBColor(pColorCurve.R,
    pColorCurve.G,pColorCurve.B);
pSymbolCurve.Width = 1;
pLineElementCurve.Symbol = pSymbolCurve;
pContainer.AddElement(pElementCurve, 0);
#endregion

pView.Refresh();

#region 释放资源
Shared.Base.CCommonUtils.GetInstance().DisposeComObj(pTransYAxis);
Shared.Base.CCommonUtils.GetInstance().DisposeComObj(pElementCurve);
Shared.Base.CCommonUtils.GetInstance().DisposeComObj(pLineElementCurve);
Shared.Base.CCommonUtils.GetInstance().DisposeComObj(pSymbolCurve);
Shared.Base.CCommonUtils.GetInstance().DisposeComObj(pEnvOutShape);
Shared.Base.CCommonUtils.GetInstance().DisposeComObj(pPointYAxisEnd);
Shared.Base.CCommonUtils.GetInstance().DisposeComObj(pPolylineYAxis);
Shared.Base.CCommonUtils.GetInstance().DisposeComObj(pElementYAxis);
Shared.Base.CCommonUtils.GetInstance().DisposeComObj(pLineElementYAxis);
Shared.Base.CCommonUtils.GetInstance().DisposeComObj(pSymbolYAxis);
Shared.Base.CCommonUtils.GetInstance().DisposeComObj(pLine);
Shared.Base.CCommonUtils.GetInstance().DisposeComObj(pView);
Shared.Base.CCommonUtils.GetInstance().DisposeComObj(pScreenDisplay);
Shared.Base.CCommonUtils.GetInstance().DisposeComObj(pDisplayTrans);
Shared.Base.CCommonUtils.GetInstance().DisposeComObj(pContainer);
Shared.Base.CCommonUtils.GetInstance().DisposeComObj(pSymbol);
Shared.Base.CCommonUtils.GetInstance().DisposeComObj(pLineElement);
Shared.Base.CCommonUtils.GetInstance().DisposeComObj(pElement);
Shared.Base.CCommonUtils.GetInstance().DisposeComObj(pPointCollection);
Shared.Base.CCommonUtils.GetInstance().DisposeComObj(pOutShape);
Shared.Base.CCommonUtils.GetInstance().DisposeComObj(pPolyline);
Shared.Base.CCommonUtils.GetInstance().DisposeComObj(pSurface);
Shared.Base.CCommonUtils.GetInstance().DisposeComObj(pRasterSurf);
Shared.Base.CCommonUtils.GetInstance().DisposeComObj(pRasterLayer);
Shared.Base.CCommonUtils.GetInstance().DisposeComObj(pLayer);
Shared.Base.CCommonUtils.GetInstance().DisposeComObj(pFeatureClass);
Shared.Base.CCommonUtils.GetInstance().DisposeComObj(pFeatureGeoDataset);
Shared.Base.CCommonUtils.GetInstance().DisposeComObj(pRasterWks);
```

```
            Shared.Base.CCommonUtils.GetInstance().DisposeComObj(pRasterDataset);
            Shared.Base.CCommonUtils.GetInstance().DisposeComObj(pFeatureClass);
            #endregion

            return true;
        }
        catch
        {
            return false;
        }
    }

//创建只有一个地理要素的 FeatureClass(要素类)
public static IFeatureClass CreateShapeFileByOneFeature(
        string szDir, //Shape 文件所在的目录
        ISpatialReference2 pSRF, //空间参考系统
        IGeometry pGeometry,//地理要素的几何位置
        string szFileName, //Shape 文件名称
        esriGeometryType eGeometryType//地理要素类型
        )
{
        try
        {
            //打开 Shape 工作空间
            IFeatureWorkspace pWks = null;
            bool b = OpenWorkspace_Shape(szDir, ref pWks);
            if (!b)
                return null;

            IWorkspaceEdit pWksEdit = pWks as IWorkspaceEdit;//QI 至 IWorkspaceEdit 接口
            pWksEdit.StartEditing(false);//开始编辑

            //设置几何字段的类型、名称及参考系统
            CShapeGeoFieldParams pGeoParams = new CShapeGeoFieldParams();
            pGeoParams.m_geoType = eGeometryType;
            pGeoParams.m_sShapeFldName = "SHAPE";
            pGeoParams.m_refSys = pSRF;

            //创建 Shape 文件
            IFeatureClass pFeatureClass = CShapeFileHelper.GetInstance().CreateShapeFile(
```

```
                pWks, szDir, szFileName, pGeoParams, null);

            //在 Shape 文件中增加一个地理要素(实体)
            pWksEdit.StartEditOperation();
            IFeature pFeature = pFeatureClass.CreateFeature();
            pFeature.Shape = pGeometry;
            pFeature.Store();
            pWksEdit.StopEditOperation();
            pWksEdit.StopEditing(true);

            //释放资源
            Shared.Base.CCommonUtils.GetInstance().DisposeComObj(pWks);
            Shared.Base.CCommonUtils.GetInstance().DisposeComObj(pWksEdit);
            Shared.Base.CCommonUtils.GetInstance().DisposeComObj(pFeature);

            return pFeatureClass;
        }
        catch
        {
            return null;
        }
    }

    //打开 Shape 文件类型的工作空间，成功返回 true，否则返回 false
    public static bool OpenWorkspace_Shape(
        string szShapeDir, //Shape 文件所在的上级目录路径
        ref IFeatureWorkspace pFeatureWks//利用引用参数返回 IFeatureWorkspace 接口对象
        )
    {
        try
        {
            IWorkspaceFactory pWorkspaceFactory = new ESRI.ArcGIS.DataSourcesFile.
                ShapefileWorkspaceFactoryClass();
            pFeatureWks = (IFeatureWorkspace)pWorkspaceFactory.OpenFromFile(
                szShapeDir, 0);
            Shared.Base.CCommonUtils.GetInstance().DisposeComObj(pWorkspaceFactory);
            pWorkspaceFactory = null;
            return true;

        }
```

```
    catch (Exception e)
    {
        Shared.Base.CLog.LOG("OpenWorkspace_Shape()出现错误，请查找原因");
        Shared.Base.CLog.LOG(e.Message);
        return false;
    }
}

//打开 Raster 类型的工作空间，成功返回 true，否则返回 false
public static bool OpenWorkspace_Raster(string szRasterDir, //栅格目录路径
    ref IRasterWorkspace2 pRasterWks//利用引用参数返回 IRasterWorkspace2 接口对象
    )
{
    try
    {
        IWorkspaceFactory pWorkspaceFactory = new ESRI.ArcGIS.DataSourcesRaster.
            RasterWorkspaceFactory();
        pRasterWks = (IRasterWorkspace2)pWorkspaceFactory.OpenFromFile(
             szRasterDir, 0);
        Shared.Base.CCommonUtils.GetInstance().DisposeComObj(pWorkspaceFactory);
        pWorkspaceFactory = null;
        return true;
    }
    catch (Exception e)
    {
        Shared.Base.CLog.LOG("OpenWorkspace_Raster()出现错误，请查找原因");
        Shared.Base.CLog.LOG(e.Message);
        return false;
    }
}

//创建文本图形元素
public static ITextElement GetTextElement(IGeometry pGeometry, //几何实体
    string szText,//元素的文本内容
    float fSize, //文本大小
    Color pColor, //文本颜色
    string szFontName, //字体名称
    FontStyle szFontStyle,//字体样式
    esriTextHorizontalAlignment h,//水平对齐方式
    esriTextVerticalAlignment v, //垂直对齐方式
```

```
    string szEleName, //元素名称
    double dbAngle = 0//文本旋转角度
    )
{
    ITextElement pTextElement = new TextElementClass();//定义文本图形元素对象
    IElement pElement = pTextElement as IElement;//QI 至 IElement 接口

    //定义文本符号对象，并设置其颜色、字体、旋转角度、水平对齐与垂直对齐方式
    ITextSymbol pTextSymbol = new TextSymbolClass();
    pTextSymbol.Color = Shared.Base.CColorHelper.GetRGBColor(pColor.R,
        pColor.G, pColor.B) as IColor;
    pTextSymbol.Font = CSymbolHelper.GetIFontDisp(fSize, szFontName, szFontStyle);
    pTextSymbol.HorizontalAlignment = h;
    pTextSymbol.VerticalAlignment = v;
    pTextSymbol.Angle = dbAngle;

    pTextElement.Symbol = pTextSymbol;//设置文本图元的符号
    pTextElement.Text = szText;//设置文本图元的文本内容
    pTextElement.ScaleText = true;

    pElement.Geometry = pGeometry;//设置元素的几何实体

    //设置元素的名字
    IElementProperties pProps = pElement as IElementProperties;
    pProps.Name = szEleName;

    return pTextElement;
}

public static stdole.IFontDisp GetIFontDisp(float size, string fontName, FontStyle fontSytle)
{
    Font font = new Font(fontName, size, fontSytle);
    object ret = ESRI.ArcGIS.ADF.COMSupport.OLE.GetIFontDispFromFont(font);
    font.Dispose();
    return ret as stdole.IFontDisp;
}

//判断第一个几何实体是否包含第二个几何实体
public static bool IsFirstGeometryContainsSecond(
    IGeometry pGeometry1, //第一个几何实体
```

```
    IGeometry pGeometry2//第二个几何实体
    )
{
    //将第一个几何实体接口转换至空间关系操作接口(IRelationalOperator)
    IRelationalOperator pRelationalOperator = pGeometry1 as IRelationalOperator;
    //利用 IRelationalOperator 的 Contains 函数判断第一个几何实体
    //是否包含了第二个几何实体，包含的话返回 true，否则返回 false
    bool b = pRelationalOperator.Contains(pGeometry2);

    pRelationalOperator = null;
    pGeometry1 = null;
    pGeometry2 = null;

    return b;
}

//栅格数据裁剪
public static bool ClipRasterDataset(object pInRaster, //输入栅格数据
    object pInTemplate, //裁剪区域模板(一般是面状要素类或线状要素类)
    object pOutRaster//裁剪后的栅格
    )
{
    try
    {
        Geoprocessor pGP = new Geoprocessor();//定义 GP 处理器对象

        //定义要在 GP 中执行的模型工具，即 Clip 模型工具
        ESRI.ArcGIS.DataManagementTools.Clip pClip = new
            ESRI.ArcGIS.DataManagementTools.Clip();

        //设置 Clip 模型的输入、输出参数
        pClip.in_raster = pInRaster;
        pClip.in_template_dataset = pInTemplate;
        pClip.out_raster = pOutRaster;
        pClip.clipping_geometry = "true";

        IGPProcess pGPP = pClip as IGPProcess;//将 pClip 模型 QI 至 IGPProcess 接口
        pGP.OverwriteOutput = true;//覆盖同名输出结果
        pGP.Validate(pGPP, true);//验证
        pGP.Execute(pGPP, null);//执行 Clip 模型工具
```

```
                //释放资源
                ESRI.ArcGIS.ADF.ComReleaser.ReleaseCOMObject(pGPP);
                pGPP = null;
                ESRI.ArcGIS.ADF.ComReleaser.ReleaseCOMObject(pClip);
                pClip = null;
                ESRI.ArcGIS.ADF.ComReleaser.ReleaseCOMObject(pGP);
                pGP = null;

                GC.Collect();

                return true;
            }
            catch
            {
                return false;
            }
        }
}
```

8.4 坡度分析

前文的点位分析中，提到了坡度的概念。点位分析中的坡度是针对**某个点**的坡度进行计算，而本节中的坡度分析是指在某一个**具体的区域范围内进行**坡度和高程的计算，**主要实现如下功能**：①计算统计某个区域的最大、最小和平均高程；②计算统计某个区域的最大、最小和平均坡度；③自动绘制区域坡度图。

下面通过自定义工具(Tool)，实现坡度分析的功能，流程如下：

(1) 在解决方案“AEBook”中新建工程“App.Plugins.Custom. ToolSlope”，同样，该工程不是 Windows Form 窗体应用程序，而是一个类库，其编译后的输出结果也是一个动态链接库(App.Plugins.Custom. ToolSlope.dll)文件。

(2) 由于自定义工具是一个插件，不能独立执行，需要用一个宿主程序加载该插件。这里还是使用第 7 章中编写调试的插件框架(见配套代码中的 App.Plugins.Framework 工程)，因此，需要设置工程“App.Plugins.Custom.ToolSlope”的输出目录为插件框架可执行程序“App.Plugins.Framework.exe”所在文件夹下的“Plugins”。

(3) 在工程“App.Plugins.Custom.ToolSlope”中添加新项，选择“ArcGIS”→“Extending ArcObjects”，添加一个“Base Tool”，将代码文件名称设置为“ToolSlope.cs”。

(4) 坡度分析的功能代码主要在“ToolSlope.cs”文件中，代码逻辑如图 8.10 所示，程序运行结果如图 8.11 所示，具体代码分析见【代码 8.3】。

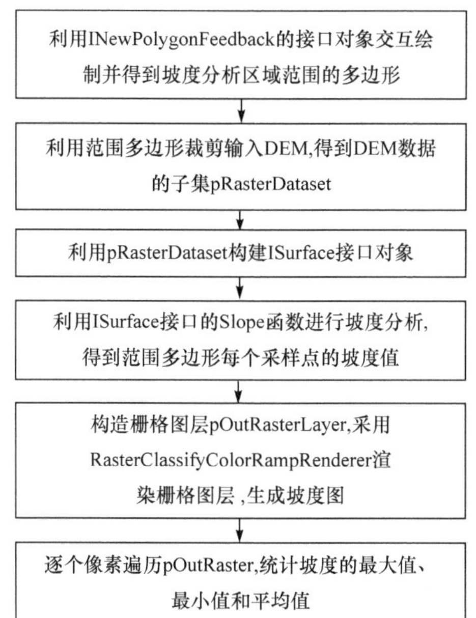

图 8.10　坡度分析代码逻辑

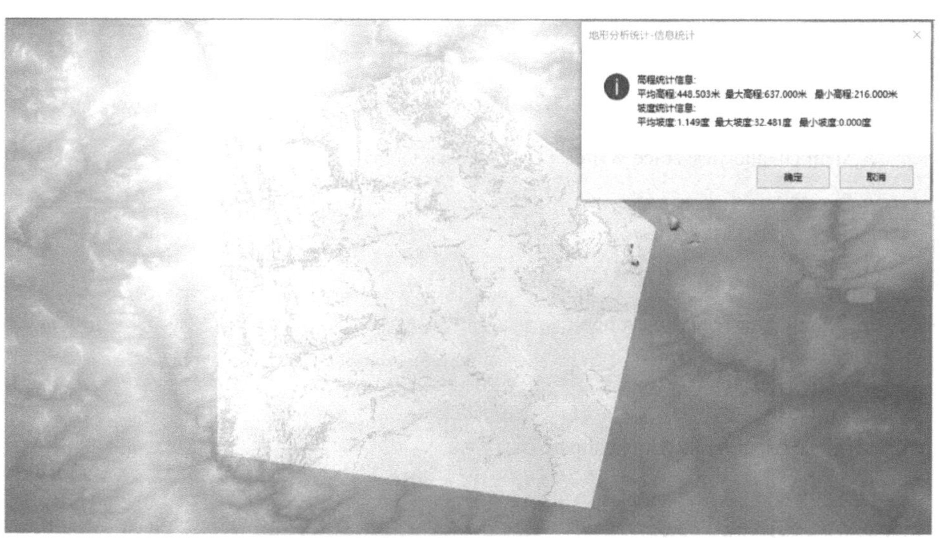

图 8.11　坡度分析运行结果

【代码 8.3】　坡度分析

(参见本书配套代码 App.Plugins.Custom. ToolSlope 工程中的 ToolSlope.cs)

```
public sealed class ToolSlope : BaseTool
{
    private IHookHelper m_hookHelper;

    //用交互式绘制并得到坡度分析的区域边界
    INewPolygonFeedback _pFeedBackPolygon;
    IActiveView   pActiveView;//活动视图
```

```
public ToolSlope()
{
    base.m_category = ""; //localizable text
    base.m_caption = "坡度分析";   //localizable text
    base.m_message = "";   //localizable text
    base.m_toolTip = "坡度分析";   //localizable text
    base.m_name = "ToolSlope";
    try
    {
        //
        // TODO: change resource name if necessary
        //
        string bitmapResourceName = GetType().Name + ".bmp";
        base.m_bitmap = new Bitmap(GetType(), bitmapResourceName);
        base.m_cursor = new System.Windows.Forms.Cursor(GetType(),
        GetType().Name + ".cur");
    }
    catch (Exception ex)
    {
        System.Diagnostics.Trace.WriteLine(ex.Message, "Invalid Bitmap");
    }
}

public override void OnCreate(object hook)
{
    if (m_hookHelper == null)
        m_hookHelper = new HookHelperClass();

    m_hookHelper.Hook = hook;

    // TODO:   Add ToolSlope.OnCreate implementation
}

public override void OnClick()
{
    // TODO: Add ToolSlope.OnClick implementation
    _pActiveView = m_hookHelper.ActiveView;

    //释放资源，保证_pFeedBackPolygon 为 null
    Shared.Base.CCommonUtils.GetInstance().DisposeComObj(_pFeedBackPolygon);
```

```
        _pFeedBackPolygon = null;
    }

    public override void OnMouseDown(int Button, int Shift, int X, int Y)
    {
        // TODO:   Add ToolSlope.OnMouseDown implementation
        IPoint pCursorPoint = _pActiveView.ScreenDisplay.DisplayTransformation.
            ToMapPoint(X, Y);
        if (Button == 1)//单击鼠标左键
        {
            if (_pFeedBackPolygon == null)//如果是绘制多边形的第一个点
            {
                //创建 NewPolygonFeedback 对象，该对象用于交互式绘制多边形
                _pFeedBackPolygon = new NewPolygonFeedback();
                //设置_pFeedBackPolygon 的屏幕显示对象
                _pFeedBackPolygon.Display = _pActiveView.ScreenDisplay;
                _pFeedBackPolygon.Start(pCursorPoint);//启动交互式绘制
            }
            else//增加多边形中间的点
            {
                _pFeedBackPolygon.AddPoint(pCursorPoint);

            }
        }
        else if (Button == 2)//单击鼠标右键，结束绘制
        {
            try
            {
                if (_pFeedBackPolygon == null)
                    return;

                _pFeedBackPolygon.AddPoint(pCursorPoint);//增加多边形最后一个点
                //停止绘制，得到交互绘制的多边形 pPolygon
                IPolygon pPolygon = _pFeedBackPolygon.Stop();
                //得到 DEM 图层
                ILayer pLayer = CLayerHelper.GetInstance().GetRasterLayer
                    ("srtm_50_03.tif", m_hookHelper.FocusMap);

                bool b = SlopeAnalyst(m_hookHelper.ActiveView,pLayer,
                    pPolygon, m_hookHelper.FocusMap);//进行坡度分析
```

```
                if (!b)
                    MessageBox.Show("地形分析出现异常情况！ ");

                Shared.Base.CCommonUtils.GetInstance().DisposeComObj(
                    _pFeedBackPolygon);
                Shared.Base.CCommonUtils.GetInstance().DisposeComObj(pPolygon);
            }
            catch
            {
                Shared.Base.CCommonUtils.GetInstance().DisposeComObj(
                    _pFeedBackPolygon);
            }
        }
        Shared.Base.CCommonUtils.GetInstance().DisposeComObj(pCursorPoint);
    }

    public override void OnMouseMove(int Button, int Shift, int X, int Y)
    {
        // TODO:   Add ToolSlope.OnMouseMove implementation
        if (_pFeedBackPolygon != null)
        {
            //实现在鼠标移动过程中橡皮筋的效果
            IPoint pCursorPoint = _pActiveView.ScreenDisplay.DisplayTransformation.
                ToMapPoint(X, Y);
            _pFeedBackPolygon.MoveTo(pCursorPoint);
            Shared.Base.CCommonUtils.GetInstance().DisposeComObj(pCursorPoint);
        }
    }

    public override void OnMouseUp(int Button, int Shift, int X, int Y)
    {
        // TODO:   Add ToolSlope.OnMouseUp implementation
    }

    #region 坡度分析
    public static bool SlopeAnalyst(IActiveView pView, //活动视图
    ILayer pLayer, //DEM 图层
    IPolygon pPolygon, //坡度分析的区域范围多边形
    IMap pMap
    )
```

```
{
    string sz = "";//存放坡度分析的统计结果
    bool b = SlopeAnalyst(pView, pLayer, pPolygon, pMap, ref sz);
    if (!b)
        return false;
    MessageBox.Show(sz, "地形分析统计-信息统计",
        MessageBoxButtons.OKCancel,
        MessageBoxIcon.Information);
    return true;
}

public static bool SlopeAnalyst(
    IActiveView pView,
    ILayer pLayer,
    IPolygon pPolygon,
    IMap pMap,
    ref string szInfo
    )
{
    {
        try
        {
            #region 得到要做坡度分析的栅格表面
            IRasterLayer pRasterLayer = pLayer as IRasterLayer;
            if (pRasterLayer == null)
                return false;
            IGeoDataset pGeoDataset = pRasterLayer as IGeoDataset;
            if (pGeoDataset == null)
                return false;

            //判断坡度分析的范围是否超过 DEM 地理范围
            IEnvelope pEnv = pGeoDataset.Extent;
            if (!CSpatialRelationOperator.IsFirstGeometryContainsSecond(
                pEnv, pPolygon))
            {
                MessageBox.Show("该区域不存在 DEM 数据，分析失败！",
                    "地形分析提示信息");
                return false;
            }
            #endregion
```

```
#region 创建要进行坡度分析的多边形区域，并将其存为 Shape 文件
string szDir = System.Windows.Forms.Application.StartupPath +
    "\\TempFiles";
if (!System.IO.Directory.Exists(szDir))
    System.IO.Directory.CreateDirectory(szDir);

string szFileTime = DateTime.Now.ToFileTime().ToString();
string szFileName = "SA_" + szFileTime + ".shp";//临时 Shape 文件的名称

//创建坡度分析区域多边形，并存为 Shape 文件
IFeatureClass pFeatureClass=ChapeFileHelper.CreateShapeFileByOneFeature
    (szDir,
    pMap.SpatialReference as ISpatialReference2,
    pPolygon,
    szFileName,
    esriGeometryType.esriGeometryPolygon);

if (pFeatureClass == null)
    return false;
IGeoDataset pFeatureGeoDataset = pFeatureClass as IGeoDataset;
if (pFeatureGeoDataset == null)
    return false;
#endregion

//裁剪 DEM，得到 DEM 的子集即坡度分析区域的 DEM 数据
string szFileNameRaster = "RasClip" + szFileTime + ".tif";
bool b = CAGSGeoAnalyst.ClipRasterDataset(
    pGeoDataset,
    pFeatureGeoDataset,
    szDir + "\\" + szFileNameRaster);
if (!b)
    return false;

//打开裁剪出来的 DEM，得到 IRasterDataset 接口对象 pRasterDataset
IRasterWorkspace2 pRasterWks = null;
b = CWorkspaceHelper.OpenWorkspace_Raster(szDir, ref pRasterWks);
if (!b)
    return false;
if (pRasterWks == null)
    return false;
```

```
IRasterDataset pRasterDataset = pRasterWks.OpenRasterDataset(
    szFileNameRaster);
if (pRasterDataset == null)
    return false;
IRaster pRaster_Dem = pRasterDataset.CreateDefaultRaster();
if (pRaster_Dem == null)
    return false;

//构造栅格表面操作算子对象 RasterSurfaceOpClass，准备进行坡度分析
ISurfaceOp2 pSurfaceOp = new RasterSurfaceOpClass();
//栅格分析环境参数设置(主要设置 Z 因子)
IRasterAnalysisEnvironment pAnalysisEnv = pSurfaceOp as
    IRasterAnalysisEnvironment;
object oFactor = Type.Missing;
double zFactor = 0.001;
oFactor = zFactor; //设置 Z 因子
//利用 Slope 函数进行坡度分析
IGeoDataset pResultGeoDataset = pSurfaceOp.Slope(
    pRasterDataset as IGeoDataset,
    esriGeoAnalysisSlopeEnum.esriGeoAnalysisSlopeDegrees,
    ref oFactor);
if (pResultGeoDataset == null)
    return false;

//构造栅格图层 pOutRasterLayer
IRaster pOutRaster = pResultGeoDataset as IRaster;
IRasterLayer pOutRasterLayer = new RasterLayerClass();
pOutRasterLayer.CreateFromRaster(pOutRaster);

#region 采用 RasterClassifyColorRamp 渲染器，可视化构造的栅格图层
IRasterClassifyColorRampRenderer pRasterClassifyRender = new
    RasterClassifyColorRampRenderer();
IRasterRenderer pRasterRender = pRasterClassifyRender as IRasterRenderer;
pRasterRender.Raster = pOutRaster;
pRasterClassifyRender.ClassCount = 6;//将坡度级分为六级

pRasterClassifyRender.set_Break(0, 0.0);
pRasterClassifyRender.set_Break(1, 5.0);
pRasterClassifyRender.set_Break(2, 15.0);
pRasterClassifyRender.set_Break(3, 25.0);
```

```
pRasterClassifyRender.set_Break(4, 30.0);
pRasterClassifyRender.set_Break(6, 90.0);

IFillSymbol pFillSymbol = new SimpleFillSymbol();
pFillSymbol.Color = CColorHelper.GetRGBColor(240, 240, 240, 160);
pRasterClassifyRender.set_Symbol(0, pFillSymbol as ISymbol);
Shared.Base.CCommonUtils.GetInstance().DisposeComObj(pFillSymbol);
pFillSymbol = null;

pFillSymbol = new SimpleFillSymbol();
pFillSymbol.Color = CColorHelper.GetRGBColor(163, 255, 115, 160);
pRasterClassifyRender.set_Symbol(1, pFillSymbol as ISymbol);
Shared.Base.CCommonUtils.GetInstance().DisposeComObj(pFillSymbol);
pFillSymbol = null;

pFillSymbol = new SimpleFillSymbol();
pFillSymbol.Color = CColorHelper.GetRGBColor(255, 255, 190, 160);
pRasterClassifyRender.set_Symbol(2, pFillSymbol as ISymbol);
Shared.Base.CCommonUtils.GetInstance().DisposeComObj(pFillSymbol);
pFillSymbol = null;

pFillSymbol = new SimpleFillSymbol();
pFillSymbol.Color = CColorHelper.GetRGBColor(205, 170, 102, 160);
pRasterClassifyRender.set_Symbol(3, pFillSymbol as ISymbol);
Shared.Base.CCommonUtils.GetInstance().DisposeComObj(pFillSymbol);
pFillSymbol = null;

pFillSymbol = new SimpleFillSymbol();
pFillSymbol.Color = CColorHelper.GetRGBColor(255, 0, 0, 160);
pRasterClassifyRender.set_Symbol(4, pFillSymbol as ISymbol);
Shared.Base.CCommonUtils.GetInstance().DisposeComObj(pFillSymbol);
pFillSymbol = null;

pFillSymbol = new SimpleFillSymbol();
pFillSymbol.Color = CColorHelper.GetRGBColor(255, 255, 255, 160);
pRasterClassifyRender.set_Symbol(5, pFillSymbol as ISymbol);
Shared.Base.CCommonUtils.GetInstance().DisposeComObj(pFillSymbol);
pFillSymbol = null;

pRasterRender.Update();
```

```
pOutRasterLayer.Renderer = pRasterRender;

pMap.AddLayer(pOutRasterLayer);
pView.Refresh();
#endregion

/*逐个像素遍历 pOutRaster，统计坡度的最大值、最小值和平均值*/
double dbTotal = 0.0;
IRasterCursor pCursor = pOutRaster.CreateCursor();//得到栅格像素游标
int N = 0;
double dbMax = 0, dbMin = 90;
do
{
    IPixelBlock pBlock = pCursor.PixelBlock;
    for (int i = 0; i < pBlock.Height; i++)
        for (int j = 0; j < pBlock.Width; j++)
        {
            object val = pBlock.GetVal(0, j, i);
            if (val == null) continue;
            double dbVal = double.Parse(val.ToString());
            dbTotal += dbVal;
            if (dbVal >= dbMax)
                dbMax = dbVal;
            if (dbVal <= dbMin)
                dbMin = dbVal;
            N++;
        }
} while ((pCursor.Next()));
double dbMean = dbTotal / N;

/*逐个像素遍历 pRaster_Dem，统计高程的最大值、最小值和平均值*/
double dbTotalH = 0.0;
IRasterCursor pCursorH = pRaster_Dem.CreateCursor();
N = 0;
double dbMaxH = double.MinValue, dbMinH = double.MaxValue;
do
{
    IPixelBlock pBlock = pCursorH.PixelBlock;
    for (int i = 0; i < pBlock.Height; i++)
        for (int j = 0; j < pBlock.Width; j++)
```

```
        {
            object val = pBlock.GetVal(0, j, i);
            if (val == null) continue;
            double dbVal = double.Parse(val.ToString());
            dbTotalH += dbVal;
            if (dbVal >= dbMaxH)
                dbMaxH = dbVal;
            if (dbVal <= dbMinH)
                dbMinH = dbVal;
            N++;
        }
} while (pCursorH.Next());
double dbMeanH = dbTotalH / N;

#region 释放资源
Shared.Base.CCommonUtils.GetInstance().DisposeComObj(pRasterWks);
Shared.Base.CCommonUtils.GetInstance().DisposeComObj(pFeatureClass);
Shared.Base.CCommonUtils.GetInstance().DisposeComObj(
    pFeatureGeoDataset);
Shared.Base.CCommonUtils.GetInstance().DisposeComObj(pView);
Shared.Base.CCommonUtils.GetInstance().DisposeComObj(pMap);
Shared.Base.CCommonUtils.GetInstance().DisposeComObj(pLayer);
Shared.Base.CCommonUtils.GetInstance().DisposeComObj(pRasterLayer);
Shared.Base.CCommonUtils.GetInstance().DisposeComObj(pGeoDataset);
Shared.Base.CCommonUtils.GetInstance().DisposeComObj(pOutRaster);
Shared.Base.CCommonUtils.GetInstance().DisposeComObj(
    pOutRasterLayer);
Shared.Base.CCommonUtils.GetInstance().DisposeComObj(pSurfaceOp);
Shared.Base.CCommonUtils.GetInstance().DisposeComObj(pAnalysisEnv);
Shared.Base.CCommonUtils.GetInstance().DisposeComObj(pSurfaceOp);
Shared.Base.CCommonUtils.GetInstance().DisposeComObj(
    pResultGeoDataset);
#endregion

//生成统计信息字符串
string szInfo1 = string.Format("高程统计信息:\n 平均高程:{0:F3}米
    最大高程:{1:F3}米
    最小高程:{2:F3}米\n",
    dbMeanH, dbMaxH, dbMinH);
string szInfo2 = string.Format("坡度统计信息:\n 平均坡度:{0:F3}度
```

```
                最大坡度:{1:F3}度
                最小坡度:{2:F3}度\n",
                dbMean, dbMax, dbMin);
            if (dbMinH == double.MaxValue || dbMaxH == double.MinValue)
                szInfo1 = "高程统计信息出现异常\n";
            if (dbMax == 0 && dbMin == 90)
                szInfo += "坡度统计信息出现异常\n";
            szInfo = szInfo1 + "" + szInfo2;
            return true;
        }
        catch
        {
            return false;
        }
    }
  }
  #endregion
}
```

8.5　通 视 分 析

通视分析是指以某一点为观察点，研究某一区域通视情况的地形分析。通视分析的基本内容有两个：一个是两点或者多点之间的可视性分析；另一个是可视域分析，即对于给定的观察点，分析观察所覆盖的区域。通视分析在航海、航空以及军事方面有重要的应用价值，如设置雷达站、电视台的发射站、道路选择、航海导航等，以及军事上布设阵地、设置观察哨所、铺设通信线路等；有时还能对不可见区域进行分析，如低空侦察飞机在飞行时，要尽可能避免敌方雷达的捕捉，飞机要选择雷达盲区飞行。

下面通过自定义工具(Tool)，实现区域通视的功能。本例中，区域通视是以视点为圆心，某个可以变化的长度为半径画圆，该圆即为通视分析的分析区域，该区域中的某一点相对于视点来说有两种属性：可视与不可视。通视分析的实质是确定落在分析区域的每个栅格像元相对于视点的可见性，并计算通视率。

通视率=(可视像元总数/分析区域总像元数)×100%

(1) 在解决方案“AEBook”中新建工程“App.Plugins.Custom.ToolVisibleArea”，同样，该工程不是 Windows Form 窗体应用程序，而是一个类库，其编译后的输出结果也是一个动态链接库(App.Plugins.Custom. ToolVisibleArea.dll)文件。

(2) 自定义工具是一个插件，不能独立执行，需要用一个宿主程序加载该插件。这里还是使用第 7 章中编写调试的插件框架(见配套代码中的 App.Plugins.Framework 工程)，因此，需要设置工程“App.Plugins.Custom. ToolVisibleArea”的输出目录为插件框架可执行程序“App.Plugins.Framework.exe”所在文件夹下的“Plugins”。

(3) 在工程“App.Plugins.Custom.ToolVisibleArea”中添加新项，选择“ArcGIS”→“Extending ArcObjects”，添加一个“Base Tool”，将代码文件名称设置为“ToolVisibleArea.cs”。

(4) 通视分析的功能代码主要在“ToolVisibleArea.cs”文件中，代码的逻辑如图 8.12 所示，程序运行结果如图 8.13 所示，具体代码分析见【代码 8.4】。

图 8.12　通视分析代码逻辑

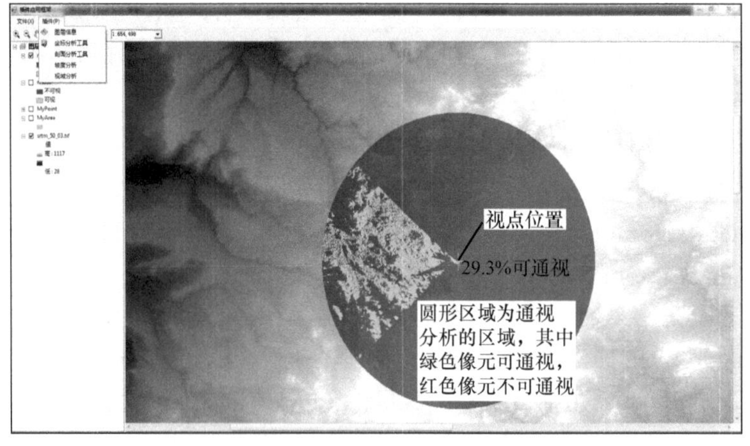

图 8.13　通视分析运行结果

【代码 8.4】　通视分析

(参见本书配套代码 App.Plugins.Custom.ToolVisibleArea 工程中的 ToolVisibleArea.cs)

```
public sealed class ToolVisibleArea : BaseTool
{
    private IHookHelper m_hookHelper;
    IActiveView _pActiveView = null;//活动视图
    IPoint _pCenterPoint;//中心点
    //INewCircleFeedback 对象，用于交互式绘制并获得一个圆
INewCircleFeedback _pCircleFeedback = null;
ISimpleLineSymbol _pFeedbackSymbol;//交互式绘制圆时的符号样式
string _szDemLayerName = "srtm_50_03.tif";//DEM 图层名称

    public ToolVisibleArea()
    {
        base.m_category = ""; //localizable text
        base.m_caption = "视域分析";  //localizable text
        base.m_message = "";  //localizable text
        base.m_toolTip = "视域分析";  //localizable text
        base.m_name = "ToolVisibleArea";
        try
        {
            string bitmapResourceName = GetType().Name + ".bmp";
            base.m_bitmap = new Bitmap(GetType(), bitmapResourceName);
            base.m_cursor = new System.Windows.Forms.Cursor(GetType(),
            GetType().Name + ".cur");
        }
        catch (Exception ex)
        {
            System.Diagnostics.Trace.WriteLine(ex.Message, "Invalid Bitmap");
        }
    }

    #region Overridden Class Methods
    public override void OnCreate(object hook)
    {
        if (m_hookHelper == null)
            m_hookHelper = new HookHelperClass();

        m_hookHelper.Hook = hook;
```

```
        _pFeedbackSymbol = new SimpleLineSymbolClass();//创建简单线符号对象
        //设置线符号的绘制模式为 ROPNotXOrPen
        ((ISymbol)_pFeedbackSymbol).ROP2 = esriRasterOpCode.esriROPNotXOrPen;
        IRgbColor pSolidColor = new RgbColorClass();
        pSolidColor.Red = 255;
        _pFeedbackSymbol.Color = pSolidColor;//设置线符号颜色为红色
        _pFeedbackSymbol.Width = 1;//设置线符号宽度
    }

    public override void OnClick()
    {
        // TODO: Add ToolVisibleArea.OnClick implementation
        _pActiveView = m_hookHelper.ActiveView;

        Shared.Base.CCommonUtils.GetInstance().DisposeComObj(_pCircleFeedback);
        _pCircleFeedback = null;
    }

    //鼠标按下事件，启动交互式绘制圆的过程
    public override void OnMouseDown(int Button, int Shift, int X, int Y)
    {
        // TODO:   Add ToolVisibleArea.OnMouseDown implementation
        if (Button == 1)//单击鼠标左键
        {
            if (_pCircleFeedback == null)
            {
                //得到通视分析中心点(即视点)地图坐标
                _pCenterPoint = _pActiveView.ScreenDisplay.DisplayTransformation.
                ToMapPoint(X, Y);

                //创建 NewCircleFeedback 对象
                _pCircleFeedback = new NewCircleFeedbackClass();
                //设置_pCircleFeedback 的屏幕显示对象
                _pCircleFeedback.Display = _pActiveView.ScreenDisplay;
                //设置交互式绘制的符号样式
                _pCircleFeedback.Symbol = (ISymbol)_pFeedbackSymbol;
                _pCircleFeedback.Start(_pCenterPoint);//启动交互式绘制一个圆
            }
        }
    }
```

```
//鼠标移动事件，动态交互式调整圆的大小
public override void OnMouseMove(int Button, int Shift, int X, int Y)
{
    // TODO:   Add ToolVisibleArea.OnMouseMove implementation
    if (_pCircleFeedback != null)
    {
        //_pCircleFeedback 移动至鼠标当前位置
        IScreenDisplay pDisplay = _pActiveView.ScreenDisplay;
        IPoint pLastPoint = pDisplay.DisplayTransformation.ToMapPoint(X, Y);
        _pCircleFeedback.MoveTo(pLastPoint);

        Shared.Base.CCommonUtils.GetInstance().DisposeComObj(pDisplay);
        pDisplay = null;
        Shared.Base.CCommonUtils.GetInstance().DisposeComObj(pLastPoint);
        pDisplay = null;
    }
}

//结束绘制圆形，得到视点和分析区域，进行通视分析
public override void OnMouseUp(int Button, int Shift, int X, int Y)
{
    // TODO:   Add ToolVisibleArea.OnMouseUp implementation
    try
    {
        if (_pCircleFeedback != null)
        {
            //结束交互式绘制过程，得到圆形区域即为通视分析的区域
            ICircularArc pCircle = _pCircleFeedback.Stop();
            //进行通视分析
            bool b = VisibleAnalyst(m_hookHelper.ActiveView,
                _szDemLayerName, pCircle, m_hookHelper.FocusMap);
            if (!b)
                MessageBox.Show("出现异常情况！！");

            //释放资源
            Shared.Base.CCommonUtils.GetInstance().DisposeComObj(_pCenterPoint);
            _pCenterPoint = null;
            Shared.Base.CCommonUtils.GetInstance().DisposeComObj(
                _pCircleFeedback);
            _pCircleFeedback = null;
```

```
                }
            }
            catch
            {
                Shared.Base.CCommonUtils.GetInstance().DisposeComObj(_pCenterPoint);
                _pCenterPoint = null;
                Shared.Base.CCommonUtils.GetInstance().DisposeComObj(_pCircleFeedback);
                _pCircleFeedback = null;
            }
        }
        #endregion

        #region 通视分析
public static bool VisibleAnalyst(IActiveView pView,
string szDEMLyrName,
ICircularArc pCircle,
IMap pMap)
        {
            try
            {
                #region 获取栅格图层及其地理范围
                ILayer pLayer = Shared.Base.CLayerHelper.GetInstance().GetRasterLayer(
                    szDEMLyrName, pMap);
                if (pLayer == null)
                    return false;
                IRasterLayer pRasterLayer = pLayer as IRasterLayer;
                if (pRasterLayer == null)
                    return false;
                IGeoDataset pGeoDataset = pRasterLayer as IGeoDataset;
                if (pGeoDataset == null)
                    return false;
                IEnvelope pEnv = pGeoDataset.Extent;
                #endregion

                #region 创建通视区域(圆形区域)的 Shape 文件
                object pMiss = Type.Missing;//默认参数
                //设置 Shape 文件名称
                string szDir = System.Windows.Forms.Application.StartupPath + "\\TempFiles";
                if (!System.IO.Directory.Exists(szDir))
                    System.IO.Directory.CreateDirectory(szDir);
```

```
string szFileTime = DateTime.Now.ToFileTime().ToString();
string szFileNamePoly = "VA_" + szFileTime;
//构造 Polygon 几何实体，该多边形实质是要进行通视分析的圆形区域
IPolygon pPolygon = new PolygonClass();
ISegmentCollection pSegColl = pPolygon as ISegmentCollection;
pSegColl.AddSegment(pCircle as ISegment, ref pMiss, ref pMiss);
//创建圆形通视区域的 Shape 文件
IFeatureClass pFeatureClassPolygon = CShapeFileHelper.
    CreateShapeFileByOneFeature(szDir,
        pMap.SpatialReference as ISpatialReference2,
        pPolygon, szFileNamePoly,
        esriGeometryType.esriGeometryPolygon);
if (pFeatureClassPolygon == null)
    return false;
IGeoDataset pFeatureGeoDatasetPoly = pFeatureClassPolygon as IGeoDataset;
if (pFeatureGeoDatasetPoly == null)
    return false;
#endregion

#region 创建视点 Shape 文件
string szFileName = "VAPt_" + szFileTime;
//设置视点的坐标位置
IPoint pCenterPoint = new PointClass();
pCenterPoint.X = pCircle.CenterPoint.X;
pCenterPoint.Y = pCircle.CenterPoint.Y;
//创建视点 Shape 文件
IFeatureClass pFeatureClassPoint = Shared.Base.CShapeFileHelper.
    CreateShapeFileByOneFeature(szDir,
        pMap.SpatialReference as ISpatialReference2,
    pCenterPoint, szFileName, esriGeometryType.esriGeometryPoint);
if (pFeatureClassPoint == null)
    return false;
IGeoDataset pFeatureGeoDatasetPoint = pFeatureClassPoint as IGeoDataset;
if (pFeatureGeoDatasetPoint == null)
    return false;
#endregion

if (!CSpatialRelationOperator.IsFirstGeometryContainsSecond(pEnv, pPolygon))
{
    System.Windows.Forms.MessageBox.Show("该区域不存在 DEM 数据，
```

```
        分析失败！", "地形分析提示信息");
    return false;
}

#region 利用通视分析的圆形区域对 DEM 进行裁剪
string szFileNameRaster = "RasClip" + szFileTime + ".tif";
bool b = Shared.Base.CAGSGeoAnalyst.ClipRasterDataset(
    pGeoDataset, pFeatureGeoDatasetPoly,
    szDir + "\\" + szFileNameRaster);
if (!b)
    return false;
IRasterWorkspace2 pRasterWks = null;
b = Shared.Base.CWorkspaceHelper.OpenWorkspace_Raster(
    szDir, ref pRasterWks);
if (!b)
    return false;
IRasterDataset pRasterDataset = pRasterWks.OpenRasterDataset(
    szFileNameRaster);
if (pRasterDataset == null)
    return false;
#endregion

#region 构造栅格表面，进行通视分析
ISurfaceOp2 pSurfaceOp = new RasterSurfaceOpClass();//创建栅格表面对象
//QI 至栅格分析环境接口 IRasterAnalysisEnvironment
IRasterAnalysisEnvironment pAnalysisEnv = pSurfaceOp
    as IRasterAnalysisEnvironment;
object oFactor = Type.Missing;
double zFactor = 0.001;
oFactor = zFactor;//设置 Z 因子
//进行通视分析
IGeoDataset pResultGeoDataset = pSurfaceOp.Visibility(pRasterDataset
    as IGeoDataset,
    pFeatureGeoDatasetPoint,
    //分析区域内每个 DEM 像元被视点看到的次数
    esriGeoAnalysisVisibilityEnum.esriGeoAnalysisVisibilityFrequency,
    ref oFactor,//Z 因子
    ref pMiss);
if (pResultGeoDataset == null)
    return false;
```

```
#endregion

#region 将分析结果转换为栅格图层，并对图层进行渲染
IRaster pOutRaster = pResultGeoDataset as IRaster;
IRasterUniqueValueRenderer pRasterUniqueValueRender =
    new RasterUniqueValueRendererClass();
IRasterRenderer pRasterRender = pRasterUniqueValueRender as IRasterRenderer;
pRasterRender.Raster = pOutRaster;
pRasterRender.Update();

pRasterUniqueValueRender.HeadingCount = 1;
pRasterUniqueValueRender.set_Heading(0, "");
pRasterUniqueValueRender.set_ClassCount(0, 2);
pRasterUniqueValueRender.Field = "VALUE";
pRasterUniqueValueRender.AddValue(0, 0, 0);
pRasterUniqueValueRender.AddValue(0, 1, 1);
pRasterUniqueValueRender.set_Label(0, 0, "不可视");
pRasterUniqueValueRender.set_Label(0, 1, "可视");

ISimpleFillSymbol simpleFillSymbol0 = new SimpleFillSymbolClass();
simpleFillSymbol0.Color = Shared.Base.CColorHelper.
    GetRGBColor(255, 0, 0, 160);
pRasterUniqueValueRender.set_Symbol(0, 0, (ISymbol)simpleFillSymbol0);

ISimpleFillSymbol simpleFillSymbol1 = new SimpleFillSymbolClass();
simpleFillSymbol1.Color = Shared.Base.CColorHelper.
    GetRGBColor(163, 255, 115, 160);
pRasterUniqueValueRender.set_Symbol(0, 1, (ISymbol)simpleFillSymbol1);

IRasterLayer pOutRasterLayer = new RasterLayerClass();
pOutRasterLayer.CreateFromRaster(pOutRaster);
pOutRasterLayer.Renderer = pRasterRender;
#endregion

#region 循环遍历每个栅格像元，统计通视率
IRasterCursor pOutRasterCursor = pOutRaster.CreateCursor();//创建栅格游标
ICursor pOutCursor = pOutRasterCursor as ICursor;//QI 至 ICursor

IPixelBlock3 pPixelBlock = null;
long nBlockWidth = 0;
```

```
long nBlockHeight = 0;
System.Array pixels;
object v;

IRasterBandCollection pBands = pOutRaster as IRasterBandCollection;
long bandCount = pBands.Count;
int nVisble = 0, nInVisible = 0;

do
{
    pPixelBlock = pOutRasterCursor.PixelBlock as IPixelBlock3;
    nBlockWidth = pPixelBlock.Width;
    nBlockHeight = pPixelBlock.Height;
    pPixelBlock.Mask(255);

    for (int k = 0; k < bandCount; k++)
    {
        //得到像素数组
        pixels = (System.Array)pPixelBlock.get_PixelData(k);
        for (long i = 0; i < nBlockWidth; i++)
        {
            for (long j = 0; j < nBlockHeight; j++)
            {
                v = pixels.GetValue(i, j);//得到像素值
                int nVal = int.Parse(v.ToString());
                if (nVal == 0)//该栅格像元不可通视
                    nInVisible++;
                if (nVal > 0)//该栅格像元可以通视
                    nVisble++;
            }
        }
        pPixelBlock.set_PixelData(k, pixels);
    }

    Shared.Base.CCommonUtils.GetInstance().DisposeComObj(pPixelBlock);
    pPixelBlock = null;
}
while (pOutRasterCursor.Next() == true);

//得到通视分析统计结果字符串
```

```
double fVisbleScale = (double)(nVisble) / (double)(nVisble + nInVisible);
fVisbleScale *= 100;
string sz = string.Format("{0:F1}%可通视", fVisbleScale);
#endregion

#region 利用图形元素绘制视点及通视率的统计字符串
IGraphicsContainer pContainer = pView.GraphicsContainer;//得到图形容器
IElement pElement = GetTextElement(pCenterPoint,
        sz, 12.0f, System.Drawing.Color.Black,
        "黑体", System.Drawing.FontStyle.Regular,
            esriTextHorizontalAlignment.esriTHALeft,
            esriTextVerticalAlignment.esriTVATop, "") as IElement;
pContainer.AddElement(pElement, 0);//绘制统计字符串图形元素
IElement pElem = new MarkerElementClass();
pElem.Geometry = pCenterPoint;
IMarkerElement pMarkerElem = pElem as IMarkerElement;
ISimpleMarkerSymbol pMarkerSymbol = new SimpleMarkerSymbolClass();
pMarkerSymbol.Style = esriSimpleMarkerStyle.esriSMSCross;
pMarkerSymbol.Size = 25;
pMarkerSymbol.Color = Shared.Base.CColorHelper.GetRGBColor(255, 255, 0);
pMarkerElem.Symbol = pMarkerSymbol;
pContainer.AddElement(pElem, 0);//绘制视点位置
#endregion

#region 刷新图层
pMap.AddLayer(pOutRasterLayer);
pView.Refresh();
#endregion

#region 释放 COM 对象及资源
Shared.Base.CCommonUtils.GetInstance().DisposeComObj(pElem);
pElem = null;
Shared.Base.CCommonUtils.GetInstance().DisposeComObj(pMarkerElem);
pMarkerElem = null;
Shared.Base.CCommonUtils.GetInstance().DisposeComObj(pMarkerSymbol);
pMarkerSymbol = null;
Shared.Base.CCommonUtils.GetInstance().DisposeComObj(pElement);
pElement = null;
Shared.Base.CCommonUtils.GetInstance().DisposeComObj(pOutRasterCursor);
pOutRasterCursor = null;
```

```
Shared.Base.CCommonUtils.GetInstance().DisposeComObj(pPixelBlock);
pPixelBlock = null;
Shared.Base.CCommonUtils.GetInstance().DisposeComObj(pBands);
pBands = null;
Shared.Base.CCommonUtils.GetInstance().DisposeComObj(
    pRasterUniqueValueRender);
pRasterUniqueValueRender = null;
Shared.Base.CCommonUtils.GetInstance().DisposeComObj(pRasterRender);
pRasterRender = null;
Shared.Base.CCommonUtils.GetInstance().DisposeComObj(simpleFillSymbol0);
simpleFillSymbol0 = null;
Shared.Base.CCommonUtils.GetInstance().DisposeComObj(simpleFillSymbol1);
simpleFillSymbol1 = null;
Shared.Base.CCommonUtils.GetInstance().DisposeComObj(pPolygon);
pPolygon = null;
Shared.Base.CCommonUtils.GetInstance().DisposeComObj(
    pFeatureGeoDatasetPoly);
pFeatureGeoDatasetPoly = null;
Shared.Base.CCommonUtils.GetInstance().DisposeComObj(pResultGeoDataset);
pResultGeoDataset = null;
Shared.Base.CCommonUtils.GetInstance().DisposeComObj(pSurfaceOp);
pSurfaceOp = null;
Shared.Base.CCommonUtils.GetInstance().DisposeComObj(pAnalysisEnv);
pAnalysisEnv = null;
Shared.Base.CCommonUtils.GetInstance().DisposeComObj(
    pFeatureClassPolygon);
pFeatureClassPolygon = null;
Shared.Base.CCommonUtils.GetInstance().DisposeComObj(pCenterPoint);
pCenterPoint = null;
Shared.Base.CCommonUtils.GetInstance().DisposeComObj(pView);
pView = null;
Shared.Base.CCommonUtils.GetInstance().DisposeComObj(pMap);
pMap = null;
Shared.Base.CCommonUtils.GetInstance().DisposeComObj(pLayer);
pLayer = null;
Shared.Base.CCommonUtils.GetInstance().DisposeComObj(pRasterLayer);
pRasterLayer = null;
Shared.Base.CCommonUtils.GetInstance().DisposeComObj(pGeoDataset);
pGeoDataset = null;
Shared.Base.CCommonUtils.GetInstance().DisposeComObj(pSegColl);
```

```
            pSegColl = null;
            Shared.Base.CCommonUtils.GetInstance().DisposeComObj(pFeatureClassPoint);
            pFeatureClassPoint = null;
            Shared.Base.CCommonUtils.GetInstance().DisposeComObj(pOutRasterLayer);
            pOutRasterLayer = null;
            Shared.Base.CCommonUtils.GetInstance().DisposeComObj(pOutRaster);
            pOutRaster = null;
            Shared.Base.CCommonUtils.GetInstance().DisposeComObj(
                pFeatureGeoDatasetPoint);
            pFeatureGeoDatasetPoint = null;
            Shared.Base.CCommonUtils.GetInstance().DisposeComObj(pRasterWks);
            pRasterWks = null;
            Shared.Base.CCommonUtils.GetInstance().DisposeComObj(pRasterDataset);
            pRasterDataset = null;
            #endregion

            return true;
        }
        catch
        {
            return false;
        }
    }
    #endregion
}
```

8.6　山顶点提取

山顶点是指在山体控制范围内比周围都要高的点，它是描述地形结构的重要特征点。山顶点自动提取是数字地形分析领域的重要研究内容之一，目前基于 DEM 数据进行山顶点提取的技术方法大体可分为三种类型：①基于图像处理技术的山顶点提取方法；②基于地表几何形态分析技术的山顶点提取方法；③基于地表水流的水文学模拟方法。

上述方法中，最常用的是基于地表几何形态分析技术对特定区域内的山顶点进行提取。该方法一般采用邻域滑动窗口方法，即在规则的局部窗口内，通过计算地形特征因子来确定当前栅格点的特征属性，这种方法计算简单、运行效率较高，应用比较广泛。下面将介绍利用邻域滑窗法提取山顶点的实例。

通过自定义工具(Tool)，实现山顶点提取的功能，流程如下：

(1) 在解决方案“AEBook”中新建工程“App.Plugins.Custom.Tool_GetPeek”，同样，该工程不是 Windows Form 窗体应用程序，而是一个类库，编译后的输出结果也是一个动态链接库(App.Plugins.Custom.Tool_GetPeek.dll)文件。

(2) 自定义工具是一个插件，不能独立执行，需要用一个宿主程序加载该插件。这里还是使用第 7 章中编写调试的插件框架(见配套代码中的 App.Plugins.Framework 工程)，因此，需要设置工程“App.Plugins.Custom.Tool_GetPeek”的输出目录为插件框架可执行程序“App.Plugins.Framework.exe”所在文件夹下的“Plugins”。

(3) 在工程“App.Plugins.Custom. Tool_GetPeek”中添加新建项，选择“ArcGIS”→“Extending ArcObjects”，添加一个“Base Tool”，将代码文件名称设置为“Tool_GetPeek.cs”。

(4) 山顶点提取的功能代码主要在“Tool_GetPeek.cs”文件中，山顶点提取代码的逻辑流程如图 8.14 所示，程序运行结果如图 8.15 所示，具体代码分析见【代码 8.5】。

图 8.14　山顶点提取代码的逻辑流程

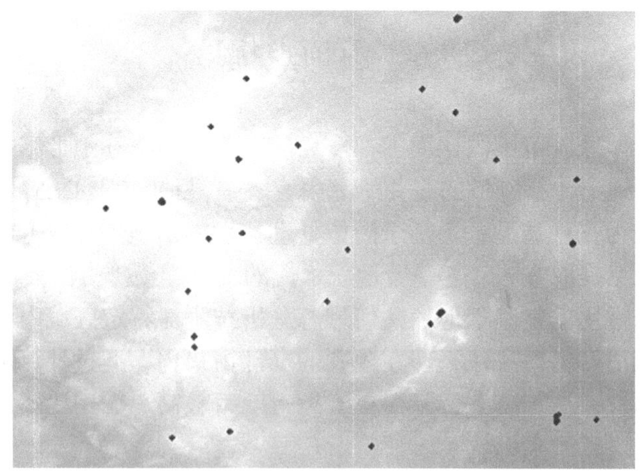

图 8.15　山顶点提取结果

【代码 8.5】　山顶点提取

(参见本书配套代码 App.Plugins.Custom. Tool_GetPeek 工程中的 Tool_GetPeek.cs)

```
public sealed class Tool_GetPeek : BaseTool
{
    private IHookHelper m_hookHelper;
    IActiveView _pActiveView = null;//活动视图
    IPoint _pCenterPoint;//中心点

    //INewCircleFeedback 对象，用于交互式绘制并获得一个圆
    INewCircleFeedback _pCircleFeedback = null;
    string _szDemLayerName = "srtm_50_03.tif";//DEM 图层名称
    ISimpleLineSymbol _pFeedbackSymbol;//交互式绘制圆时的符号样式

    public Tool_GetPeek()
    {
        //
        // TODO: Define values for the public properties
        //
        base.m_category = "数字地形分析"; //localizable text
        base.m_caption = "山顶点分析";   //localizable text
        base.m_message = "山顶点分析";   //localizable text
        base.m_toolTip = "山顶点分析";   //localizable text
        base.m_name = "Tool_GetPeek";     //unique id, non-localizable
        try
        {
            //
            // TODO: change resource name if necessary
            //
            string bitmapResourceName = GetType().Name + ".bmp";
            base.m_bitmap = new Bitmap(GetType(), bitmapResourceName);
            base.m_cursor = new System.Windows.Forms.Cursor(
            GetType(), GetType().Name + ".cur");
        }
        catch (Exception ex)
        {
            System.Diagnostics.Trace.WriteLine(ex.Message, "Invalid Bitmap");
        }
    }

    #region Overridden Class Methods
    public override void OnCreate(object hook)
    {
```

```
    if (m_hookHelper == null)
        m_hookHelper = new HookHelperClass();

    m_hookHelper.Hook = hook;

    // TODO:   Add Tool_GetPeek.OnCreate implementation
    _pFeedbackSymbol = new SimpleLineSymbolClass();//创建简单线符号对象
    //设置线符号的绘制模式为 ROPNotXOrPen
    ((ISymbol)_pFeedbackSymbol).ROP2 = esriRasterOpCode.esriROPNotXOrPen;
    IRgbColor pSolidColor = new RgbColorClass();
    pSolidColor.Red = 255;
    _pFeedbackSymbol.Color = pSolidColor;//设置线符号颜色为红色
    _pFeedbackSymbol.Width = 1;//设置线符号宽度
}

public override void OnClick()
{
    // TODO: Add Tool_GetPeek.OnClick implementation
    _pActiveView = m_hookHelper.ActiveView;

    //清除_pCircleFeedback 对象内存，释放资源
    Shared.Base.CCommonUtils.GetInstance().DisposeComObj(_pCircleFeedback);
    _pCircleFeedback = null;

    _szDemLayerName = "srtm_50_03.tif";//设置 DEM 图层名称
}

public override void OnMouseDown(int Button, int Shift, int X, int Y)
{
    // TODO:   Add Tool_GetPeek.OnMouseDown implementation
    if (Button == 1)//单击鼠标左键
    {
        if (_pCircleFeedback == null)
        {
            //得到山顶点提取区域中心点的地图坐标
            _pCenterPoint = _pActiveView.ScreenDisplay.DisplayTransformation.
                ToMapPoint(X, Y);
            //创建 NewCircleFeedback 对象
            _pCir cleFeedback = new NewCircleFeedbackClass();
            //设置_pCircleFeedback 的屏幕显示对象
```

```
                _pCircleFeedback.Display = _pActiveView.ScreenDisplay;
                //设置交互式绘制的符号样式
                _pCircleFeedback.Symbol = (ISymbol)_pFeedbackSymbol;
                _pCircleFeedback.Start(_pCenterPoint);//启动交互式绘制一个圆形区域
            }
        }
    }

    public override void OnMouseMove(int Button, int Shift, int X, int Y)
    {
        // TODO:  Add Tool_GetPeek.OnMouseMove implementation
        if (_pCircleFeedback != null)
        {
            //_pCircleFeedback 移动至鼠标当前位置
            IScreenDisplay pDisplay = _pActiveView.ScreenDisplay;
            IPoint pLastPoint = pDisplay.DisplayTransformation.ToMapPoint(X, Y);
            _pCircleFeedback.MoveTo(pLastPoint);

            Shared.Base.CCommonUtils.GetInstance().DisposeComObj(pDisplay);
            pDisplay = null;
            Shared.Base.CCommonUtils.GetInstance().DisposeComObj(pLastPoint);
            pDisplay = null;
        }
    }

    public override void OnMouseUp(int Button, int Shift, int X, int Y)
    {
        // TODO:  Add Tool_GetPeek.OnMouseUp implementation
        try
        {
            if (_pCircleFeedback != null)
            {
                //结束交互式绘制过程，得到圆形区域即为山顶点分析的区域
                ICircularArc pCircle = _pCircleFeedback.Stop();
                //进行山顶点提取
                bool b = GetPeek(
                    m_hookHelper.ActiveView,
                    _szDemLayerName,
                    pCircle,
                    m_hookHelper.FocusMap);
```

```
                if (!b)
                    MessageBox.Show("出现异常情况！！");

                //释放资源
                CCommonUtils.GetInstance().DisposeComObj(_pCenterPoint);
                _pCenterPoint = null;
                CCommonUtils.GetInstance().DisposeComObj(_pCircleFeedback);
                _pCircleFeedback = null;
            }
        }
        catch
        {
            Shared.Base.CCommonUtils.GetInstance().DisposeComObj(_pCenterPoint);
            _pCenterPoint = null;
            Shared.Base.CCommonUtils.GetInstance().DisposeComObj(_pCircleFeedback);
            _pCircleFeedback = null;
        }
    }
    #endregion

    //基于 DEM 提取圆形区域内部的山顶点
    bool GetPeek(IActiveView pView,
    string szDEMLyrName,
    ICircularArc pCircle,
    IMap pMap)
    {
        try
        {
            #region 获取栅格图层及其地理范围
            ILayer pLayer = CLayerHelper.GetInstance().GetRasterLayer(
                szDEMLyrName, pMap);
            if (pLayer == null)
                return false;
            IRasterLayer pRasterLayer = pLayer as IRasterLayer;
            if (pRasterLayer == null)
                return false;
            IGeoDataset pGeoDataset = pRasterLayer as IGeoDataset;
            if (pGeoDataset == null)
                return false;
            IEnvelope pEnv = pGeoDataset.Extent;
```

```
#endregion

#region 创建需要提取山顶点的区域(圆形区域)的 Shape 文件
object pMiss = Type.Missing;//默认参数
//设置 Shape 文件名称
string szDir = System.Windows.Forms.Application.StartupPath + "\\TempFiles";
if (!System.IO.Directory.Exists(szDir))
    System.IO.Directory.CreateDirectory(szDir);
string szFileTime = DateTime.Now.ToFileTime().ToString();
string szFileNamePoly = "GetPeek_" + szFileTime;
//构造 Polygon 几何实体，该多边形是一个圆形区域
//实际上是要进行山顶点提取的圆形区域
IPolygon pPolygon = new PolygonClass();
ISegmentCollection pSegColl = pPolygon as ISegmentCollection;
pSegColl.AddSegment(pCircle as ISegment, ref pMiss, ref pMiss);
//判断该区域是否有相应的 DEM 数据
if (!CSpatialRelationOperator.IsFirstGeometryContainsSecond(pEnv, pPolygon))
{
    System.Windows.Forms.MessageBox.Show(
        "该区域不存在 DEM 数据，分析失败！", "地形分析提示信息");
    return false;
}
//创建圆形区域的 Shape 文件
IFeatureClass pFeatureClassPolygon =
    CShapeFileHelper.CreateShapeFileByOneFeature(
     szDir,
     pMap.SpatialReference as ISpatialReference2,
     pPolygon, szFileNamePoly,
     esriGeometryType.esriGeometryPolygon);
if (pFeatureClassPolygon == null)
    return false;
IGeoDataset pFeatureGeoDatasetPoly = pFeatureClassPolygon as IGeoDataset;
if (pFeatureGeoDatasetPoly == null)
    return false;
#endregion

#region 利用圆形区域对 DEM 进行裁剪
string szFileNameRaster = "RasClip" + szFileTime + ".tif";
bool b = Shared.Base.CAGSGeoAnalyst.ClipRasterDataset(pGeoDataset,
    pFeatureGeoDatasetPoly, szDir + "\\" + szFileNameRaster);
```

```
if (!b)
    return false;
IRasterWorkspace2 pRasterWks = null;
b = Shared.Base.CWorkspaceHelper.OpenWorkspace_Raster(
    szDir, ref pRasterWks);
if (!b)
    return false;
IRasterDataset pRasterDataset = pRasterWks.OpenRasterDataset(
    szFileNameRaster);
if (pRasterDataset == null)
    return false;
#endregion

#region 山顶点提取
//创建栅格邻域窗口设置对象
IRasterNeighborhood pRasterNeighborhood = new RasterNeighborhoodClass();
// 设置邻域滑窗的宽度和高度(都为 50)
pRasterNeighborhood.SetRectangle(
    50,
    50,
    ESRI.ArcGIS.GeoAnalyst.esriGeoAnalysisUnitsEnum.esriUnitsCells);

//创建邻域分析接口对象
INeighborhoodOp pNeighborhoodOP = new RasterNeighborhoodOpClass();
//通过 FocalStatistics 函数进行局部统计，统计高程极大值
IGeoDataset pGeoDatasetFocalResult = pNeighborhoodOP.FocalStatistics(
    pRasterDataset as IGeoDataset,
    esriGeoAnalysisStatisticsEnum.esriGeoAnalysisStatsMaximum,
    pRasterNeighborhood,
    true);

//创建栅格地图代数操作接口
IMapAlgebraOp pAlgebra = new RasterMapAlgebraOpClass();
//设置地图代数运算的两个输入栅格
//pRasterDataset 为圆形区域栅格数据
//pGeoDatasetFocalResult 为通过局部最大值统计得到的栅格数据
pAlgebra.BindRaster(pRasterDataset as IGeoDataset, "A");
pAlgebra.BindRaster(pGeoDatasetFocalResult, "B");
//通过条件表达式计算原始高程数据和局部高程最大值差值为 0 的栅格单元，
//这些单元即为山顶点
```

```
IGeoDataset pGeoDatasetMinuslResult = pAlgebra.Execute("[A] - [B] == 0");

IReclassOp pReclassOp = new RasterReclassOpClass();//创建栅格重分类接口
INumberRemap pNumRemap = new NumberRemapClass();//栅格重分类参数
//将 pGeoDatasetMinuslResult 中的 0 值设置为 NoData
pNumRemap.MapValueToNoData(0);
//将 pGeoDatasetMinuslResult 中的 1 值仍然设置为 1
pNumRemap.MapValue(1, 1);
IRemap pRemap = pNumRemap as IRemap;
//进行栅格重分类，重分类的结果 pGeoDatasetReclassResult 中只
//有 1 和 NoData 两种值，数值为 1 的栅格像元即为山顶点
IGeoDataset pGeoDatasetReclassResult = pReclassOp.ReclassByRemap(
    pGeoDatasetMinuslResult,
    pRemap,
    true);

//创建 Shape 工作空间对象
IWorkspaceFactory pWorkspaceFactoryShp = new
    ShapefileWorkspaceFactoryClass();
IWorkspace pWorkspace = pWorkspaceFactoryShp.OpenFromFile(szDir, 0);
string szFileNamePeeks = "Peeks_" + szFileTime;//山顶点矢量数据文件名称
//创建栅格数据转换对象
IConversionOp pConversionOp = new RasterConversionOpClass();
//将 pGeoDatasetReclassResult 转换为 Shp 文件，得到山顶点矢量数据
IGeoDataset pGeoDatasetPeeks = pConversionOp.RasterDataToPointFeatureData(
    pGeoDatasetReclassResult,
    pWorkspace,
    szFileNamePeeks);
#endregion

#region 创建山顶点矢量图层，单一符号渲染并加载至地图
//创建矢量图层
IDataset pDataset = pGeoDatasetPeeks as IDataset;
IFeatureClass pFeatureClass = pDataset as IFeatureClass;
IFeatureLayer pFeatureLayer = new FeatureLayerClass();
pFeatureLayer.FeatureClass = pFeatureClass;
pFeatureLayer.Name = "山顶点";
//创建简单点符号对象，设置符号样式、颜色和大小
IMarkerSymbol pMarkerSymbol = new SimpleMarkerSymbol();
ISimpleMarkerSymbol pSimpleMarkerSymbol = pMarkerSymbol as
```

```
            ISimpleMarkerSymbol;
        pSimpleMarkerSymbol.Style = esriSimpleMarkerStyle.esriSMSDiamond;
        pMarkerSymbol.Color = CColorHelper.GetRGBColor(255, 0, 0);
        pMarkerSymbol.Size = 4;
        //单一符号渲染图层并添加至地图
        ISimpleRenderer pSimpleRender = new SimpleRendererClass();
        pSimpleRender.Symbol = pMarkerSymbol as ISymbol;
        IGeoFeatureLayer pGeoFeatureLayer = pFeatureLayer as IGeoFeatureLayer;
        pGeoFeatureLayer.Renderer = pSimpleRender as IFeatureRenderer;
        m_hookHelper.FocusMap.AddLayer(pFeatureLayer as ILayer);
        _pActiveView.Refresh();
        #endregion

        #region 释放资源
        Shared.Base.CCommonUtils.GetInstance().DisposeComObj(pGeoFeatureLayer);
        pGeoFeatureLayer = null;
        Shared.Base.CCommonUtils.GetInstance().DisposeComObj(pDataset);
        pDataset = null;
        Shared.Base.CCommonUtils.GetInstance().DisposeComObj(pGeoDatasetPeeks);
        pGeoDatasetPeeks = null;
        CCommonUtils.GetInstance().DisposeComObj(pWorkspaceFactoryShp);
        pWorkspaceFactoryShp = null;
        CCommonUtils.GetInstance().DisposeComObj(pGeoDatasetReclassResult);
        pGeoDatasetReclassResult = null;
        CCommonUtils.GetInstance().DisposeComObj(pGeoDatasetMinuslResult);
        pGeoDatasetMinuslResult = null;
        CCommonUtils.GetInstance().DisposeComObj(pGeoDatasetFocalResult);
        pGeoDatasetFocalResult = null;
        Shared.Base.CCommonUtils.GetInstance().DisposeComObj(pRasterDataset);
        pRasterDataset = null;
        #endregion

        return true;
    }
    catch
    {
        return false;
    }
  }
}
```

第 9 章　北斗/GPS 实时定位导航指挥系统

9.1　概　　述

9.1.1　卫星导航系统概述

卫星导航系统是采用导航卫星对地面、海洋、空中和空间用户进行导航定位的技术，它综合了传统导航系统的优点，真正实现了各种天气条件下全球高精度被动式导航定位，不但能提供全球和近地空间连续立体覆盖、高精度三维定位和测速，而且抗干扰能力强。常见的全球卫星导航系统如图 9.1 所示。

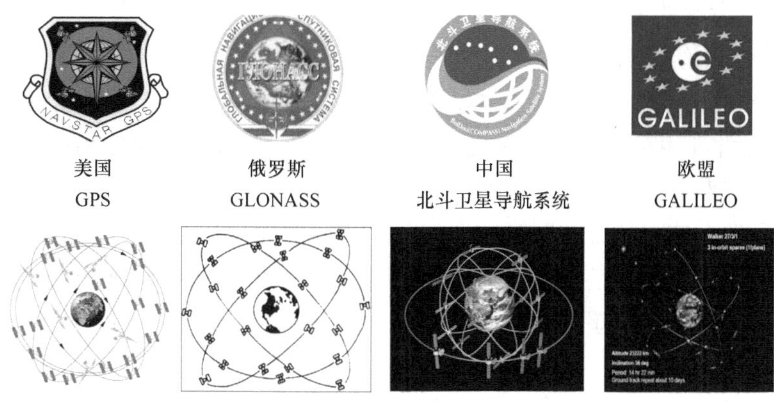

图 9.1　常见的全球卫星导航系统

卫星导航系统由导航卫星(空间星座部分)、地面台站(地面控制部分)和用户定位设备(用户设备部分)三个部分组成，如图 9.2 所示。

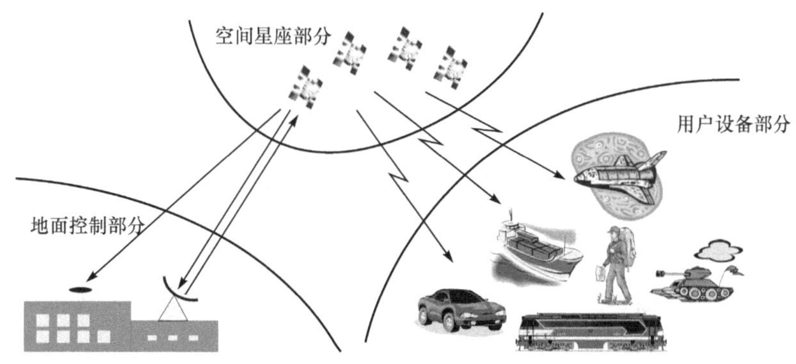

图 9.2　卫星导航系统的组成

(1) 导航卫星(空间星座部分)：卫星导航系统的空间部分，由多颗导航卫星构成空间导航网。

(2) 地面台站(地面控制部分)：跟踪、测量和预报卫星轨道并对卫星上设备工作进行控制管理，通常包括跟踪站、遥测站、计算中心、注入站及时间统一系统等部分。跟踪站用于跟踪和测量卫星的位置坐标；遥测站接收卫星发来的遥测数据，以供地面监视和分析卫星上设备的工作情况；计算中心根据这些信息计算卫星的轨道，预报下一段时间内的轨道参数，确定需要传输给卫星的导航信息，并由注入站向卫星发送。

(3) 用户定位设备(用户设备部分)：通常是指用户接收机，包括手持机、车载终端、舰载终端等，它接收卫星发来的微弱信号，从中解调并译出卫星轨道参数和定时信息等，同时测出导航参数，再由计算机算出用户的位置坐标(二维坐标或三维坐标)和速度矢量分量。

9.1.2 GPS 和北斗

GPS 是美国研制的全球卫星导航系统，即 navigation system timing and ranging/global positioning system(授时与测距导航系统/全球定位系统)。GPS 起源于 1973 年美国国防部组织的新一代卫星导航系统计划，它能连续提供三维位置(经度、纬度、高度) 、三维速度和精确时间，实现连续实时的导航定位。GPS 系统的建成促进了无线电导航系统的现代化，成为无线电导航进入 21 世纪的重要标志。

北斗卫星导航系统是我国自主研制的全球卫星导航系统，按照三步走的总体规划分步实施：第一步，1994 年启动北斗卫星导航试验系统建设，2000 年形成区域有源服务能力；第二步，2004 年启动北斗卫星导航系统建设，2012 年形成区域无源服务能力；第三步，2020 年北斗卫星导航系统形成全球无源服务能力。

北斗卫星导航系统包括开放服务和授权服务两种方式。其中，开放服务是向全球免费提供定位、测速和授时服务，定位精度为 10m，测速精度为 0.2m/s，授时精度 10ns；授权服务则是为有高精度、高可靠卫星导航需求的用户，提供定位、测速、授时和通信服务以及系统完好性信息。

相比于其他卫星导航系统，北斗卫星导航系统的优势主要体现在下述方面：

(1) 混合轨道。北斗卫星导航系统的轨道是个特殊的混合轨道，可提供更多的可见卫星。卫星越多，导航定位的精度就越高，越能支持更长的连续观测的时间和提供越高精度的导航数据。

(2) 通信功能。北斗卫星导航系统和美国 GPS、俄罗斯 GLONASS 相比，增加了通信功能，一次可传送多达 120 个汉字的信息。

(3) 位置报告。用户与用户之间可以实现数据交换。到了信息中心，可以自动算出发射的时间和位置，信息量比 GPS 更多。

(4) 模式兼容。北斗全球卫星导航系统功能具备与 GPS、GALILEO 广泛的互操作性。北斗多模用户机可以接收北斗、GPS、Galileo 信号，稳定性更高。

9.1.3 北斗指挥系统基本原理

北斗指挥系统可以是两层结构或多层结构。如果是两层结构，则由一台中心指挥机和多台基本用户机组成，从隶属关系上看，多台基本用户机是中心指挥机的下级。对于多层结构，则由中心指挥机、节点指挥机和基本用户机组成，从隶属关系上看，基本用户机是节点指挥机的下级，而节点指挥机则是中心指挥机的下级，从上至下构成完整的指挥链路(图 9.3)。

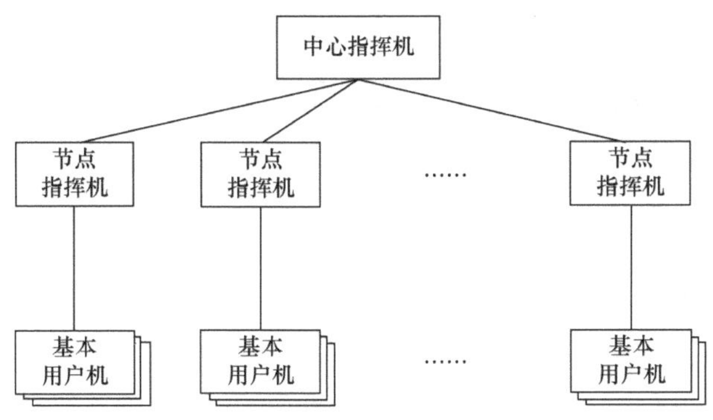

图 9.3　北斗指挥系统的指挥层级

北斗指挥系统的主要需求除了包括地图管理、态势标绘、地理地形分析等军事地理信息系统的基础功能之外，最核心的是能够实现目标实时监控，包括北斗数据采集、北斗设备管理及目标信息管理、北斗设备与目标关系管理、目标显示样式管理、目标实时监控、历史任务管理与回放分析、北斗报文通信、视图管理等。其最主要的功能包括：

(1) 北斗数据采集。利用用户定位设备(手持机、车载机、舰载设备等)实时获得用户当前位置、姿态等信息。因为用户定位设备和指挥机之间建立了隶属关系，在 RDSS 模式下，指挥机可以自动接收下属用户机信息，所以下属用户机的定位信息和报文信息，指挥机都能同时收到。

(2) 北斗数据解析。指挥机获取下属用户机的定位信息后，需要依据标准北斗协议对数据进行解析，即利用异步串行通信，遵照工业标准 RS232 接口，依据北斗用户机数据接口要求(北斗一号 4.0 协议、北斗二号 2.1 协议)，从串行口获取北斗定位信息、姿态信息、通信电文、状态信息和命令信息。

(3) 目标动态显示。通过北斗数据解析，获取到目标的实时位置及姿态，就可以利用 ArcGIS Engine 的相关接口进行目标动态渲染。ArcGIS Engine 的动态显示方法可以采用 Graphics Element，也可以采用 Dynamic Display 技术，将在后续内容中详细介绍。

9.2　组播通信与实时定位数据模拟

9.2.1　松散耦合与组播通信

上文中阐述了北斗指挥系统的基本原理，实际上，除了北斗导航定位数据外，GPS 定位数据、其他卫星导航系统定位数据、雷达测量数据、相控阵雷达数据、遥测地面站数据等所有的定位数据，都可以采用统一的方式进行动态渲染和展现。

如何用统一的、标准的界面将各种实时位置测量数据接入地理信息平台？笔者在工程实践中，采用了“松散耦合”的设计思想，具体如下：为了保证目标动态显示逻辑的独立性，**将实时定位数据的解析同目标的实时显示相分离**，即实时目标数据的获取解析操作不能内嵌于通用定位导航指挥系统的程序逻辑中，而是以松散耦合、分布式配置的方式同其相分离，各自以独立的可执行程序存在(图 9.4)。两者之间的数据交换通过 UDP 组播协议来进行，其对应关系是一对多的。数据解析逻辑与目标实时显示逻辑相分离，就使得在实时位置数据结构发生变化、扩展新的实时测量数据时，目标实时显示逻辑基本不需要改变。

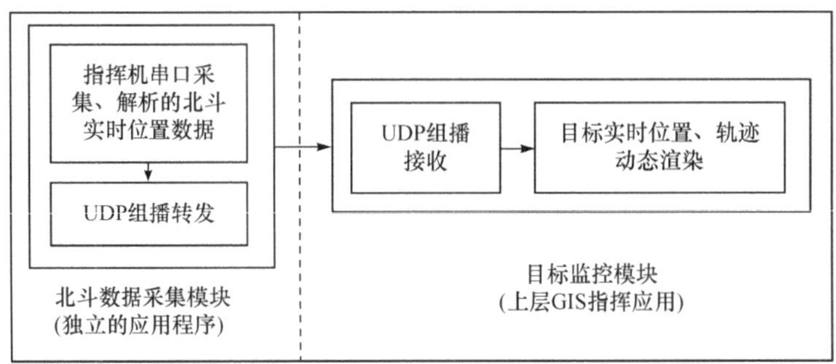

图 9.4 采用“松散耦合”思想分离实时数据和数据渲染逻辑

从图 9.4 可以看出，通过指挥机串口采集并依据标准协议解析出来的北斗数据，需要再通过 UDP 组播协议发送给上层 GIS 应用，为什么要采用 UDP 组播协议进行上下层应用的通信呢？一方面，需要解决上下两层逻辑通过物理网络的数据传输问题，即如何实现实时定位数据通过以太网与上层的监控显示应用进行通信。另一方面，在对移动目标设备实时显示过程中，需要支持多机位操作，即需要将监控显示上层应用分别部署到局域网的多台计算机上。

目前，基于以太网解决实时数据通信的方式主要有三种，分别是单播、组播和广播。单播(unicast)，又称单路广播传输，即通信之前需要建立通信双方的逻辑信道，这样可以把实时定位数据发送到指定的上层指挥显示应用，通信双方是一对一的关系。广播(broadcast)，又称多路广播传输，指实时定位数据发送逻辑可以向子网内所有主机发送信息，子网内所有主机都能收到实时定位数据，可以实现一对多的通信。组播(multicast)，组播和广播统称多播，都可实现一对多的通信，但和广播通信的实现机制不同，组播是介于单播和广播之间的一种传输模式，它把实时定位数据发送到加入了适当的“多路广播组”的主机，上层指挥显示应用只有发出加入“组”的请求，才能得到传输的实时定位数据流，原来的数据复制转发工作由路由器完成，每个子网只出现一个多地址的流，即组播流。实际上，广播可以认为是“组”范围最大化的组播。当然，组播和广播还是存在显著区别的：第一，广播被限制在子网内，不会被路由器转发。第二，子网内的节点会被默认为是接收者，而组播方式则需要网络节点主动加入“组”。

结合上面阐述各种通信方式的特点，现将各种通信方式对北斗/GPS 实时定位导航指挥系统的可用性做如下评价。

(1) 单播的数据通信方式是不符合应用场景的，原因是接收机获取目标的实时数据必须通过局域网同时发送给多个席位、分布在网络上的多个业务处理节点。而单播本质上是点对点、一对一的通信，为了实现一对多的通信，必须在源点与各个接收点之间建立多个逻辑信道、占用多个通信端口，这样，从源点开始，就将有多份数据流分别流向分散的接收点。这种方式将加重源点的负荷，增大对服务器性能的要求，同时还在网络中造成大流量，从而增加网络的负载，导致网络拥塞。

(2) 广播通信方式也不适应于北斗/GPS 实时定位导航指挥系统的应用场景，这是因为广播采用的通信方式是把目标的实时数据传送到当前网段的每个节点上，不管这个节点是否需要该目标的实时数据，这样就会造成带宽及各网络节点处理资源浪费。另外，广播通信不能穿透路由器实现跨越多个子网的导航定位实时数据传输，因此广播通信方式也可以排除。

出于对网络带宽和 CPU 负担的考虑，同时要实现实时位置数据跨路由器的传输，本书选择 UDP 组播数据通信作为基本方式。

9.2.2　实时定位数据发送模拟器

根据前文分析，在北斗实时定位导航指挥系统设计时，将数据获取和数据展现相分离，考虑读者不一定有指挥型北斗用户机，下面我们将写一个模拟实时定位数据发送的程序，即实时定位数据发送模拟器(图 9.5)。该模拟器通过代码生成模拟定位数据，并通过 UDP 组播协议将数据帧发送到以太网上。

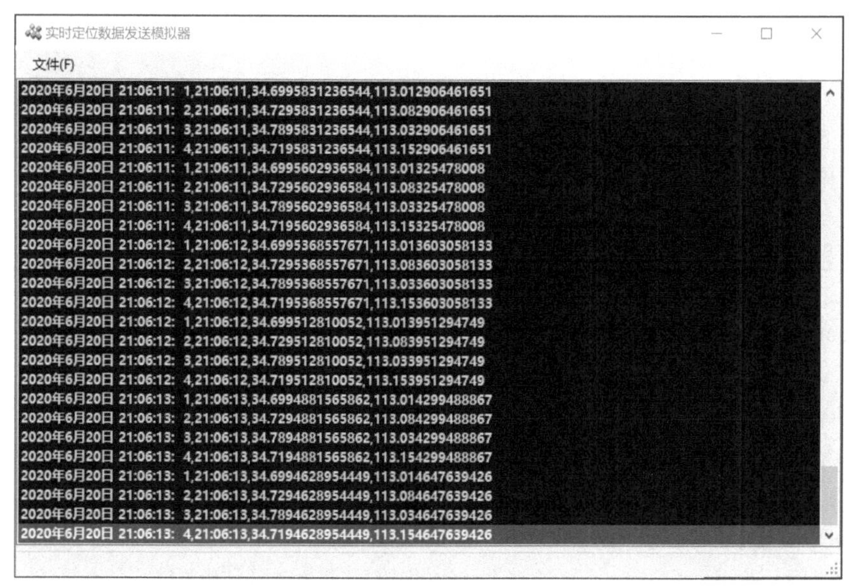

图 9.5　实时定位数据发送模拟器

首先，分析用于进行组播发送的类 CMultiCastSender。

【代码 9.1】　CMultiCastSender 类实现组播发送
(参见本书配套代码 App.PosService.BDSControlCenter 工程中的 CMultiCastSender.cs)

```
public class CMultiCastSender
{
    private IPAddress _pMulticastIP = null;//定义组播组地址
    private int _nPort = 0;//组播端口

    public IPAddress MultiCastIp//封装组播地址为属性
    {
        set
        {
            _pMulticastIP = value;
        }
        get
        {
            return _pMulticastIP;
```

```
        }
    }

    public int Port//组播端口号
    {
        set
        {
            _nPort = value;
        }
        get
        {
            return _nPort;
        }
    }

    public Boolean SendData(byte[] bytes)//发送字节数组数据
    {
        Boolean bRet = false;

        //创建 IPEndPoint 对象,用组播地址和端口号对其初始化
        IPEndPoint pMulticastIep = new IPEndPoint(this.MultiCastIp, this.Port);
        UdpClient pSendUdpClient = new UdpClient();//创建 UDP 传输客户端对象
        pSendUdpClient.EnableBroadcast = true;//开启 UDP 组播

        try
        {

            pSendUdpClient.Send(bytes, bytes.Length, pMulticastIep);
        }
        catch
        {
            bRet = false;
        }
        finally
        {
            pSendUdpClient.Close();//关闭 UDP 客户端，释放网络资源
            bRet = true;
        }
        return bRet;
    }
}
```

关于 CMultiCastSender 类和组播通信，需要注意以下几点。

(1) CMultiCastSender 类封装了利用 UDP 协议进行组播数据传输的操作，其最关键的是 SendData 函数，该函数可以将字节流发送到组播组中，被同一组播组中的其他计算机接收到。

(2) 组播通信是基于 IP 组播地址构建的。IP 组播地址即 IPv4 地址编码中的 D 类 IP 地址，范围从 224.0.0.0 到 239.255.255.255，并被划分为**保留组播地址、用户组播地址和本地管理组播地址**三类。保留组播地址范围为 224.0.0.0 至 224.0.0.255，这是为路由协议和其他用途保留的地址，路由器并不转发属于此范围的 IP 包。例如，224.0.0.1 表示子网中所有的组播组，224.0.0.2 表示子网中的所有路由器，224.0.0.4 表示 DVMRP(距离向量组播路由协议)路由器，224.0.0.5 表示 OSPF(开放最短路径优先路由协议)路由器等。**用户组播地址从 224.0.2.0 到 238.225.225.225，是用来进行域内及域外组播通信的地址范围**。本地管理组播地址的范围为从 239.0.0.0 到 239.225.225.225，主要用于本地被管理的或特定位置的组播应用，类似于私有用户地址，可限制组播范围。

(3) 使用同一个 IP 组播地址接收组播数据包的所有主机就构成了组播组，每一个组播组对应于一个动态分配的 D 类地址。组播和单播的不同就在于单播通信的目的地址是一个具体的主机地址，而组播通信中，组播源发出的数据包目的地址是一个组地址，该组地址可能对应于多个网络自治域中的组成员。

(4) 根据上文的解释，我们可以知道，对于 CMultiCastSender 类的私有数据成员 _pMulticastIP 来说，其代表了组播源要将数据发送到组播组的地址，即组地址，它的范围可以是从 224.0.2.0 到 238.225.225.225 的任何一个地址。在后面的主窗体代码分析中能够看到，笔者设置的组播组地址是 233.0.0.1。

下面来分析地图数据帧的结构。

【代码 9.2】　CMapPack 类定义了地图数据帧的结构
(参见本书配套代码 App.PosService.BDSControlCenter 工程中的 CMapPack.cs)

```
public class CMapPack
{
    public string _szDeviceID;//北斗设备编号(唯一标识北斗用户设备)
    public DateTime _dtTime;//定位时间
    public double _Lat;//纬度
    public double _Lon;//经度
    public double _H;//高程

    //构造函数
    public CMapPack()
    {

    }

    //将地图数据帧封装成可以在网络上传输的字节流
```

```
public byte[] ToBytes()
{
    MemoryStream pMemoryStream = new MemoryStream();//定义内存流对象
    //定义二进制写对象，并将其绑定到内存流中
    BinaryWriter pBinWriter = new BinaryWriter(pMemoryStream);

    pBinWriter.Write(_szDeviceID);//向内存流中写入北斗设备编码
    pBinWriter.Write(_dtTime.ToString());//写入定位时间
    pBinWriter.Write(_Lat);//写入纬度
    pBinWriter.Write(_Lon);//写入经度
    pBinWriter.Write(_H);//写入高程

    byte[] pBytes = pMemoryStream.GetBuffer();//将内存流转换为字节数组

    //关闭并释放资源
    pBinWriter.Close();
    pMemoryStream.Close();
    pMemoryStream.Dispose();

    //返回字节数组
    return pMemoryStream.GetBuffer();
}

//解析字节数组并返回地图数据包 CMapPack 对象
public static CMapPack FromBytes(byte [] pBytes)
{
    try
    {
        CMapPack pMapPack = new CMapPack();//创建地图数据包并分配内存
        //创建内存流对象
        MemoryStream pMemoryStream = new MemoryStream(pBytes);
        //创建二进制读对象，并绑定到内存流上
        BinaryReader pBinReader = new BinaryReader(pMemoryStream);
        //从内存流中读出北斗设备编码
        pMapPack._szDeviceID = pBinReader.ReadString();
        //读出定位时间
        pMapPack._dtTime = DateTime.Parse(pBinReader.ReadString());
        pMapPack._Lat = pBinReader.ReadDouble();//读出纬度
        pMapPack._Lon = pBinReader.ReadDouble();//读出经度
        pMapPack._H = pBinReader.ReadDouble();//读出高程
```

```
            //关闭并释放资源
            pBinReader.Close();
            pMemoryStream.Close();
            pMemoryStream.Dispose();

            //返回地图数据包
            return pMapPack;
        }
        catch
        {
            return null;
        }
    }
}
```

下面来分析主窗体代码。主窗体代码实现了四个目标实时定位数据的模拟及利用 CMultiCastSender 类将定位数据发送到组播组中。

【代码 9.3】　主窗体代码

(参见本书配套代码 App.PosService.BDSControlCenter 工程中的 Form_Main.cs)

```
public partial class Form_Main : Form
{
    //定义代理 AddLogCallback，用于采用异步调用的方式在列表控件 listBox_Main
    //中写入日志信息(如果不采用异步方式写入日志，会导致主界面阻塞)
    delegate void AddLogCallback(string szText);
    //定义代理 AddLogCallback 的一个实例_pAddLogCallBack
    AddLogCallback _pAddLogCallBack = null;

    //定义组播组地址，该地址必须在 224.0.2.0 到 238.225.225.225 的范围内
    string _szMultiCastIP = "233.0.0.1";
    int _nMultiCastPort = 16260;//定义组播端口号

    public Form_Main()//窗体构造函数
    {
        InitializeComponent();
        _pAddLogCallBack = new AddLogCallback(Log);//将代理绑定到 Log 函数
    }

    //函数 SendDataPack 用于将地图数据帧发送到组播组中，
    //供属于同一组播组的多个节点接收
    void SendDataPack(CMapPack pPack)
    {
```

```
    #region 组播发送
    try
    {
        //定义组播发送对象，并初始化其组播组地址和端口号
        CMultiCastSender pSendPackage = new CMultiCastSender();
        pSendPackage.MultiCastIp = IPAddress.Parse(_szMultiCastIP);
        pSendPackage.Port = _nMultiCastPort;
        //将地图数据帧 pPack 发送至组播组地址
        pSendPackage.SendData(pPack.ToBytes());
    }
    catch
    {
        Log("发送失败！");
    }
    #endregion
}

private void ToolStripMenuItem_Exit_Click(object sender, EventArgs e)
{
    Close();
}

//日志函数
void Log(string szTxt)
{
    if (this.listBox_Main.InvokeRequired)
    {
        listBox_Main.Invoke(_pAddLogCallBack, szTxt);
    }
    else
    {
        szTxt = DateTime.Now.ToLongDateString() + " "
            + DateTime.Now.ToLongTimeString() + ":    " + szTxt;
        listBox_Main.Items.Add(szTxt);
        listBox_Main.SelectedIndex = listBox_Main.Items.Count - 1;
    }
}

private void ToolStripMenuItem_SendMapPack_Click(object sender, EventArgs e)
{
```

```
    timer_SendMapPack.Enabled = true;
}

int nCount = 0;

//在 timer_SendMapPack_Tick 事件中模拟四个实时目标的定位数据，
//并利用组播协议发送至组播组中
private void timer_SendMapPack_Tick(object sender, EventArgs e)
{
    int N = 3600;
    double X1 = 113,X2=113.05,X3=113.01,X4=113.11;
    double Y1 = 34.5,Y2=34.55,Y3=34.6,Y4=34.55;
    double scale = 0.2;

    if (nCount <= N)
    {
        CMapPack pPack1 = new CMapPack();
        pPack1._dtTime = DateTime.Now;
        pPack1._szDeviceID = "1";
        pPack1._Lat = Y1 + scale * Math.Cos(2 * Math.PI * nCount / N);
        pPack1._Lon = X1 + scale * Math.Sin(2 * Math.PI * nCount / N);
        pPack1._H = 0;
        SendDataPack(pPack1);
        Log(pPack1._szDeviceID + "," + pPack1._dtTime.ToLongTimeString()
            + "," + pPack1._Lat + "," + pPack1._Lon);

        CMapPack pPack2 = new CMapPack();
        pPack2._dtTime = DateTime.Now;
        pPack2._szDeviceID = "2";
        pPack2._Lat = Y2 - 0.02 + scale * Math.Cos(2 * Math.PI * nCount / N);
        pPack2._Lon = X2 + 0.02 + scale * Math.Sin(2 * Math.PI * nCount / N);
        pPack2._H = 0;
        SendDataPack(pPack2);
        Log(pPack2._szDeviceID + "," + pPack2._dtTime.ToLongTimeString()
            + ","+ pPack2._Lat + "," + pPack2._Lon);


        CMapPack pPack3 = new CMapPack();
        pPack3._dtTime = DateTime.Now;
        pPack3._szDeviceID = "3";
```

```
                pPack3._Lat = Y3 - 0.01 + scale * Math.Cos(2 * Math.PI * nCount / N);
                pPack3._Lon = X3 + 0.01 + scale * Math.Sin(2 * Math.PI * nCount / N);
                pPack3._H = 0;
                SendDataPack(pPack3);
                Log(pPack3._szDeviceID + "," + pPack3._dtTime.ToLongTimeString()
                    + ","+ pPack3._Lat + "," + pPack3._Lon);


                CMapPack pPack4 = new CMapPack();
                pPack4._dtTime = DateTime.Now;
                pPack4._szDeviceID = "4";
                pPack4._Lat = Y4 - 0.03 + scale * Math.Cos(2 * Math.PI * nCount / N);
                pPack4._Lon = X4 + 0.03 + scale * Math.Sin(2 * Math.PI * nCount / N);
                pPack4._H = 0;
                SendDataPack(pPack4);
                Log(pPack4._szDeviceID + "," + pPack4._dtTime.ToLongTimeString()
                    + ","+ pPack4._Lat + "," + pPack4._Lon);

                nCount++;
            }
            else
                nCount = 0;
        }

        private void ToolStripMenuItem_StopMapPackData_Click(object sender, EventArgs e)
        {
            timer_SendMapPack.Enabled = false;
        }
    }
```

上述主窗体代码中，首先定义了一个计时器控件 timer_SendMapPack，将其 Interval 设置为 500，即每 500ms 执行一次 timer_SendMapPack_Tick。在 timer_SendMapPack_Tick 事件中实时模拟四个目标的位置，并利用组播通信将四个目标的位置信息发送到组播组中，供 GIS 应用解析并动态显示。

9.3　实时定位数据接收与缓存

9.3.1　组播数据接收

目前为止，通过数据发送模拟器解决了动态目标的实时定位数据模拟，并利用组播协议实现了基于 UDP 的位置数据实时发送。这些被发送到网络中的组播数据必须接收并解析，形成地图数据包，才能基于 ArcGIS Engine 进行动态显示。组播数据接收的流程如图 9.6 所示。

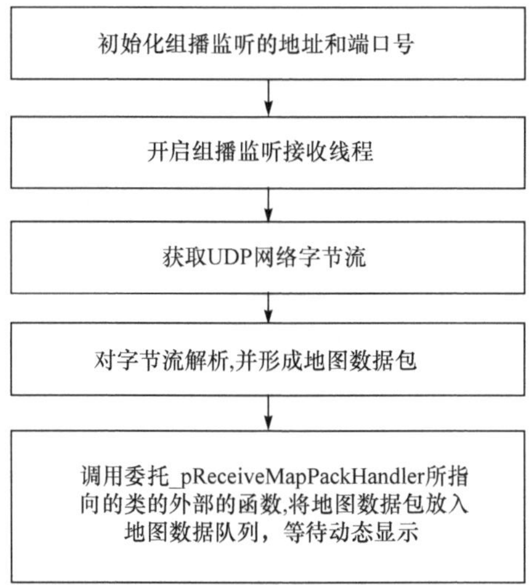

图 9.6　组播数据接收的流程

【代码 9.4】　组播数据接收代码分析

(参见本书配套代码 App.PosService.BDSGisServer 工程中的 CDataReceiver.cs)

```
//定义接收地图数据包的事件参数
public class RECEIVE_MAP_PACK_EventArgs : EventArgs
{
    public CMapPack _pMapPack = new CMapPack();
}

//定义委托，该委托用于指向接收到地图数据包时的处理事件
public delegate void RECEIVE_MAP_PACK_Handler(RECEIVE_MAP_PACK_EventArgs e);


public class CDataReceiver
{
    //单例模式，获取唯一的 CDataReceiver 对象
    private volatile static CDataReceiver _pInstance = null;
    private static readonly object _pLockHelper = new object();
    private CDataReceiver() { }
    public static CDataReceiver GetInstance()
    {
        if (_pInstance == null)
        {
            lock(_pLockHelper)
            {
                if (_pInstance == null)
                    _pInstance = new CDataReceiver();
```

```
            }
        }
        return _pInstance;
    }

    private Thread _pThreadDataReceiver = null;//接收地图数据包的线程
    private int _nPort = 16260;//组播端口号
    private string _szGroupAddr = "233.0.0.1";//组播组地址
    private UdpClient _pUdpClient = null;//UDP 客户端对象

    //定义代理对象，它类似于一个函数指针，
    //可以指向 CDataReceiver 类外部的某个处理函数，
    //用于在类外部接收到地图数据包时进行处理
    public RECEIVE_MAP_PACK_Handler _pReceiveMapPackHandler = null;

    //初始化组播组地址和监听端口号
    public void Init(int nPort, string szGroupAddr)
    {
        _nPort = nPort;
        _szGroupAddr = szGroupAddr;
    }

    //启动组播数据接收线程
    public bool Start()
    {
        try
        {
            if (_pThreadDataReceiver == null)
            {
                //定义 ThreadStart 对象，并指向 GetData 函数
                ThreadStart pThreadStart = new ThreadStart(GetData);
                _pThreadDataReceiver = new Thread(pThreadStart);
                //启动线程，开始执行 GetData 函数
                _pThreadDataReceiver.Start();
            }
            return true;
        }
        catch
        {
            Stop();
```

```
            return false;
        }
    }

//接收实时地图数据包，并对其进行处理
public void GetData()
{
    //获取数据并分析
    try
    {
        //创建 UDP 客户端对象，用于接收网络数据
        _pUdpClient = new UdpClient(_nPort);
        //加入到组播组
        _pUdpClient.JoinMulticastGroup(IPAddress.Parse(_szGroupAddr), 50);
        IPEndPoint pIPEndPoint = new IPEndPoint(IPAddress.Any, 0);
        Byte[] pBytes;

        //进入地图数据接收循环
        while (true)
        {
            //接收从远程主机发送的地图数据字节流
            pBytes = _pUdpClient.Receive(ref pIPEndPoint);
            if (pBytes.Length > 0)
            {
                //创建 RECEIVE_MAP_PACK_EventArgs 事件参数对象
                RECEIVE_MAP_PACK_EventArgs e =
                    new RECEIVE_MAP_PACK_EventArgs();

                //从网络字节流中解析出地图数据包，并构造完整的
                //RECEIVE_MAP_PACK_EventArgs 事件参数
                e._pMapPack = CMapPack.FromBytes(pBytes);

                if (e._pMapPack == null)
                    return;

                //该函数用于处理接收到的地图数据，
                //其实质是调用委托所指向的类外部的函数
                OnReceiveMapPack(e);
            }
        }
```

```
        }
        catch
        {
            //出现异常时，关闭 Udp 对象
            if (_pUdpClient != null)
            {
                _pUdpClient.Close();
            }
        }
    }

    //结束组播接收，释放网络资源
    public void Stop()
    {
        //关闭 Udp 客户端对象
        if (_pUdpClient != null)
        {
            _pUdpClient.Close();
            _pUdpClient = null;
        }
        //终止地图数据接收线程
        if (_pThreadDataReceiver != null)
        {
            _pThreadDataReceiver.Abort();
            _pThreadDataReceiver = null;
        }
    }

    //当接收到地图数据时触发该函数，该函数执行委托_pReceiveMapPackHandler
    //所指向的类外部的函数, 该外部函数在本例中是主窗体中的
    // ReceiveMapPackHandler 函数，用于将地图数据包放入地图数据队列
    public void OnReceiveMapPack(RECEIVE_MAP_PACK_EventArgs e)
    {
        if (_pReceiveMapPackHandler != null)
        {
            _pReceiveMapPackHandler(e);
        }
    }
}
```

9.3.2　地图数据包缓存

通过 UDP 组播协议从网络上接收到地图数据包之后，下一步要做的就是对地图数据包进行实时显示，进而驱动北斗目标动态展现。然而，还有一个问题不容忽视，就是当实时数据发送的速度很快时，如武器装备试验过程中的高速测控数据，其数据帧率是 50ms，则很难直接对其进行动态渲染，比较好的做法是对其“**先缓存，再显示**”，为此需要对地图数据包的缓存进行管理。缓存地图数据包，可以采用队列数据结构来实现。队列是一种特殊的线性表，它是先进先出(FIFO，first in first out)的数据结构，它能够在队头取出缓存的地图数据包(出列操作)，在队尾插入新接收到的地图包(入列操作)。

下面来分析地图数据缓存的代码，它通过 CMapPackQueen 类来实现。

【代码 9.5】　地图数据包缓存队列代码分析
(参见本书配套代码 App.PosService.BDSGisServer 工程中的 CMapPackQueen.cs)

```
//地图数据包队列
public class CMapPackQueen
{
    //单例模式，获取系统中唯一的地图数据包队列
    private volatile static CMapPackQueen _pInstance = null;
    private static readonly object _pLockHelper = new object();
    private CMapPackQueen() { }
    public static CMapPackQueen GetInstance()
    {
        if (_pInstance == null)
        {
            lock(_pLockHelper)
            {
                if (_pInstance == null)
                    _pInstance = new CMapPackQueen();
            }
        }
        return _pInstance;
    }

    //定义队列对象_pMapPackBuffer，用于缓存接收到的数据包
    Queue _pMapPackBuffer = new Queue();

    //地图数据包 CMapPack 入列
    public void Enqueue(CMapPack pMapPack)
    {
        _pMapPackBuffer.Enqueue(pMapPack);
    }
```

```
    //地图数据包 CMapPack 出列
    public CMapPack Dequee()
    {
        return _pMapPackBuffer.Dequeue() as CMapPack;
    }

    //清除地图数据包队列
    public void Clear()
    {
        _pMapPackBuffer.Clear();
    }

    //获取地图数据包队列
    public Queue GetQueen()
    {
        return _pMapPackBuffer;
    }

    //获取队列中的地图数据包的个数
    public int GetCount()
    {
        return _pMapPackBuffer.Count;
    }
}
```

到目前为止，我们已经接收到了实时数据，并将其放入地图数据缓存队列中，再对整个过程进行完整的梳理，包括以下内容。

(1) 实时定位数据模拟器 App.PosService.BDSControlCenter.exe 模拟实时地图数据包，并发送到 UDP 组播组上。

(2) 目标监控程序 App.PosService.BDSGisServer.exe 在主窗体的 Load 事件中打开背景地图，并设置地图数据包接收后的处理函数(pReceiveMapPackHandler 所指向的函数)，同时启动接收线程。该部分代码在工程 ***App.PosService.BDSGisServer*** 主窗体 ***Form_Main.cs*** 中。

```
    private void Form_Main_Load(object sender, EventArgs e)
    {
        //打开背景地图
    axMapControl_Main.LoadMxFile(Application.StartupPath +
    "\\Maps\\郑洛地区地貌晕渲图.mxd");

    //设置 CDataReceiver 中的委托_pReceiveMapPackHandler 所指向的处理函数，
    //该函数用于缓存地图数据包
        CDataReceiver.GetInstance()._pReceiveMapPackHandler = ReceiveMapPackHandler;
```

```
        //启动数据接收线程
        CDataReceiver.GetInstance().Start();
    }
```

(3) 接收线程启动后，通过 CDataReceiver 中的 GetData()函数获得实时地图数据包，并调用 OnReceiveMapPack 函数，该函数实质上调用了 pReceiveMapPackHandler 所指向的主窗体中的函数 ReceiveMapPackHandler，该函数用于实时地图数据包入列，代码如下：

```
    //CDataReceiver 中的_pReceiveMapPackHandler 委托指向本函数，
    //用于将接收到的实时地图数据包缓存入列
    public void ReceiveMapPackHandler(RECEIVE_MAP_PACK_EventArgs e)
    {
        CMapPackQueen.GetInstance().Enqueue(e._pMapPack);
    }
```

(4) 地图数据包出列，并采用不同的实时显示技术对目标进行监控显示。北斗/GPS 定位导航指挥系统需要通过频繁的刷新来动态地显示实时目标，因此，采用高效的渲染方法实现大量动态目标的实时绘制，是实现定位导航指挥系统的关键。下面来探讨两种实时显示技术：基于 Dynamic Display 的动态显示技术和基于 Graphics Element 的显示技术。

9.4　Dynamic Display 与北斗目标监控

9.4.1　实时目标类的设计

需要注意，地图数据包类(CMapPack，前文已分析过)和实时目标类(CRealtimeTarget)的区别。地图数据包中提供了实时目标的位置信息，实时目标类则是提供和管理实时目标的显示样式，两者通过共同的目标编号关联起来。实时目标类是一个基类，它派生出两个子类，分别是 CRealtimeTarget_DynamicGraphic(利用 Dynamic Graph 构造动态目标，管理目标样式)和 CRealtimeTarget_GraphicsElement(利用 Graphics Element 构造动态目标，管理目标样式)。实时目标类 CRealtimeTarget 的主要功能包括：①构造实时监控目标，设置目标的显示样式；②增加监控目标至监控目标列表中；③定义实时监控目标的列表，所有的动态目标都存在该列表中；④判断某个目标是否在当前监控目标列表中；⑤根据目标标号获取某个监控目标。

实时目标基类(CRealtimeTarget)的代码分析如下。

【代码 9.6】　实时目标基类代码分析

(参见本书配套代码 App.PosService.BDSGisServer 工程中的 CRealtimeTarget.cs)

```
//实时监控目标类
public class CRealtimeTarget
{
    protected string _szTargetID;//目标编号
    //目标编号属性(只读)
    public string TargetID
    {
```

```
        get { return _szTargetID; }
    }

    protected IPoint _pPoint = null;//目标当前位置
    //目标当前位置属性(读写属性)
    public IPoint Point
    {
        get { return _pPoint; }
        set { _pPoint = value; }
    }

    //用静态字段存储系统中所有的实时监控目标
    static ArrayList _pTargets = new ArrayList();
    //静态属性：系统中所有的实时监控目标
    public static ArrayList Targets
    {
        get { return CRealtimeTarget._pTargets; }
    }

    //构造函数
    public CRealtimeTarget(string szTargetID)
    {
        _szTargetID = szTargetID;
    }

    //判断目标编号是 ID 的目标是否在当前目标列表中
    public static bool IsTargetInBufferList(string szDeviceID)
    {
        //遍历实时目标列表，根据目标编号判断 szDeviceID 在不在当前目标列表中
        for (int i = 0; i < _pTargets.Count; i++)
        {
            CRealtimeTarget pTarget = (CRealtimeTarget)_pTargets[i];
            if (pTarget._szTargetID == szDeviceID)
                return true;
        }

        return false;
    }

    //根据目标编号获取当前目标
```

```
    public static CRealtimeTarget GetTargetInfoInBufferList(string    szID)
    {
        //遍历实时目标列表，根据目标编号 szID 获得对应的实时目标；
        //如果目标不在当前监控队列，返回 null
        for (int i = 0; i < _pTargets.Count; i++)
        {
            CRealtimeTarget pTarget = (CRealtimeTarget)_pTargets[i];
            if (pTarget._szTargetID == szID)
                return pTarget;
        }

        return null;
    }

    //向当前监控队列中增加新的动态目标
    public static void AddTarget(CRealtimeTarget pTarget)
    {
        _pTargets.Add(pTarget);
    }
}
```

9.4.2　Dynamic Display 动态显示技术

ArcGIS 中，显示子系统用于管理地图的显示和刷新。在动态目标的显示过程中，会产生大量异步显示刷新和密集的地图渲染操作，使得 CPU 参与大量运算，导致 CPU 负担过重、负载延迟，甚至会影响地图显示刷新和用户对地图的交互操作效果。ArcGIS 的显示刷新机制如图 9.7 所示。

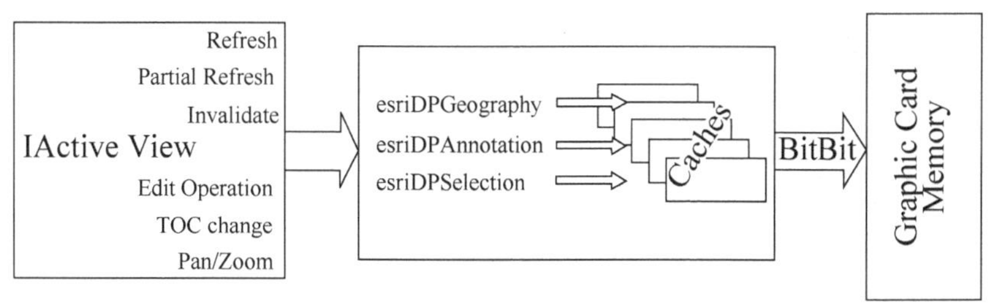

图 9.7　ArcGIS 的显示刷新机制

Dynamic Display 是 ArcGIS Engine 中用来进行动态目标渲染的一种高效方法，它把密集的图形渲染工作从 CPU 上转移到图形设备硬件(显卡)上来，减轻了 CPU 负担，提升了显示性能。Dynamic Display 通过同步刷新机制，实现对移动目标的快速刷新。图 9.8 给出了 Dynamic Display 机制，现对其解释如下。

(1) 系统中共有 Screen Display 和 Dynamic Display 两种显示环境。

(2) Screen Display 通过开启栅格化操作，可以将矢量图层、栅格图层等地理底图栅格化为背景图片，并将其存入显示缓存中。

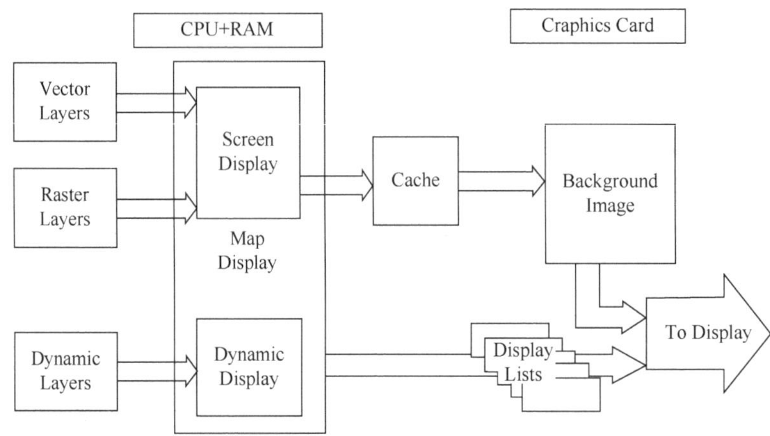

图 9.8　ArcGIS 的 Dynamic Display 机制

(3) 对于动态目标的渲染，可以通过 Dynamic Display 技术，把这些动态目标放在 Display List 中显示。

(4) 动态显示技术的关键是“底图纹理化、动态目标单独显示”。

在利用 Dynamic Display 技术实现动态目标显示的过程中，涉及几个重要的接口，现归纳总结如下。

(1) IDynamicMap：动态地图接口。该接口有三个读写属性，分别是：

```
int DynamicDrawRate { get; set; }
bool DynamicMapEnabled { get; set; }
bool UseSubPixelRendering { get; set; }
```

该接口通过 DynamicMapEnable 属性来控制是否开启动态地图显示，进而启动底图纹理化过程，同时还通过 DynamicDrawRate 属性来控制动态显示的渲染时间间隔(单位是 ms)。

(2) IDynamicDisplay：动态显示接口。该接口提供了动态显示的环境，可以绘制点、线、面、注记文本等动态图形，其主要接口函数如下：

```
void DrawLine(IPoint startPoint, IPoint endPoint);
void DrawMarker(IPoint Point);
void DrawMultipleLines(IPointCollection pointCollection);
void DrawMultipleMarkers(IPointCollection pointCollection);
void DrawPolygon(IPointCollection pointCollection);
void DrawPolyline(IPointCollection pointCollection);
void DrawRectangle(IEnvelope envelope);
void DrawText(IPoint Point, string Text);
```

(3) IDynamicGlyphFactory：动态图形工厂接口。该接口用于创建动态目标对象、设置动态目标对象的显示样式以及删除动态显示对象。可以通过 IDynamicDisplay 接口的 DynamicGlyphFactory 属性获得该接口。

```
void Init(IScreenDisplay ScreenDisplay);
IDynamicGlyph CreateDynamicGlyph(ISymbol Symbol);
```

```
IDynamicGlyph CreateDynamicGlyphFromBitmap(……);
IDynamicGlyph CreateDynamicGlyphFromFile(……);
void DeleteDynamicGlyph(IDynamicGlyph glyph);
```

(4) IDynamicGlyph：动态图形。该接口的引用指向一个动态目标对象。动态目标对象是通过动态图形工厂(IDynamicGlyphFactory)的 CreateDynamicGlyph 方法创建的，在创建的时候可以通过设置一个位图图片、字体符号或其他任意的标准符号作为其显示样式。

(5) IDynamicSymbolProperties：动态符号属性接口。该接口用于设置动态图形(Dynamic Glyph)的符号、比例、颜色和旋转角度。

9.4.3　基于 Dynamic Display 的北斗目标监控实现

基于 Dynamic Display 的北斗目标监控运行界面如图 9.9 所示，需要同时打开数据模拟器和监控主程序。在运行时首先打开 “App.PosService.BDSGisServer” 工程下的\bin\Debug 目录中的数据模拟器 “App.PosService.BDSControlCenter.exe”，启动实时定位数据发送后再打开北斗目标监控主程序“App.PosService.BDSGisServer.exe”，在“文件”菜单下启动“Dynamic Display 实现目标监控”。

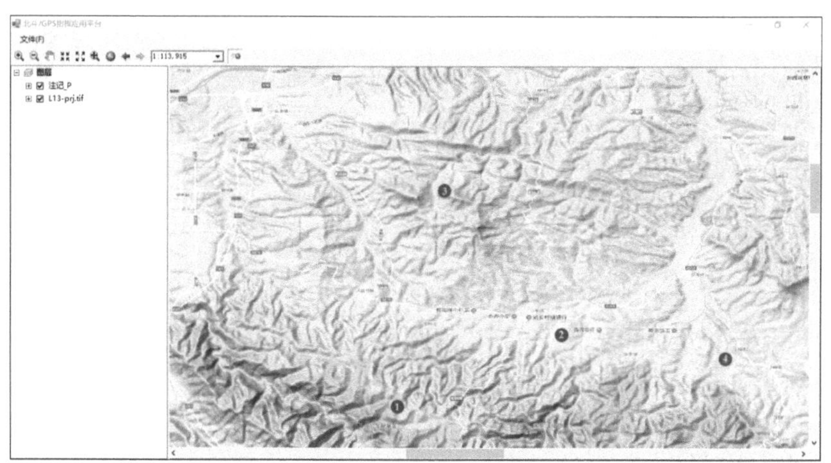

图 9.9　基于 Dynamic Display 的北斗目标监控运行界面

基于 Dynamic Display 的北斗目标监控的代码逻辑流程如图 9.10 所示。

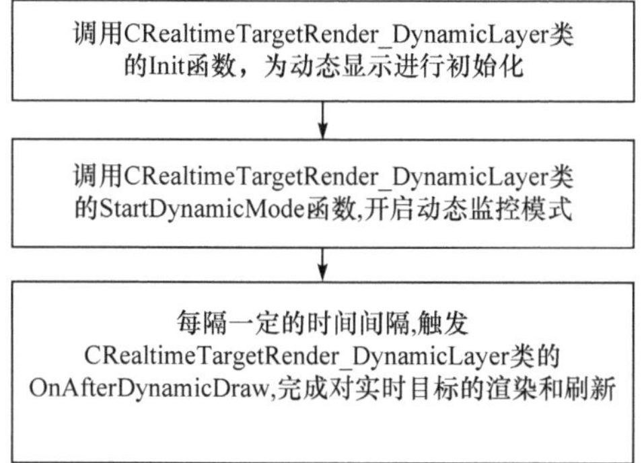

图 9.10　基于 Dynamic Display 的北斗目标监控的代码逻辑流程

下面对 CRealtimeTargetRender_DynamicLayer 类进行分析。

【代码 9.7】 实时目标渲染类 CRealtimeTargetRender_DynamicLayer 代码分析 (参见本书配套代码 App.PosService.BDSGisServer 工程中的 CRealtimeTargetRender_DynamicLayer.cs)

```
//基于 DynamicDisplay 方式的实时目标渲染类，派生于 CRealtimeTargetRender
public class CRealtimeTargetRender_DynamicLayer : CRealtimeTargetRender
{
    //单例模式，保证系统中只有一个 CRealtimeTargetRender_DynamicLayer 的实例
    private volatile static CRealtimeTargetRender_DynamicLayer _pInstance = null;
    private static readonly object _pLockHelper = new object();
    private CRealtimeTargetRender_DynamicLayer() { }
    public static CRealtimeTargetRender_DynamicLayer GetInstance()
    {
        if (_pInstance == null)
        {
            lock (_pLockHelper)
            {
                if (_pInstance == null)
                    _pInstance = new CRealtimeTargetRender_DynamicLayer();
            }
        }
        return _pInstance;
    }

    object pMissing = Type.Missing;//默认参数
    bool bDrawFirst = true;//是否是第一次绘制
    //动态符号属性,用于设定动态目标的符号样式
    IDynamicSymbolProperties2 _pDynamicSymbolProps = null;
    public IDynamicMap _pDynamicMap = null;//动态地图对象
    //动态图形对象工厂，用于创建动态符号
    public IDynamicGlyphFactory2 _pDynamicGlyphFactory = null;

    //初始化函数
    public void Init(AxMapControl axMap)
    {
        _pAxMap = axMap;

        //通过接口转换得到动态地图对象
        _pDynamicMap = axMap.ActiveView as IDynamicMap;
        _pDynamicMap.UseSubPixelRendering = true;
```

```
}

//资源释放
public void Release()
{
    //将地图状态从动态地图恢复至正常状态
    if (_pDynamicMap != null)
        _pDynamicMap.DynamicMapEnabled = false;
    //清空地图数据包缓存队列
    CMapPackQueen.GetInstance().Clear();

    //释放 COM 对象
    Shared.Base.CCommonUtils.GetInstance().DisposeComObj(_pDynamicMap);
    Shared.Base.CCommonUtils.GetInstance().DisposeComObj(_pDynamicGlyphFactory);
    Shared.Base.CCommonUtils.GetInstance().DisposeComObj(_pDynamicSymbolProps);

    _pInstance = null;
}

//开启动态监控模式，参数 nRefreshRate 代表刷新频率
public void StartDynamicMode(int nRefreshRate)
{
    _pDynamicMap.UseSubPixelRendering = true;

    if (!_pDynamicMap.DynamicMapEnabled)
     //开启动态地图模式，执行该代码后，AE 对底图像素化，并切换至动态显示模式
    _pDynamicMap.DynamicMapEnabled = true;

    //设置动态显示的刷新频率，该频率设置了后边
    //AfterDynamicDraw 事件的调用时间间隔
    _pDynamicMap.DynamicDrawRate = nRefreshRate;

    //设置 AfterDynamicDraw 事件，该事件在动态地图绘制后调用。
    //可以在该事件中实现实时目标渲染，该事件每隔 nRefreshRate 毫秒调用一次
    ((IDynamicMapEvents_Event)_pDynamicMap).AfterDynamicDraw    +=
    new IDynamicMapEvents_AfterDynamicDrawEventHandler(OnAfterDynamicDraw);
}

//OnAfterDynamicDraw 事件在动态地图绘制后调用，在该事件中实现了
//动态目标监控功能，该事件每隔 nRefreshRate 毫秒调用一次
```

```
void OnAfterDynamicDraw(esriDynamicMapDrawPhase DynamicMapDrawPhase,
    IDisplay Display,
     IDynamicDisplay dynamicDisplay)
{
    if (DynamicMapDrawPhase != esriDynamicMapDrawPhase.esriDMDPDynamicLayers)
        return;

    //如果是第一次运行，则初始化动态绘图对象
    if (bDrawFirst)
    {
        //利用事件参数 dynamicDisplay 得到动态图形工厂_pDynamicGlyphFactory
        _pDynamicGlyphFactory = dynamicDisplay.DynamicGlyphFactory
            as IDynamicGlyphFactory2;
        //利用 dynamicDisplay，通过接口转换获得动态符号属性接口
        _pDynamicSymbolProps = dynamicDisplay as IDynamicSymbolProperties2;
        bDrawFirst = false;
    }

    //循环遍历地图数据包缓存队列 MapPackageBuffer,进行目标数据的更新
    lock (CMapPackQueen.GetInstance().GetQueen())
    {
        //缓存队列中存在地图数据包，则进入循环
        while (CMapPackQueen.GetInstance().GetCount() > 0)
        {
            //地图数据包出列
            CMapPack pMapPack = CMapPackQueen.GetInstance().Dequee();

            //调用 GetTargetInfoInBufferList，根据地图数据包编号从动态目标缓存中
            //得到动态目标对象(类 CRealtimeTarget 的实例)，并将其转换为
            // CRealtimeTarget_DynamicGraphic 对象，如果动态目标缓存中不存在
            //该动态目标对象，则返回 null
            CRealtimeTarget_DynamicGraphic pDynamicGraphicObject =
                CRealtimeTarget.GetTargetInfoInBufferList(pMapPack._szDeviceID) as
                CRealtimeTarget_DynamicGraphic;

            //如果动态目标不存在，则需要创建目标点的动态图形对象，
            //但并没有开始渲染
            if (pDynamicGraphicObject == null)
            {
                //创建目标点
```

```
                pDynamicGraphicObject = new CRealtimeTarget_DynamicGraphic
                    (pMapPack._szDeviceID, _pDynamicGlyphFactory);
                //加入实时目标缓存
                CRealtimeTarget.AddTarget(pDynamicGraphicObject);
            }

            //更新动态图形对象的坐标
            pDynamicGraphicObject.Update(pMapPack._Lon, pMapPack._Lat);
        }
    }

    //循环渲染每个实时监控目标
    for (int i = 0; i < CRealtimeTarget.Targets.Count; i++)
    {
        CRealtimeTarget_DynamicGraphic pTarget = CRealtimeTarget_DynamicGraphic.
            Targets[i] as CRealtimeTarget_DynamicGraphic;//得到监控目标
        //设置符号旋转角度
        _pDynamicSymbolProps.set_RotationAlignment(
            esriDynamicSymbolType.esriDSymbolMarker,
            esriDynamicSymbolRotationAlignment.esriDSRANorth);
        //设置动态图形
        _pDynamicSymbolProps.set_DynamicGlyph(
            esriDynamicSymbolType.esriDSymbolMarker, pTarget.GetDynamicGlyph());
        //设置符号缩放比例
        _pDynamicSymbolProps.SetScale(esriDynamicSymbolType.esriDSymbolMarker,
            0.7f, 0.7f);
        //设置符号颜色
        _pDynamicSymbolProps.SetColor(esriDynamicSymbolType.esriDSymbolMarker,
            255, 255, 255, 1.0f);
        //根据上面符号属性的设置绘制该目标
        dynamicDisplay.DrawMarker(pTarget.GetPoint());
    }

    //多目标全局视图，用于对多个目标进行视图控制，使其不能太分散而跑出屏幕，
    //也不能太靠近，挤成一团，该函数的实现在基类 CRealtimeTargetRender 中
    SetMultiTargetsView();

    //调用 PartialRefresh，对地图进行局部刷新
    IActiveView pView = _pAxMap.ActiveView;
    IEnvelope pEnv = _pAxMap.ActiveView.Extent;
```

```
        _pAxMap.ActiveView.PartialRefresh(esriViewDrawPhase.esriViewGraphics,
            null, pEnv);
        Shared.Base.CCommonUtils.GetInstance().DisposeComObj(pEnv);
        Shared.Base.CCommonUtils.GetInstance().DisposeComObj(pView);

        GC.Collect();
    }
}
```

在图 9.10 代码逻辑流程和上面代码分析中，发现实时目标监控功能的核心是实现 OnAfterDynamicDraw 事件，该事件每隔一定的时间间隔被触发一次，来进行实时目标的渲染和刷新。OnAfterDynamicDraw 事件中的代码逻辑包括以下内容。

(1) 循环遍历地图数据包缓存队列，如果目标已存在，更新目标位置；如果目标不存在，创建动态目标。

(2) 创建动态目标使用了 CRealtimeTarget_DynamicGraphic 类，该类派生自实时目标基类 CRealtimeTarget，实现了动态目标的创建、位置的获取与更新，详细分析见【代码 9.8】。

(3) 循环遍历每个实时目标，设置其符号、符号比例、大小等样式属性，利用 DrawMarker 函数绘制动态目标。

(4) 调用实时目标渲染基类 CRealtimeTargetRender 的 SetMultiTargetsView 函数，实现多目标全局视图控制，保证所有的实时目标既不过于拥挤，也不过于分散，详细分析见【代码 9.9】。

(5) 刷新地图。

【代码 9.8】　基于动态图形的实时目标类 CRealtimeTarget_DynamicGraphic 代码分析 (参见本书配套代码 App.PosService.BDSGisServer 工程中的 CRealtimeTarget_DynamicGraphic.cs)

```
//基于动态图形的实时目标类，派生于实时目标基类 CRealtimeTarget
public class CRealtimeTarget_DynamicGraphic:CRealtimeTarget
{
    //动态图形对象接口
    private IDynamicGlyph _pMarker = null;

    //构造函数，用于创建动态图形对象，并设置其显示的位图图标
    public CRealtimeTarget_DynamicGraphic(string szTargetID,
        IDynamicGlyphFactory2 pDynamicGlyphFactory)
        :base(szTargetID)
    {
        //根据目标编号获得位图图标文件
        string szBmpName = System.Windows.Forms.Application.StartupPath +
            "\\Images\\" + this.TargetID + ".bmp";
        Bitmap pBitmap = new Bitmap(szBmpName);//构造位图对象
        int nHandle = pBitmap.GetHbitmap().ToInt32();//获取位图对象句柄
```

```
        //设置白色为位图透明色
        IColor pWhiteTransparencyColor = Converter.ToRGBColor(
            Color.FromArgb(255, 255, 255)) as IColor;
        //创建动态图形对象
        _pMarker = pDynamicGlyphFactory.CreateDynamicGlyphFromBitmap(
            esriDynamicGlyphType.esriDGlyphMarker,
            nHandle,
            false,
            pWhiteTransparencyColor);

        CCommonUtils.GetInstance().DisposeComObj(pWhiteTransparencyColor);
        pBitmap.Dispose();

        //创建实时目标的位置点
        _pPoint = new PointClass();
    }

    //更新位置坐标
    public void Update(double x,double y)
    {
        _pPoint.X = x;
        _pPoint.Y = y;
    }

    //获取当前定位点
    public IPoint GetPoint()
    {
        return _pPoint;
    }

    //获取动态图形对象
    public IDynamicGlyph GetDynamicGlyph()
    {
        return _pMarker;
    }
}
```

【代码 9.9】　实时目标渲染基类 CRealtimeTargetRender 代码分析
(参见本书配套代码 App.PosService.BDSGisServer 工程中的 CRealtimeTargetRender.cs)

```
//实时目标渲染基类
//该类提供了多目标全局视图控制功能，用于对实时目标进行视图控制
```

```
public class CRealtimeTargetRender
{
    //地图控件
    protected AxMapControl _pAxMap = null;

    //多目标全局视图，该函数可以是多个目标的视图自适应地放大或缩小
    //既不会靠得太近，挤成一团；也不会太分散，跑出活动视图当前窗口范围
    public void SetMultiTargetsView()
    {
        //如果实时目标数目为零，不做处理直接返回
        if (CRealtimeTarget.Targets.Count == 0)
            return;

        #region 定义并初始化 COM 变量
        IActiveView pActiveView = _pAxMap.ActiveView;//活动视图
        IEnvelope pEnv = pActiveView.Extent;//当前视图范围
        ITransform2D pTrans = pEnv as ITransform2D;//二维变换接口
        IScreenDisplay pScreenDisplay = pActiveView.ScreenDisplay;//屏幕显示接口
        //显示转换接口
        IDisplayTransformation pTransFormation = pScreenDisplay.DisplayTransformation;
        //得到第一个实时目标
        CRealtimeTarget pTargetFirst = (CRealtimeTarget)CRealtimeTarget.Targets[0];
        #endregion

        #region 目标数量等于 1(只有一个监控目标)
        if (CRealtimeTarget.Targets.Count == 1)
        {
            //将目标置于活动视图窗口的中心位置
            UpdateExtent(pTargetFirst.Point, pActiveView);
        }
        #endregion

        #region 目标数量大于 1
        else
        {
            //用第一个目标的位置初始化 maxX、minX，maxY minY
            double maxX = pTargetFirst.Point.X;
            double minX = pTargetFirst.Point.X;
            double maxY = pTargetFirst.Point.Y;
            double minY = pTargetFirst.Point.Y;
```

```
#region 找所有目标的边界盒，结果放入 maxX、minX、maxY、minY 中
for (int i = 1; i < CRealtimeTarget.Targets.Count; i++)
{
    CRealtimeTarget pTarget = (CRealtimeTarget)CRealtimeTarget.Targets[i];
    double x = pTarget.Point.X;
    double y = pTarget.Point.Y;

    if (x > maxX)
        maxX = x;
    if (x < minX)
        minX = x;
    if (y > maxY)
        maxY = y;
    if (y < minY)
        minY = y;

    if (maxX == minX)
    {
        maxX += 0.000001;
        minX -= 0.000001;
    }

    if (maxY == minY)
    {
        maxY += 0.000001;
        minY -= 0.000001;
    }
}
#endregion

//边界盒的左下角点
IPoint leftBottom = new PointClass();
leftBottom.X = minX;
leftBottom.Y = minY;
//边界盒的右上角点
IPoint rightTop = new PointClass();
rightTop.X = maxX;
rightTop.Y = maxY;
//将边界盒的左下和右上角点转换为屏幕坐标
int scrXMin, scrXMax, scrYMin, scrYMax;
```

```
pTransFormation.FromMapPoint(leftBottom, out scrXMin, out scrYMax);
pTransFormation.FromMapPoint(rightTop, out scrXMax, out scrYMin);

//判断当前所有目标边界盒的范围与活动视图当前窗口范围的关系
//如果所有的目标分得太散，需要自适应缩小
if (scrXMin < 50 || scrYMax > _pAxMap.Height - 40
        || scrXMax > _pAxMap.Width - 50 || scrYMin < 40)
{
    //设置缩小后的屏幕范围
    int left = scrXMin - 200;
    int top = scrYMin - 180;
    int right = scrXMax + 200;
    int bottom = scrYMax + 180;

    //将屏幕坐标转为地图坐标，构造新的视图窗口范围
    IPoint geoLeftBottom = pTransFormation.ToMapPoint(left, bottom);
    IPoint geoRightTop = pTransFormation.ToMapPoint(right, top);
    IEnvelope envNew = new EnvelopeClass();
    envNew.PutCoords(geoLeftBottom.X, geoLeftBottom.Y,
        geoRightTop.X, geoRightTop.Y);
    pActiveView.Extent = envNew;

    Shared.Base.CCommonUtils.GetInstance().DisposeComObj(envNew);
    Shared.Base.CCommonUtils.GetInstance().DisposeComObj(geoLeftBottom);
    Shared.Base.CCommonUtils.GetInstance().DisposeComObj(geoRightTop);

    //刷新地图
    pActiveView.PartialRefresh(esriViewDrawPhase.esriViewBackground,
        null, null);
}

//如果所有的目标靠得太近，需要自适应放大
if (scrXMax - scrXMin < 100 && scrYMax - scrYMin < 80)
{
    //设置放大后的屏幕范围
    int left = scrXMin - 200;
    int top = scrYMin - 180;
    int right = scrXMax + 200;
    int bottom = scrYMax + 180;
```

```
            //将屏幕坐标转为地图坐标，构造新的视图窗口范围
            IPoint geoLeftBottom = pTransFormation.ToMapPoint(left, bottom);
            IPoint geoRightTop = pTransFormation.ToMapPoint(right, top);
            IEnvelope envNew = new EnvelopeClass();
            envNew.PutCoords(geoLeftBottom.X, geoLeftBottom.Y,
                geoRightTop.X, geoRightTop.Y);
            pActiveView.Extent = envNew;

            Shared.Base.CCommonUtils.GetInstance().DisposeComObj(envNew);
            Shared.Base.CCommonUtils.GetInstance().DisposeComObj(geoLeftBottom);
            Shared.Base.CCommonUtils.GetInstance().DisposeComObj(geoRightTop);

            //刷新地图
            pActiveView.PartialRefresh(esriViewDrawPhase.esriViewBackground,
                null, null);
        }

        Shared.Base.CCommonUtils.GetInstance().DisposeComObj(leftBottom);
        Shared.Base.CCommonUtils.GetInstance().DisposeComObj(rightTop);
    }
    #endregion

    #region 释放 COM 对象
    Shared.Base.CCommonUtils.GetInstance().DisposeComObj(pActiveView);
    Shared.Base.CCommonUtils.GetInstance().DisposeComObj(pEnv);
    Shared.Base.CCommonUtils.GetInstance().DisposeComObj(pTrans);
    Shared.Base.CCommonUtils.GetInstance().DisposeComObj(pScreenDisplay);
    Shared.Base.CCommonUtils.GetInstance().DisposeComObj(pTransFormation);
    #endregion
}


public bool GeoIsContainsAnotherGeo(IGeometry geometry1, IGeometry geometry2)
{
    IRelationalOperator pRelationalOperator = geometry1 as IRelationalOperator;
    bool b = pRelationalOperator.Contains(geometry2);

    Shared.Base.CCommonUtils.GetInstance().DisposeComObj(pRelationalOperator);
    Shared.Base.CCommonUtils.GetInstance().DisposeComObj(geometry1);
```

```
        return b;
    }

    //将 pPoint 设置为活动视图地理范围的中心
    public void UpdateExtent(IPoint pPoint, IActiveView pActiveview)
    {
        IEnvelope pEnv = new EnvelopeClass();
        pEnv = GetEnvelopeFromPointAndEnvelope(pPoint, pActiveview.Extent);
        pActiveview.Extent = pEnv;

        Shared.Base.CCommonUtils.GetInstance().DisposeComObj(pEnv);

        pActiveview.PartialRefresh(esriViewDrawPhase.esriViewBackground, null, null);
    }

    //返回平移后的矩形范围(活动视图当前窗口地理范围)
    public IEnvelope GetEnvelopeFromPointAndEnvelope(IPoint pNewCenter, IEnvelope pEnv)
    {
        IArea pArea = pEnv as IArea;
        IPoint pOldCenter = pArea.Centroid;
        ITransform2D pTrans = pEnv as ITransform2D;

        //平移矩形
        pTrans.Move(pNewCenter.X - pOldCenter.X, pNewCenter.Y - pOldCenter.Y);

        return pTrans as IEnvelope;
    }
}
```

9.5　Graphics Element 与北斗目标监控

9.5.1　Graphics Element 与 Dynamic Display 的比较

在基于 Dynamic Display 的动态目标显示中，每个目标是一个动态图形对象，它可支持极高的目标帧率，目标渲染速度很快。但该技术在实现时，需要对地图文档进行切片处理，如果使用的地理底图是矢量地图，在 Dynamic Display 渲染模式下，就会对地图背景进行纹理化(像素化)，使基础地图的显示效果大打折扣。

Graphics Element 即图形元素，前文已对其基本概念和用法进行了介绍，这种方式下，每个动态目标是一个元素(element)，通过对元素的动态绘制及更新来渲染监控目标，这种方法显示效果比较好，而且可通过局部刷新接口对目标进行刷新。这种方法也存在一个问题，主要是在刷新目标的过程中，基础地理底图上的注记对象对目标进行自动避让，导致注记来回移动，影响显示效果。

总结起来，这两种方式各有优缺点：Dynamic Display 主要适用于动态目标数量多、刷新频率快，地理底图已做好切片处理的情况；对于动态监控目标数量较少的一般实时性场景应用，Graphics Element 则是较为常用的方式。需要注意的是，采用 Graphics Element 方式，需要在地图调图时，将注记由 Label 形式转换为 Annotation 形式，以解决因注记避让运动目标而产生的来回移动现象。

前文已对 Dynamic Display 进行了详述，下面介绍基于 Graphics Element 实现北斗目标实时监控。

9.5.2　基于 Graphics Element 实现北斗目标监控

基于 Graphics Element 的北斗目标监控运行界面如图 9.11 所示，同样也需要同时打开数据模拟器和监控主程序。运行时首先打开“App.PosService.BDSGisServer”工程下的\bin\Debug 目录中的数据模拟器“App.PosService.BDSControlCenter.exe”，启动实时定位数据发送后再打开北斗目标监控主程序“App.PosService.BDSGisServer.exe”，在“文件”菜单下启动“Graphics Element”实现目标监控。

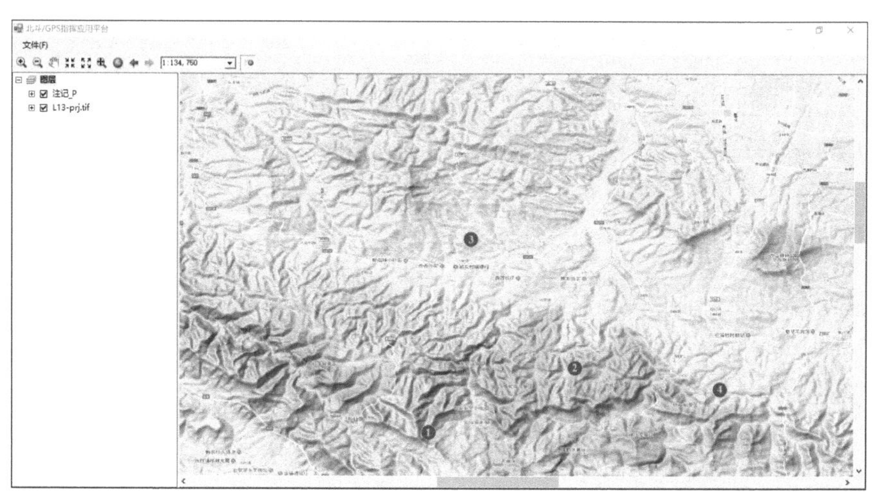

图 9.11　基于 Graphics Element 的北斗目标监控运行界面

基于 Graphics Element 的北斗目标监控的代码逻辑流程如图 9.12 所示。

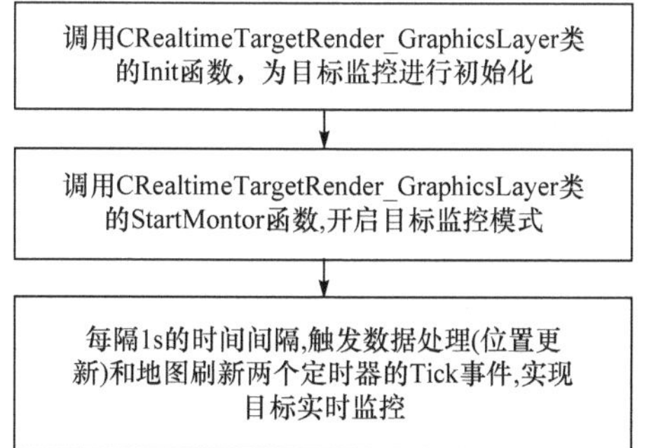

图 9.12　基于 Graphics Element 的北斗目标监控的代码逻辑流程

下面对 CRealtimeTargetRender_GraphicsLayer 类进行分析。

【代码 9.10】　实时目标渲染类 CRealtimeTargetRender_GraphicsLayer 代码分析 (参见本书配套代码 App.PosService.BDSGisServer 工程中的 CRealtimeTargetRender_GraphicsLayer.cs)

```
//基于 Graphics Element 方式的实时目标渲染类，派生于 CRealtimeTargetRender
public class CRealtimeTargetRender_GraphicsLayer : CRealtimeTargetRender
{
    //单例模式，保证系统中只有一个 CRealtimeTargetRender_GraphicsLayer 的实例
    private volatile static CRealtimeTargetRender_GraphicsLayer _pInstance = null;
    private static readonly object _pLockHelper = new object();
    private CRealtimeTargetRender_GraphicsLayer() { }
    public static CRealtimeTargetRender_GraphicsLayer GetInstance()
    {
        if (_pInstance == null)
        {
            lock(_pLockHelper)
            {
                if (_pInstance == null)
                    _pInstance = new CRealtimeTargetRender_GraphicsLayer();
            }
        }
        return _pInstance;
    }

    #region 成员变量
    object _pMISSING = Type.Missing; //默认参数

    IGraphicsContainer _pGraphicsContainer; //图形容器
    IGraphicsLayer _pGraphicsLayer = null; //图形图层
    IMapControl2 _pMapControl = null; //地图控制接口

    int _nInterval = 1000; //刷新时间间隔

    //数据处理定时器，每隔 1s 从数据缓存队列中取一次数据包，
    //解析并更新监控目标位置
    Timer m_pTimer = new Timer();
    Timer m_pTimerMapRefresh = new Timer(); //地图刷新定时器，每隔 1s 刷新一次
    #endregion

    //启动目标监控前的初始化工作
```

```
public void Init(AxMapControl axMap)
{
    _pAxMap = axMap;//将地图控件作为参数传递给内部变量
    _pMapControl = axMap.GetOcx() as IMapControl2;//获得地图控制接口
    //获得当前活动视图的焦点图形图层 ActiveGraphicsLayer,
    //并将其 QI 至 IGraphicsLayer 接口
    _pGraphicsLayer = axMap.ActiveView.FocusMap.ActiveGraphicsLayer
        as IGraphicsLayer;

    //通过接口转换获得 IGraphicsContainer 接口
    _pGraphicsContainer = _pGraphicsLayer as IGraphicsContainer;

    //绑定数据处理定时器的 Tick 事件
    m_pTimer.Tick += new System.EventHandler(OnTimer);
    m_pTimer.Interval = _nInterval;//设置数据处理定时器时间间隔
    m_pTimer.Enabled = false;

    //绑定地图刷新定时器的 Tick 事件
    m_pTimerMapRefresh.Tick += new System.EventHandler(OnTimerMapRefresh);
    m_pTimerMapRefresh.Interval = _nInterval;//设置地图刷新定时器的时间间隔
    m_pTimerMapRefresh.Enabled = false;

    //设置距离单位
    axMap.ActiveView.FocusMap.DistanceUnits = esriUnits.esriMeters;
}

//每隔 1s 调用一次该函数，用于刷新地图
public void OnTimerMapRefresh(object sender, System.EventArgs e)
{
    try
    {
        UpdateScene();//刷新地图
        GC.Collect();//强制垃圾回收，清理内存
    }
    catch (Exception ex)//异常处理
    {
        Shared.Base.CLog.LOG(ex.Message);
        Shared.Base.CLog.LOG(ex.Source);
    }
}
```

```
public void Refresh()
{
    _pMapControl.ActiveView.Refresh();
}

//刷新地图
void UpdateScene()
{
    try
    {
        #region update the map
        IActiveView pView = _pMapControl.ActiveView;//获取活动视图
        if (pView == null) return;
        IEnvelope pEnv = pView.Extent;//获取活动视图的范围
        if (pEnv == null) return;

        //局部刷新，只刷新 GraphicsLayer
        _pMapControl.ActiveView.PartialRefresh(esriViewDrawPhase.esriViewGraphics,
            pEnv);

        //释放 COM 对象
        Shared.Base.CCommonUtils.GetInstance().DisposeComObj(pView);
        pView = null;
        Shared.Base.CCommonUtils.GetInstance().DisposeComObj(pEnv);
        pEnv = null;
        #endregion

        //多目标全局视图控制，使移动目标都位于屏幕范围内，且不至于太拥挤
        SetMultiTargetsView();
    }
    catch (Exception ex)
    {
        Shared.Base.CLog.LOG("Exception occured int UpdateScene()" + ex.Message);
    }
}

//利用地图数据包更新监控目标位置
void GetData(CMapPack pMapPack)
{
    if (pMapPack == null)
```

```
            return;

        //根据目标编号获取当前目标
        CRealtimeTarget_GraphicsElement pTarget =
            CRealtimeTarget.GetTargetInfoInBufferList(pMapPack._szDeviceID)
            as CRealtimeTarget_GraphicsElement;
        if (pTarget == null)//如果目标为空，则增加新目标
        {
            pTarget = new CRealtimeTarget_GraphicsElement(
                pMapPack,_pGraphicsContainer);//创建新目标
            CRealtimeTarget.AddTarget(pTarget);//加入监控目标缓存列表
        }
        else//目标已存在
        {
            //更新目标地理位置坐标
            pTarget.Point.X = pMapPack._Lon;
            pTarget.Point.Y = pMapPack._Lat;

            pTarget.Element.Geometry = pTarget.Point;
        }
    }

    //数据处理定时器的 Tick 事件，每隔 1s 执行一次
    public void OnTimer(object sender, System.EventArgs e)
    {
        //如果地图数据包缓存队列中没有数据，则直接返回
        if (CMapPackQueen.GetInstance().GetCount() == 0)
            return;

        while (CMapPackQueen.GetInstance().GetCount() != 0)
        {
            //地图数据包缓存队列进行出列操作，得到地图数据包
            CMapPack pMapPack = (CMapPack)CMapPackQueen.GetInstance().Dequee();
            try
            {
                GetData(pMapPack);//利用地图数据包更新监控目标位置
            }
            catch (Exception ex)
            {
                Shared.Base.CLog.LOG("Exception In GetData()," + ex.Message);
```

```
            }
        }
    }

    //停止监控，释放资源
    public void Release()
    {
        m_pTimer.Enabled = false;//关闭数据处理定时器
        m_pTimer.Dispose();
        m_pTimerMapRefresh.Enabled = false;//关闭地图更新定时器
        m_pTimerMapRefresh.Dispose();

        Shared.Base.CCommonUtils.GetInstance().DisposeComObj(_pGraphicsLayer);
        _pGraphicsLayer = null;
        Shared.Base.CCommonUtils.GetInstance().DisposeComObj(_pGraphicsContainer);
        _pGraphicsContainer = null;
        Shared.Base.CCommonUtils.GetInstance().DisposeComObj(_pMapControl);
        _pMapControl = null;
    }

    //启动监控
    public void StartMonitor()
    {
        m_pTimer.Enabled = true;
        m_pTimerMapRefresh.Enabled = true;
    }

    //关闭监控
    public void StopMonitor()
    {
        m_pTimer.Enabled = false;
        m_pTimerMapRefresh.Enabled = false;
    }
}
```

上述代码中，是基于图形元素的实时目标类，该类派生于实时目标类 CRealtimeTarget(详见 9.4.1 节)，主要用于创建图元、图元符号配置等功能，其代码详细分析如下。

【代码 9.11】 基于图形元素的实时目标类 CRealtimeTarget_GraphicsElement 代码分析 (参见本书配套代码 App.PosService.BDSGisServer 工程中的 CRealtimeTarget_ GraphicsElement.cs)

```
//基于图形元素的实时目标类
public class CRealtimeTarget_GraphicsElement :CRealtimeTarget
{
    IElement _pElement = null;//代表监控目标的图形元素
    public IElement Element//读写属性
    {
        get { return _pElement; }
        set { _pElement = value; }
    }

    //构造函数
    public CRealtimeTarget_GraphicsElement(CMapPack pMapPack,
        IGraphicsContainer pGraphicsContainer)
        :base(pMapPack._szDeviceID)
    {
        //创建图形元素
        _pElement = new MarkerElementClass();
        IMarkerElement pMarkerElement = _pElement as IMarkerElement;
        //接口转换至 IElementProperties 接口
        IElementProperties pProperties = _pElement as IElementProperties;
        //设置图形元素的名称(地图数据包中的目标编号)
        pProperties.Name = pMapPack._szDeviceID;

        //设置图形元素的地理坐标
        _pPoint = new PointClass();
        _pPoint.X = pMapPack._Lon;
        _pPoint.Y = pMapPack._Lat;
        _pElement.Geometry = _pPoint;

        //设置图形元素的符号
        IPictureMarkerSymbol pPictureMarkerSymbol =
            GetMarkerSymbol(pMapPack._szDeviceID);
        pMarkerElement.Symbol = pPictureMarkerSymbol;

        //增加监控目标至图形容器
        pGraphicsContainer.AddElement(_pElement, 0);
    }

    //根据监控目标的编号配置其地图符号
    IPictureMarkerSymbol GetMarkerSymbol(string szTargetID)
```

```
    {
        string szBmpPath = Application.StartupPath + "\\Images\\" + szTargetID + ".bmp";
        IPictureMarkerSymbol symbol = CreatePictureMarkerSymbol(szBmpPath,
            20,
            Color.FromArgb(255, 255, 255),
            Color.FromArgb(255, 255, 255));
        return symbol;
    }

    //利用位图图片创建地图符号
    public IPictureMarkerSymbol CreatePictureMarkerSymbol(string szBmpPath,
        double fSize,
        Color pTransColor,
        Color pSymbolColor)
    {
        IPictureMarkerSymbol symbol = new PictureMarkerSymbolClass();
        symbol.CreateMarkerSymbolFromFile(esriIPictureType.esriIPictureBitmap,
            szBmpPath);
        symbol.Size = fSize;
        IColor whiteTransparencyColor = ESRI.ArcGIS.ADF.Connection.Local.
            Converter.ToRGBColor(pTransColor) as IColor;
        symbol.BitmapTransparencyColor = whiteTransparencyColor;
        IColor symbolColor = ESRI.ArcGIS.ADF.Connection.Local.
            Converter.ToRGBColor(pSymbolColor);
        symbol.Color = symbolColor;
        whiteTransparencyColor = null;
        symbolColor = null;

        return symbol;
    }
}
```

参考文献

陈盼盼. 2006. 基于 DEM 的山顶点快速提取技术. 现代测绘, 29(2): 47-52
崔雪, 石伟伟, 李永超. 2013. 可视化建模技术在 GIS 中的研究与应用. 测绘与地理空间信息, 40(8): 15-18
邓术军, 吕晓华. 2009. 基于 SOA 的地理信息服务体系研究. 测绘科学技术学报, 26(4): 261-263
丁华祥, 唐力明. 2009. 空间处理建模技术的概念和应用. 测绘通报, 64(4): 64-67
高勇. 2004. 空间信息处理过程建模研究. 北京大学学报(自然科学版), 40(6): 914-921
何云斌, 樊守德. 2008. 移动对象轨迹更新体系. 计算机工程与应用, 44(27): 172-174
华一新, 吴升, 赵军喜. 2010. 地理信息系统原理与技术. 北京: 解放军出版社
姜晓轶. 2006. 基于 OpenGIS 简单要素规范的面向对象时空数据模型研究. 上海: 华东师范大学博士学位论文
姜晓轶, 周云轩. 2005. 基于 Geodatabase 的面向对象时空数据模型. 计算机工程, 31 (24): 102-105
刘宏建, 魏茂洲. 2012. 一种基于地表径流漫流模型的川谷通道主趋势线提取方法. 测绘科学, 37(8): 146-151
刘学军, 晋蓓, 王彦芳. 2008. DEM 流经算法的相似性分析. 地理研究, 27(6): 1347-1357
罗明良. 2008. 基于 DEM 的地形特征点簇研究. 成都: 中国科学院成都山地灾害与环境研究所博士学位论文
汤国安, 杨昕, 等. 2006. ArcGIS 空间地理信息系统空间分析实验教程. 北京: 科学出版社
王家耀. 2001. 空间信息系统原理. 北京: 科学出版社
王能超. 1997. 数值分析简明教程. 北京: 高等教育出版社
吴立新, 龚健雅. 2005. 关于空间数据与空间数据模型的思考——中国 GIS 协会理论与方法研讨会总结与分析. 地理信息世界, 3(2): 41-46
吴艳兰, 胡鹏, 王乐辉. 2006. 基于地图代数的山脊线和山谷线提取方法. 测绘信息与工程, 31(2): 15-17
肖海, 王忠, 肖留威, 等. 2010. 基于 ArcGIS 的实时态势显控系统设计与性能优化. 计算机工程与设计, 31(18): 4108-4111
肖乐斌, 钟耳顺. 2001. GIS 概念数据模型的研究. 武汉大学学报, 26(5): 387-392
徐建华. 2010. 地理建模方法. 北京: 科学出版社
徐斯伟, 文芳. 2003. 全球数字移动电话系统结合 GPS 运用在公交系统的探讨. 测绘通报, (5): 35-37
杨昕, 汤国安, 刘学军, 等. 2009. 数字地形分析的理论、方法与应用. 地理学报, 64(9): 1058-1070
张峰. 2008. 船舶监控系统中航迹线动态绘制算法应用研究. 海洋测绘, 28(3): 68-71
张俊, 吴建平. 2009. 插件技术在 ArcGIS Engine 开发中的应用. 测绘与地理空间信息, 32(3): 128-130
周成虎, 裴韬, 等. 2011. 地理信息系统空间分析原理. 北京: 科学出版社
周启鸣, 刘学军. 2006. 数字地形分析. 北京: 科学出版社
朱长青. 1997. 计算方法及其在测绘中的应用. 北京: 测绘出版社
朱长青, 史文中. 2006. 空间分析建模与原理. 北京: 科学出版社
de Smith M J, Goodchild M F, Longley P A. 2009. 地理空间分析——原理、技术与软件工具. 2 版. 杜培军, 张海荣, 冷海龙, 等译. 北京: 电子工业出版社
Shashi Shekhar, Sanjay Chawla. 2004. 空间数据库. 谢昆青, 马修军, 杨冬青, 等译. 北京: 机械工业出版社
Takahashi S, Ikeda T, Shinagawa Y, et al. 1995. Algorithms for extracting correct critical points and constructing topological graphs from discrete geographical elevation data. Computer Graphics Forum, 14(3): 181-192